JACQUES
RIVETTE

Director de la colección: Jenaro Talens

Violeta Kovacsics

Cátedra
Signo e Imagen / **Cineastas**

Diseño de la colección: Manuel Bonsoms

1.ª edición, 2024

Diseño de cubierta: aderal

Ilustración de cubierta: Fotograma de *L'amour fou* (1968)

PAPEL DE FIBRA CERTIFICADA

Valentín Beato, 21. 28037 Madrid
Depósito legal: M. 15.128-2024
I.S.B.N.: 978-84-376-4812-5
Printed in Spain

Para Blai y Francina

Agradecimientos

Este libro ha sido también un periplo en su desarrollo. Ha vivido una pandemia y una maternidad. Así, no puedo más que agradecer sobre todo a su editor, Raúl García Bravo, por su paciencia. A este agradecimiento me gustaría sumar otros. A Carlos Losilla, por haberme insistido elegantemente en que siguiera escribiendo cuando me encontraba con algún obstáculo. A Francisco Algarín, por participar del amor por la obra de Rivette y porque siempre está dispuesto a compartir y encontrar algún material que pueda faltar. A Natalia Marín, por hacerme cómplice de su complot en el ciclo que la Filmoteca Española dedicó a Jacques Rivette; y a esta institución por haberme invitado a participar con una conferencia. A Xavier Pérez, por haberme acompañado al final de un máster en el que comencé a apuntar algunas de las ideas presentes en este libro.

A Adán y a Cristina, por lo de siempre... A Francina y Blai, por convivir con este libro.

Y, evidentemente, a Jacques Rivette: por enseñarme a querer, todavía más, el cine.

Preámbulo

Jacques Rivette se escribe bajo el signo del misterio. Su cine versó sobre el complot y el secreto, a la manera de su querido Honoré de Balzac, pero no solo eso: su filmografía a menudo se ha visto envuelta en un halo de secretismo, quizá por la larga duración de sus películas, que dificultó en diversas ocasiones su proyección en salas comerciales. Además, la propia aura del autor, reacio a dejarse ver más allá de su obra, incide en esta imagen de cineasta oculto. Fue, al menos durante un tiempo, el más secreto de los directores del más conocido de los nuevos cines, la *nouvelle vague*.

El cine de Rivette ha habitado durante un tiempo aquellas callejuelas que Balzac describía como quien retrata a una persona: calladas, secretas, oscuras. Ahí, en ese lugar de rincones ocultos, surgía el complot. Quizá las cosas han cambiado, y en los últimos años su figura ha salido de aquel lugar para mostrarse, esplendoroso, a plena luz del día. Además, tengo la impresión, quizá provocada también por el apego, de que a pesar de este aparente hermetismo, las huellas de Rivette se pueden rastrear, más que en ningún otro momento, en el cine contemporáneo, en voces y latitudes diversas.

Es evidente encontrar algo de Rivette en el gusto por el juego y por el teatro en el cine de Matías Piñeiro; los finos equilibrios entre el azar del encuentro y el fantástico de las películas de Hong Sang-soo tienen sus reminiscencias de la obra rivettiana; el arrebato amoroso de las últimas películas de Claire Denis se corresponde con el de una película como *L'amour fou (L'amour fou,* 1968), y el acercamiento de la directora a la obra de Roland Barthes entronca con el pensamiento de un Rivette que, como crítico, mostró su querencia por el autor de *Fragmentos del discurso amoroso;* y lo episódico, el lugar central que ocupan las actrices y el juego que propone Mariano Llinás en *La flor* (2018) evocan una película como *Out 1: Noli me tangere* (1971), cuya larga duración se traslada también al cine de Llinás.

La obra de Rivette ya no es el secreto que fue en otras épocas, y quizá precisamente el gusto por la serialidad y la mayor disponibilidad de sus películas han favorecido su visibilidad. En cualquier caso, y como la mejor de las conspiraciones, los motivos no importan, sino que lo que cuenta es el trayecto.

Este libro apenas pretende contribuir a este viaje. Lo hace a partir de dos principios rivettianos: el del juego y el del espejo. Así, la primera parte tiene dos caras, una figura y su doble: primero, un resumen de la obra crítica de un cineasta que fue también central a la hora de comprender la historia de la escritura cinematográfica; segundo, un juego de pistas sobre su obra fílmica. Y así, si esta es una parte, hay también otra, en la que planteo un recorrido por las distintas películas de Rivette, una a una, con una parada también en el documental que Claire Denis y Serge Daney realizaron a comienzos de los noventa sobre su cine.

A las dos orillas del barco

ESCRIBIR EN CINEASTA: SOBRE LA OBRA CRÍTICA

> Las películas de Hitchcock no pertenecen, sin duda, al terreno de la crítica, que se ha mostrado fundamentalmente incapaz de rendirle cuentas (Jacques Rivette).

Cuando Jacques Rivette comenzó a escribir, en cierta manera ya era cineasta. Nacido en Rouen, llegó a París en 1949 y enseguida se convirtió en uno de los habituales del Ciné-club du Quartier Latin, uno de los puntos de encuentro para aquella «banda de los cuatro» formada por Jean-Luc Godard, François Truffaut, Éric Rohmer y el propio Rivette. Era la época de la cinefilia compartida y del apogeo de las diferencias y polémicas desde las páginas de la revista *Cahiers du Cinéma,* un periodo en el que se crea un fuerte vínculo entre la ciudad de París y los inicios como crítico de Rivette a través de paseos, encuentros, charlas y salas de cine: una idea que Claire Denis plasmó bellamente en la pantalla en su documental *Jacques Rivette. Le veilleur* (1990), para la serie *Cineastas de nuestro tiempo,* en el que el director se prestaba a una distendida entrevista con Serge Daney a lo largo de un paseo por los distintos rincones de París.

El propio Rivette siempre sostuvo que él nunca quiso ser crítico. Y, sin embargo, se decía de él que era el poder oculto de aquel grupo. En el fondo, es algo lógico, teniendo en cuenta su balzaquiana querencia por las sociedades secretas, por el misterio, por los poderes en la sombra. De hecho, él mismo bromeaba con que quizá era la «eminencia gris» de los cahieristas de la época. Sus aportaciones resultaron centrales para los debates teóricos del momento y su opinión tenía aureola de sentencia. «Si me gustaba mucho una película y Rivette decía "es una tontería", yo repetía lo mismo que él. Había un lado estalinista en esas relaciones. Era como si él se hubiese convertido en la verdad cinematográfica, diferente a la de los demás». Son palabras de Jean-Luc Godard, un director al que cuesta imaginar plegándose a los veredictos ajenos.

En los artículos de Rivette hay algo íntimo, pero también una contundencia. Escrito en 1955, su texto sobre Rossellini es tan bello en su reconocimiento del cineasta como tajante respecto a aquellos que despreciaban una película como *Te querré siempre (Viaggio in Italia,* 1954). «Esta película abre una brecha, por la que todo el cine tiene que pasar, bajo pena de muerte»[1], llegó a decir, dirigiéndose abiertamente a los detractores del director italiano que no entendían que este hubiese dejado atrás el neorrealismo. Bajo aquella sentencia, se escucha el rumor de algunos de los temas centrales del Rivette crítico: se percibe el canto al cine moderno (esa era la brecha) y suena la política de los autores (aquel concepto, quizá denostado hoy en día, que constituiría uno de los dos pilares de la crítica cahierista). *Cahiers du Cinéma* contribuyó decisivamente a la consolidación de algunos conceptos todavía vigentes hoy en día. Uno de ellos sería el de la puesta en escena.

El influjo de Rivette puede parecer evidente, aunque no siempre haya gozado de la fama de algunos de sus compañeros de viaje de aquella *nueva ola* que, entre finales de los cincuenta y comienzos de los sesenta, fue un tsunami para el cine francés. Él no solo envolvió su cine en el halo del secreto y del complot, sino que hizo de su propia vida un misterio. A diferencia de Godard, cuya dimensión como figura pública fue determinante incluso en sus años de reclusión en un lugarcito a la orilla del lago Lemán, y sobre todo de Truffaut, que hizo de su biografía la materia prima de su obra fílmica, de Rivette apenas se conocían sus películas. En su hermosa autobiografía, Bulle Ogier, quizá la actriz rivettiana por excelencia, decía lo siguiente: «Jacques Rivette es una amistad del cine [...]. Yo pensaba que vivía en las salas de cine»[2].

La figura de Rivette es, pues, un enigma. Incluso para los que le conocían y querían. Ese secreto, ese misterio, le de-

---

[1] Jacques Rivette, *Textes critiques,* París, Post-Éditions, 2018, pág. 96. Todos los textos citados corresponden a esta edición de sus textos críticos. El artículo es: «Lettre sur Rossellini», *Cahiers du Cinéma,* núm. 46, abril de 1955.

[2] Bulle Ogier y Anne Diatkine, *J'ai oublié,* París, Éditions du Seuil, 2019, pág. 105.

fine también en su periodo crítico. Era «el pensador oculto, un poco censor», «el padre José», «su juicio era siempre muy abrupto, muy contradictorio, y no dudaba en quemar aquello que había adorado»[3]. «Se parecía al gato de *Alicia en el país de las maravillas,* era pequeño. Apenas se le veía. Parecía que apenas comía. Cuando sonreía, desaparecía completamente detrás de sus soberbios dientes. Pero no era menos feroz que los demás»[4]. La vehemencia fue una de las señas de identidad de su trayectoria como crítico. Este tono tajante determina, por ejemplo, su artículo más conocido, el que le ha otorgado una suerte de celebridad en el ámbito de la cinefilia y de la crítica cinematográfica: titulado «De la abyección», aquel texto sobre la moral y el cine sigue, a día de hoy, agitando la discusión cinéfila.

El Ciné-club du Quartier Latin fue uno de los primeros sitios que el joven Rivette visitó a su llegada a París. Fundado en 1948, contaba a menudo con la presencia de Maurice Schérer (nombre real de Rohmer), que presentaba algunas de las sesiones. En *Jacques Rivette. Le veilleur,* el mismo Rivette recuerda aquel momento: la llegada a París, una ciudad en la que apenas tenía un conocido; la primera vez que vio a François Truffaut, vestido con corbata en honor a Jean Renoir; el encuentro con los que fueron sus dos primeras amistades del cine, Suzanne Schiffmal y Jean Gruault... Fue este último, de hecho, quien le habló al joven Rivette del Ciné-club: ese día había una proyección de *Las damas del bosque de Bolonia (Les Dames du bois de Boulogne,* 1945) de Robert Bresson, presentada por Schérer, a quien Rivette había leído en diversas ocasiones. El joven ruanés, que por entonces tenía apenas veintiún años, acudió a la sesión.

---

[3] Antoine de Baecque, *Les Cahiers du Cinéma: histoire d'une revue:* vol. 1: *À l'assault du cinéma,* París, Cahiers du Cinéma, 1991, pág. 235. Las palabras que recoge aquí De Baecque son de Jean Douchet.

[4] *Ibíd.* Aquí, quien describe a Rivette es Claude Chabrol.

En 1949 se creó el *Bulletin du ciné-club du Quartier latin,* que primero se repartía junto a un periódico del barrio y que más adelante fue dirigido por el propio Schérer. Es precisamente en esa revista donde Rivette publicó su primer artículo. Hacía apenas unos meses que había llegado a París. En aquel primer artículo, que apareció en el número de marzo de 1950 y que se titulaba «Nous ne sommes plus innocents», explora algunas de las cuestiones que atravesarán su pensamiento crítico posterior. Plantea una suerte de recorrido histórico del cine, desde los orígenes hasta la actualidad de comienzos de los años cincuenta, cuando el clasicismo ya ha sido una realidad y está al borde del crepúsculo. «Nous ne sommes plus innocents» trata, en cierta manera, de la *institucionalización* de la expresión cinematográfica: «el cine del discurso retórico, donde todo debe cumplir las fórmulas habituales y polivalentes, estereotipadas para todos los efectos: el universo es capturado y destruido bajo una red de convenciones formales»[5].

El joven Rivette nos reserva una sorpresa en forma de *post scriptum.* En ese añadido final, se interroga, ni más ni menos, sobre la cuestión del cine como lenguaje, uno de los caballos de batalla de su obra crítica. Dice:

> El cine es lenguaje, cierto, y profundamente significativo, pero hace justamente signos concretos, y no se deja reducir a fórmulas; parece inútil recordar la unicidad del plano, de la toma: captura del instante irremediable. Ahí reside el defecto de todos los acercamientos literarios: gramática, sintaxis, morfologías, por muy bienintencionados que sean. La sistematización neglige siempre *a priori* la complejidad de la realidad sensible[6].

---

[5] Jacques Rivette, *Textes critiques,* pág. 28. «Nous ne sommes plus innocents», *Bulletin du ciné-club du Quartier latin,* 3.er año, núm. 4, marzo de 1950.

[6] *Ibíd.*, pág. 30.

«Ya no somos inocentes», titulaba Rivette en aquella primera ocasión. El cine contemporáneo de los años cincuenta se inscribía así en una pérdida de la inocencia de aquel cine mudo en el que todavía todo era posible. Años más tarde, Rivette, convertido ya oficialmente en cineasta, buscaría regresar a esa inocencia, a ese estado de fascinación por el mundo sensible, por el más simple de los gestos, a ese momento de la infancia, en la que todo está por descubrir.

El *Bulletin* en el que publicó su primer texto desembocaría en otra revista, la *Gazette du cinéma,* creada en mayo de 1950 por Schérer, y en la que Rivette y Godard (bajo el seudónimo de Hans Lucas) escribirán. Tres años más tarde, en febrero de 1953, aparece su primer artículo en una publicación de portadas amarillas llamada *Cahiers du Cinéma*.

Aquella revista nace en la mañana del 1 de abril de 1951. En un local de los Campos Elíseos parisinos, Jacques Doniol-Valcroze, Lo Duca y Léonide Keige hojean con fervor los primeros ejemplares: recién salidos de la imprenta. En el centro se puede ver una imagen de Gloria Swanson en *El crepúsculo de los dioses (Sunset Boulevard,* 1950), la película de Billy Wilder que acababa de llegar a las pantallas francesas. Encima de esta imagen se puede leer el título de la revista: *Cahiers du Cinéma*. En el encuentro de aquella mañana de primeros de abril no estaba André Bazin, que se hallaba en los Pirineos recuperándose de una neumonía. Los problemas de salud comenzaban a acechar a Bazin, uno de los nombres más importantes de la historia de la crítica cinematográfica. Las primeras páginas de aquel número se centraban en el cine americano, en lo que sería toda una declaración de intenciones. Los artículos eran pocos pero largos; entre ellos, había un texto de Doniol-Valcroze sobre el director americano Edward Dmytryk y otro de Bazin sobre la profundidad de campo. En su artículo, este último abordaba ya la obra de algunos de sus directores de cabecera: Orson Welles, Charles Chaplin, Jean Renoir y William Wyler.

Pronto, Jacques Rivette, Jean-Luc Godard, François Truffaut, Éric Rohmer y Claude Chabrol, los llamados «jóvenes turcos», pasarían a configurar la nómina de críticos de *Cahiers du Cinéma*. Rivette, como en ocasiones Godard, crecieron como críticos a partir del distanciamiento explícito respecto a algunas de las principales ideas de Bazin[7]. Una de estas nociones sobre las que Rivette se sitúa en oposición a Bazin podría ser justamente la que el joven crítico apunta en el *post scriptum* de aquel primer artículo titulado «Nous ne sommes plus innocents»: la férrea convicción de que el cine no puede considerarse un lenguaje. En 1945, Bazin escribía un texto afirmando todo lo contrario. «El cine es un lenguaje»[8], decía el autor de *¿Qué es el cine?* Diez años después, Rivette, como buen hijo respondón, contestaba: «Por mucho que disguste a los pedantes, decididamente el cine no es un lenguaje»[9]. Contradecía así el discurso de Bazin. Y viceversa: en 1957, este último publicaba un artículo titulado «La politique des auteurs» que ponía en duda los postulados de, entre otros, Rivette sobre algunos de los directores del Hollywood clásico [1]:

> No debemos olvidar que Rivette sugirió que debemos admirar a Hawks: «La evidencia en la pantalla es la prueba del genio de Hawks: solo hace falta ver *Me siento rejuvenecer (Monkey Business,* 1952) para saber que es una película brillante. Sin embargo, algunas personas se niegan a admi-

---

[7] Jonathan Rosenbaum, *Rivette: Texts and Interviews,* Londres, British Film Institute, 1977, pág. 2.

[8] André Bazin, *Qu'est-ce que le cinéma?,* París, Éditions du Cerf, 1990, pág. 17.

[9] Jacques Rivette, *Textes critiques,* pág. 84. «L'âge des metteurs en scène», *Cahiers du Cinéma,* núm. 31, enero de 1954.

[1] Juego, inocencia e infancia en *Me siento rejuvenecer.*

tirlo; rechazan ser satisfechos por las pruebas. No puede haber otra razón por la que no lo reconozcan...». Pueden ver el peligro: un culto estético a la personalidad[10].

Se trata de una crítica fuerte, con una clara alusión a determinada política, la estalinista, cuyo culto a la personalidad había sido denunciado un año antes por Khrushov en el vigésimo congreso del Partido Comunista de la Unión Soviética. Y he aquí también una de las razones por las que Rivette consideraba la polémica con la revista *Positif* una mera rencilla: porque en aquella época y, sobre todo, en las páginas de *Cahiers du Cinéma* se gestaban ya discusiones de mayor envergadura, de las que surgió, en parte, su posición crítica.

La escritura de Rivette se fragua desde la oposición, desde la defensa a ultranza de su discurso, desde el choque directo, con vehemencia en las declaraciones, con reafirmación de los postulados propios.

La oposición respecto a Bazin se daba también en relación con ciertos autores. Hubo dos nombres que fomentaron la discordia: Howard Hawks y Alfred Hitchcock, sobre los cuales pivotaron las defensas más fervorosas de los jóvenes turcos. Rivette formaba parte de los hitchcock-hawksianos, una postura que ostenta en un preciso texto sobre *Yo confieso (I Confess,* 1953) de Hitchcock y en un hermoso artículo titulado «Génie de Howard Hawks», un elogio al arte de la evidencia que el crítico clausuraba con una frase fundacional de la filosofía: «Lo que es, es».

Los jóvenes turcos consideran a Hitchcock un cineasta que sabe transmitir su idea del mundo: no solamente es un gran técnico, sino que también enarbola un discurso de

10 André Bazin, «De la politique des auteurs», *Cahiers du Cinéma,* núm. 70, abril de 1957, págs. 2-11.

índole moral o espiritual. Si Bazin tenía a Rossellini y a Renoir como sus grandes referentes, Rohmer y compañía suman a aquellos dos los nombres de Hitchcock y Hawks. Para ellos, el director de *La ventana indiscreta (Rear Window,* 1954) es uno de los más importantes por su capacidad de aunar el discurso material y estético con el espiritual.

Para Rivette, el autor se impone, por encima de la industria y de las estructuras genéricas. Así, escribía:

> Si Hawks encarna el cine americano clásico en su mejor faceta, si ha dado a cada género sus letras de nobleza realizando por turno el mejor film de gánsteres *(Scarface),* el mejor film de aviación *(Solo los ángeles tienen alas),* el mejor film de guerra *(Air Force),* el mejor *western (Río Rojo),* finalmente las mejores comedias *(La fiera de mi niña, Bola de fuego, Me siento rejuvenecer),* es que él ha sabido siempre, en cada uno de los casos, elegir aquello que el género tiene de esencial y de grande, y confundir sus temas personales con aquellos que la tradición americana había profundizado y enriquecido lentamente[11].

Rivette escribió estas líneas sobre la relación entre Hawks y los géneros en 1955, en una crítica dedicada a *Tierra de faraones (Land of Pharaohs,* 1955). En tan solo una frase, apunta y dispara sobre varias cuestiones: primero vincula mediante una coma los géneros cinematográficos y el cine clásico de Hollywood, que asentó las bases y los rasgos de los géneros; luego deja claro que si un director ha filmado los grandes hitos de estos ese es Howard Hawks, y para ello pone cuatro ejemplos que suponen a la vez la validación de los mismos, del film de gánsteres, de aviación, de guerra y de la comedia; finalmente subraya dos cualidades de Hawks, que

---

[11] Jacques Rivette, *Textes critiques,* pág. 136. «Après Agesilas (La mise en scène)», *Cahiers du Cinéma,* núm. 53, diciembre de 1955.

conllevan asimismo distintas ramificaciones: su capacidad para destilar la esencia de cada género y la de mantener intactas sus propias señas de identidad, es decir, la homogeneidad de su obra a pesar de la adaptación a las estructuras inherentes a los géneros, o sea, la huella del autor e, incluso, y aunque ya no esté sobre el papel, la participación de dicho autor y su universo en el sustrato genérico. Al mismo tiempo, esta frase larga, llena de comas y con un punto que llega tras un derroche de conceptos, resume a la perfección el tono crítico de Rivette, de su escritura: el largo recorrido de la frase, como los planos y duraciones de sus películas; el ímpetu en sus declaraciones; la idea imperante de narración, de una escritura que está gestando algo, que avanza como una ficción; el gusto por la abstracción y la falta de necesidad de aferrarse al detalle y a lo concreto, a un plano, a una imagen o a una secuencia, pues, como Hawks con los géneros, Rivette desmenuza en la crítica aquello que resulta esencial de cada película, de cada autor y, en definitiva, del cine.

De todos sus textos en su etapa de crítico, los que ahondaron con mayor vehemencia en los géneros fueron sendos artículos sobre Howard Hawks. Uno, sobre *Tierra de faraones;* el otro, «Génie de Howard Hawks», en torno a su obra en general. Rivette parte de Hawks y es a través de la obra de este que se desprende su discurso en torno a los géneros: por un lado, la aceptación de los mismos, el reconocimiento de su existencia, y, por el otro, su concepción como estructuras franqueables, que permiten el flujo de unas a otras y cuya riqueza reside justamente ahí: en el trasvase. Rivette no se plantea qué son los géneros y, en cierta manera, los reconoce como estructuras dispuestas por los estudios. Para él, defensor a ultranza de la figura del autor, es este quien desempeña el rol fundamental, es la singularidad de su obra lo que importa. En tal sentido, hace falta precisar el concepto que Rivette tiene del autor, que «se borra detrás de la película: un *metteur en scène* no tiene nunca nada que decir, es la película la que habla»[12], conviene Hélène Frappat en su libro sobre Rivette. Una idea eminentemente rivettiana: el autor resulta invisible. En este sentido, él no niega la «existencia» del autor, sino que lo convierte en un espectro tras la obra. Lo que importa son las huellas, no la persona; el autor es su obra. Es una historia de fantasmas.

Rivette no niega la importancia de los estudios a la hora de plantear una serie de etiquetas y rasgos comunes que forman el espectro genérico, pero, de una manera u otra, no le interesa esta concepción de los géneros, sino lo que cada autor hace con ellos. Se convierten, para él, en el marco ideal para versar sobre la política de los autores: en el Hollywood clásico, con una estructura de estudios que impulsa distintos géneros cinematográficos que ofrecen una serie de rasgos comunes, que se repiten y que pueden resultar reconocibles para el espectador, directores como Nicholas Ray, Fritz Lang o Howard Hawks imprimen su marca sobre esta estructura cerrada, convierten los límites en maleables, ya sea desafiando las leyes inherentes a cada género, dándoles la vuelta a los motivos formales y narrativos o justamente al contrario: siendo ellos quienes definen e instauran dichos rasgos. Para Rivette, «existen dos Hollywoods, el de las cifras y el de los individuos»[13] y es evidentemente ese segundo Hollywood, el de los individuos, el que le interesa, el objeto y la inspiración de su obra crítica. «*Cahiers du cinéma* ha rechazado siempre ver el cine americano como un sistema económico y técnico, como una fábrica de sueños, hasta llegar incluso a descifrar en él los

---

[12] Hélène Frappat, *Jacques Rivette, secret compris,* París, Cahiers du Cinéma, 2001, pág. 184.

[13] Jacques Rivette, *Textes critiques,* pág. 138. «Notes sur une révolution», *Cahiers du Cinéma,* núm. 54, Navidad de 1955.

signos mitológicos de lo contemporáneo», señala De Baecque en una compilación de textos en torno a la cinefilia francesa y su gusto por Hollywood, que se inició con algunos de los componentes de la *nouvelle vague.*

> Ninguno de los jóvenes turcos de *Cahiers du cinéma* viajó a los estudios hollywoodienses en el curso de los años cincuenta. Las películas americanas forman más bien una estética, con su panteón (clasificaciones, listas de elegidos y de reprobados) y su modelo formal (la puesta en escena [...]), a manera de firma personal que somete al terreno y a la medida íntimos de cada autor una materia que es en sí misma colectiva y más anónima (los géneros, los actores, los decorados que pertenecen al conjunto del sistema hollywoodiense)[14].

Una vez más, se trata del Hollywood de los individuos, de los autores, en definitiva. Y en esta querencia por lo individual vuelve a aparecer la insistencia romántica en la singularidad.

Es en el propio corazón del Hollywood clásico donde los géneros muestran por primera vez su impureza. En cierta manera, estamos en el punto exacto que describe Derrida con motivo de *La locura de la luz* de Maurice Blanchot: solo si hay ley puede anidar la locura; así, en el marco cerrado de Hollywood, con sus normas y las imposiciones genéricas de los estudios, puede y debe darse lo impuro; solo las fronteras traspasadas por los autores del Hollywood clásico, la fragilidad de los géneros en un marco de pureza aparente, la ruptura constante dentro de un territorio con ley pueden llevar a la descomposición del relato que eclo-

---

[14] Antoine de Baecque, «El gusto por América», en *Una cinefilia a contracorriente: la nouvelle vague y el gusto por el cine americano,* Barcelona, Paidós, 2004, pág. 140.

sionaría en aquella modernidad tan buscada por Rivette, primero desde la crítica y más adelante como director.

A medida que se iba construyendo el edificio de la reflexión y que se gestaban conceptos tales como la política de los autores y la puesta en escena, se perfilaban también los grandes mitos de la cinefilia: el cine de los orígenes, Hollywood, los autores elegidos y también sus estrellas.

La época de la puesta en escena

> Lang encerró a sus héroes en un universo despiadado, donde toda esperanza estaba condenada de antemano por una puesta en escena tan rigurosa que se volvió inevitable (Jacques Rivette).

No fue ni antes ni después, sino que las dos cosas se dieron a la vez: el concepto de puesta en escena surgió al mismo tiempo que la crítica cinematográfica se planteaba sus propias cuestiones en torno a la escritura. En cierta manera, ambas inquietudes —una estrictamente cinematográfica aunque vehiculada a través del discurso crítico y la otra eminentemente literaria— aparecieron a partir del eterno debate entre la forma y el fondo.

Bazin se posicionó ante el pensamiento y los postulados de aquellos jóvenes críticos, a los que llama «hitchcock-hawksianos» o «neoformalistas»: «Miran hacia la puesta en escena porque en ella encuentran en gran mesura la materia misma del film, una organización de seres y de las cosas que supone en sí misma su sentido, tanto moral como estético»[15]. Así, ponía el foco en el concepto por antono-

[15] André Bazin, «Comment peut-on être Hitchcocko-Hawksien?», *Cahiers du Cinéma,* núm. 44, febrero de 1955, págs. 17-18.

masia de aquellos *cahiers* amarillos: el de la puesta en escena. En el corazón de esta polémica, dispuesta una vez más como un choque, como una reyerta, Rivette adoptó una postura radical y llevó su discurso hacia un terreno inexplorado. Godard afirmaba: «En aquella época, se hablaba del tema de la película cuando la película "trataba" un tema. Nosotros llegamos con la idea de "puesta en escena", aportada por Rivette, expresión que venía del teatro y que él impuso al cine»[16]. Rivette impuso el término y luego fue construyendo en torno a él. A lo largo de su recorrido como crítico fue cargando su discurso, dándole vueltas a las mismas ideas, ampliándolas o profundizando en ellas, que son los cimientos de su obra crítica.

En España, José Luis Guarner fue quien recogió de manera más diáfana el concepto de puesta en escena y lo convirtió en el eje sobre el que debía girar la función crítica, partiendo precisamente de los postulados de Rivette. En su célebre texto «Las gafas de Parménides», Guarner analizó el término acuñado por Rivette, uno de cuyos textos cita. Primero se cuestiona qué es la puesta en escena, y conviene en aclarar que esta va más allá del debate en torno al contenido y la forma. Luego aclaró por qué la puesta en escena resulta tan importante desde un punto de vista crítico: porque es a través de ella como el autor presenta, muestra, manifiesta, su pensamiento. Guarner se refiere al «modo», a la manera, a la forma; de aquí a la puesta en escena, que va de lo formal hasta el «punto de vista» del autor. La puesta en escena sería entonces justamente la unión entre estos dos puntos, entre lo material y lo intangible. Esto último resulta imprescindible tanto para comprender el concepto como para entender el discurso crítico de Rivette: la lógica que se establece va de lo más visible, lo más estético, lo más tangi-

[16] Hélène Frappat, *Jacques Rivette, secret compris,* pág. 72.

ble y formal, como la técnica, a la puesta en escena. Es decir, se trata de ver cómo esta técnica está al servicio de la mirada del autor y, finalmente, de lo invisible e intangible: el pensamiento.

Rivette, por su parte, escribió:

> Pero ¿qué era la técnica del fresco para Miguel Ángel, la de la fuga para Bach, sino fundamentalmente, la pregunta provocadora que impone la respuesta y la invención (y paso por alto los múltiples desafíos, de oficio o de arquitectura, tan sutiles a menudo como para poder parecer pueriles, que cualquier artista se impone a sí mismo en el secreto de su trabajo y que siempre deberán ser ignorados por el público)?: sí, este es, indudablemente, el elemento fundamental del arte; «el estudio de la belleza es un duelo»[17].

Rivette se refiere a la técnica del fresco y a la de la fuga en un artículo sobre otro elemento estrictamente cinematográfico y ligado a los avances tecnológicos: el cinemascope, que le sirve de punto de inicio para uno de sus textos capitales en torno al concepto de la puesta en escena. En aquel artículo titulado «L'âge des metteurs en scène», Rivette se refiere a la amplitud que aporta esa (por entonces) nueva pantalla y la reivindica en relación, por ejemplo, con la profundidad. El ancho que ofrece el cinemascope le interesa y se convierte en motivo para su idea de la puesta en escena. Sobre el cuadro, sobre su ancho, sobre el lienzo plano, sobre la escena, se mueven las figuras; sobre la pantalla dispone el autor la realidad.

En el enrarecido panorama de debate en torno a la forma y el fondo, los jóvenes críticos encuentran ese otro concepto, el de la puesta en escena, que estaría asociado a la noción de autoría. Truffaut, Godard y compañía hicieron,

---

[17] Jacques Rivette, *Textes critiques,* pág. 87. «L'âge des metteurs en scène».

por ejemplo, un elogio feroz de *La ventana indiscreta* a partir de esta idea: el pensamiento de un cineasta toma forma cinematográfica por la puesta en escena, que podemos nombrar también como la «mirada». Antoine de Baecque señala en su libro *La cinéphilie* que, para los jóvenes turcos de *Cahiers du Cinéma,* no importaba tanto la ideología como el posicionamiento moral que se desprende de la puesta en escena, a través de la cual, por ejemplo, se penalizaba a un cineasta significado con la izquierda como Gillo Pontecorvo y se elogiaba a un cineasta sobre el que siempre hubo ciertas sospechas ideológicas por parte de los sectores de la izquierda, como Samuel Fuller. Fueron Luc Moullet y Jean-Luc Godard quienes introdujeron el debate del *travelling* como una cuestión moral (cada uno, con fórmulas distintas) o, lo que es lo mismo, entendieron que la puesta en escena es una cuestión moral. El propio Rivette escribió sobre esta idea a partir de la película *Kapo* (Gillo Pontecorvo, 1959). Censuró un movimiento de cámara y abordó así uno de los debates que recorre la teoría y la crítica cinematográficas, aquel que versa sobre la forma y el fondo desde una perspectiva ética. Tildado a menudo de formalista, Rivette concluye con aplomo en aquel artículo sobre *Kapo* que

> lo que cuenta es el tono, o el acento, el matiz, no importa cómo lo llamemos: es decir, el punto de vista de un individuo, el autor, un mal necesario, y la actitud que toma dicho individuo con respecto a lo que rueda, y en consecuencia con el mundo y con todas las cosas[18].

El director de *La bella mentirosa (La belle noiseuse,* 1991) ensalzaba y aunaba el tono y el autor, dos de los puntales de su pensamiento crítico.

---

[18] Jacques Rivette, *Textes critiques,* págs. 222-225. «De l'abjection», *Cahiers du Cinéma,* núm. 120, junio de 1961.

El travelling *de* Kapo

El cineasta debe saber respetar aquello que filma (Jacques Rivette).

En aquel momento, Rivette tenía treinta y tres años, «yo, diecisiete», escribió a comienzos de los noventa Serge Daney, en un texto que elogiaba «De la abyección», el célebre artículo escrito por Jacques Rivette sobre *Kapo*. Daney, el hijo pródigo de la crítica, que iluminó el cine con el hechizo de una estrella fugaz a lo largo de las décadas de los sesenta, setenta y ochenta, situaba aquel artículo de Rivette en el origen de su pensamiento crítico.

Amante de una crítica con mordiente, que no teme la confrontación, en junio de 1961 Rivette se adentró todavía más en el debate en torno a la forma y el fondo y lo zanjó en su memorable reseña sobre *Kapo*. Por aquel entonces, ya había dirigido y montado su primer largometraje, *Paris nous appartient* (1961), que se estrenaría en diciembre de ese mismo año. Es decir, escribió aquella crítica, que es más un tratado teórico que una reseña, convertido, definitivamente, en cineasta. De aquel texto, ha quedado sobre todo una escena y una frase:

> Observen, en *Kapo*, el plano en que Riva se suicida arrojándose sobre los alambres de púa electrificados: el hombre que en ese momento decide hacer un *travelling* hacia delante para encuadrar el cadáver en contrapicado, teniendo el cuidado de inscribir exactamente la mano levantada en un ángulo del encuadre final, ese hombre merece el más profundo desprecio[19].

[19] *Ibíd.*

De nuevo, emerge la contundencia, pero sobre todo el vínculo inquebrantable entre puesta en escena y moral. Como Daney, somos muchos los que sin haber visto *Kapo* sí conocíamos ese movimiento de cámara, que apenas dura unos segundos y que Rivette extrae del conjunto de la película, que permanece en nuestra memoria fragmentada, incluso antes de que existiera YouTube y que el fraccionamiento estuviera a la orden del día. No es extraño, por ejemplo, que mientras escribo esto aquel *travelling* denunciado por Rivette sea más fácil de ver (precisamente en YouTube) que la propia película.

En el fondo, Rivette puede considerarse una de las figuras más influyentes a la hora de entender la crítica cinematográfica. Su artículo sobre *Kapo* sigue siendo de lectura obligada, y más hoy día, cuando la ética parece haberse desprendido completamente del discurso cinematográfico, cuando el plano parece no tener el mismo sentido que antes. Incluso un libro como *Contra la cinefilia,* de Vicente Monroy, que propone una aproximación crítica respecto al *cahierismo* y, en concreto, respecto al texto de Rivette, revaloriza «De la abyección», pues décadas después vuelve a situar el debate en torno a la crítica y la cinefilia en aquellas tajantes frases.

En «De la abyección», Rivette escribía con motivo de *Noche y niebla (Nuit et brouillard,* 1956): «El cineasta juzga lo que muestra, y es juzgado por la manera en que lo muestra». Así, se impone el cómo, y la figura indiscutible del autor, quien imprime el tono, quien carga con la responsabilidad moral. Quizá por todo esto, cuando Rivette pasó a la dirección, siempre se midió por el mismo rasero con el que juzgó a otros cineastas, siempre se hizo preguntas antes de plantar la cámara. El cine de Rivette siempre se mezcló con su crítica. Se podría decir que, de la misma manera que cuando escribía lo hacía desde la mirada del director, cuando pasó del papel al celuloide siguió escribiendo, siguió pensando el cine. El texto a partir de *Kapo* está escrito desde la mirada del cineasta, de aquel que cree que «cuando se acomete una película sobre un tema como este (los campos de concentración), es difícil no proponer previamente ciertas cuestiones».

Partiendo de este momento del suicidio del personaje de Riva, Rivette se cuestiona la responsabilidad del cineasta, de aquel que debería plantearse «previamente ciertas cuestiones», pero en este caso ha «decidido descuidar planteárselas». Se establece la siguiente lógica: la forma es consecuencia de la puesta en escena, y esta lo es a su vez del pensamiento (de un individuo). Así, del *travelling* hacia delante (lo formal) de Pontecorvo se desprende su moral (su posición como individuo frente a una situación como la muerte), a través de su puesta en escena.

«De la abyección» supuso la culminación de una serie de artículos y de reflexiones en torno a la idea de los *travellings* como una cuestión moral. Cabe decir que el primero en introducir el tema fue el crítico Luc Moullet, que, en un texto sobre el cine de Samuel Fuller, escribió precisamente que la moral es una cuestión de *travellings*. Con esta frase, Moullet pretendía poner en evidencia que si el cine tiene un discurso moral, este pende precisamente de lo formal. Con tal reflexión, volvemos a una cuestión fundamental en la crítica cahierista: supeditar el tema a la manera en que este está filmado. Moullet plantea la cuestión en su defensa de Fuller. Godard recogerá el guante de este discurso, al afirmar que el *travelling* es una cuestión moral. De este modo, Godard hace uno de sus clásicos juegos de palabras, y da la vuelta a la frase de Moullet, al mismo tiempo que reconoce que el cine tiene una carga moral. Godard, además, enmarca esta declaración en un debate profundamente godardiano, en torno a cómo filmar el horror de la guerra y del holocausto. Godard se muestra muy crítico con la película *¿Vencedores o vencidos? (Judgement at Nurenberg,* Stanley Kramer, 1961), pues considera que «estetiza el horror» y que sus imágenes son pornográficas. Es en este contexto donde Rivette firma su texto. Es decir, ya no se permite la estética por la estética. En pleno siglo xx, la forma debe ser una cuestión también moral. Este peso, esta responsabilidad, recae, forzosamente, en aquel que dispone su mirada hacia la realidad.

Sin duda, en el debate en torno a la forma y el fondo, saldado a favor de lo que Rivette llama «el tono», lo que sobresale, lo que queda, es la figura del autor, la voz única, «el mal menor», quien crea la obra. Frappat describe con precisión el significado de «tono» cuando se refiere al carácter estético de la escritura de Rivette y a su relación con el cine de los autores que él mismo defendía: «la importancia del estilo, eso que Rivette llama *el tono:* una (verdadera) película se reconoce cuando ha sabido encontrar el "tono justo", tono adaptado al problema (estético) que busca resolver»[20].

Hay, además, un tema que no es menor, y es el del realismo. Se suele abordar el artículo de Rivette a partir del tono con el que se refiere al director de *Kapo,* pero se suele olvidar la primera parte del texto, que resulta sumamente interesante, pues traza una suerte de límites en torno al realismo. ¿Cómo abordar desde el realismo el horror de los campos de concentración? Rivette sostiene que el «realismo absoluto» aquí es «imposible», porque será «incompleto» y «por lo tanto inmoral». Se termina así o bien atenuando esa realidad para hacerla «soportable» o se hará una «recreación» de aquella realidad que termina siendo «espectáculo», y, por tanto, denota «voyerismo». Rivette conviene entonces en algo que, a día de hoy, se presenta como difícilmente discutible en relación con las imágenes y la violencia: «Cada uno de nosotros se habitúa hipócritamente al horror».

---

[20] Hélène Frappat, *Jacques Rivette, secret compris,* pág. 74.

En su crítica de *Kapo,* Rivette asienta una de las bases más sólidas de su discurso crítico, y que continuaría cultivando cuando pasó a situarse detrás de la cámara: la puesta en escena, la figura del autor y, con ella, la responsabilidad (moral) de este. Su disertación sobre el *travelling* que Pontecorvo realiza acercándose al rostro de una mujer que se suicida arrojándose contra la alambrada de un campo de concentración se ha convertido en uno de los cánones a seguir cuando se aborda la cuestión de la moral en el cine. Rivette se muestra implacable, obliga al cineasta a tomar partido, a responsabilizarse de su puesta en escena, a cuestionarse la *decisión* de realizar un *travelling* que subraya y pone el dedo en la llaga en una situación tan extrema en sí misma como la muerte. La *decisión* de Pontecorvo resulta una cuestión estrictamente de puesta en escena. Y luego está el propio «tono» de la escritura de Rivette. Más allá de sus postulados, el texto sobresale por su contundencia, por la capacidad de aglutinar ideas en poco espacio y, sobre todo, por la forma mediante la que aborda el sujeto de su crítica. Cuando escribe sobre el *travelling* de *Kapo* no solo está disponiendo una serie de ideas —«aquel que decide», en referencia a la responsabilidad del director; «el contrapicado», un elemento formal, y «el desprecio», como respuesta y conclusión a lo amoral de la escena—, sino que también está imprimiendo un tono a su escritura: en este caso, la contundencia; o la violencia, en palabras de Frappat.

La exigencia de la responsabilidad respecto a aquello que se filma no era un tema nuevo para Rivette, pues una década antes, en noviembre de 1950, escribía: «La confianza, el respeto y la humildad deben ser las virtudes cardinales del cineasta»[21]. El crítico confía en el ojo del pin-

---

[21] Jacques Rivette, *Textes critiques,* pág. 54. «Les malheurs d'Orphée», *Gazette du cinéma,* núm. 5, 1950. Se trata de una crítica de *Orfeo (Or-*

tor más que en la mano, pero sobre todo en su espíritu, que emerge ya como otro elemento decisivo en los postulados rivettianos.

Serge Daney comenzaba así aquel recuerdo sobre «De la abyección»:

> En la lista de películas que nunca vi no solo figuran *Octubre, Amanecer* o *Bambi,* sino también la oscura *Kapo.* Film sobre los campos de concentración rodado en 1960 por el italiano Gillo Pontecorvo, *Kapo* no marcó un hito en la historia del cine. ¿Seré yo el único que, sin haberla visto, no la olvidará jamás? En realidad no vi *Kapo* y al mismo tiempo sí la vi, porque alguien —con palabras— me la mostró. Esta película cuyo título, como una palabra clave, acompañó mi vida cinéfila, solo la conozco a través de un breve texto: la crítica que hizo Jacques Rivette[22].

En aquella misma época, los primeros noventa, Daney entrevistó a Rivette para la serie *Cineastas de nuestro tiempo,* y este le habló, entre otras cosas, del pudor de lo impúdico. Estaba a punto de hacer *La bella mentirosa,* que abordaba precisamente esta cuestión. El cineasta seguía siendo crítico; y el crítico que, en 1961, escribió sobre la responsabilidad del director pensaba y escribía como cineasta.

---

phée, Jean Cocteau, 1950), en la que Rivette señala que los principales problemas de la película son de índole moral.

[22] Serge Daney, «Le *travelling* de *Kapo*», *Trafic,* París, núm. 4, otoño de 1992.

Una crítica de choque

No os gusta Rossellini; no os gusta, me dicen, *Te querré siempre;* todo parece en orden (Jacques Rivette).

Como en el caso de los cuatro cineastas americanos pioneros de lo que Rivette llamó el «renacimiento de Hollywood», Nicholas Ray, Richard Brooks, Anthony Mann y Robert Aldrich, el estilo del Rivette crítico se reconoce por dos virtudes: violencia cortante del tono, ese «signo exterior de ruptura» común a todos los revolucionarios, y pausa reflexiva de la meditación, ese tiempo de *vacaciones* en el que la violencia se pone al servicio de un pensamiento, y luego, a un ritmo menos fulgurante, esa marcha imprevisible y sinuosa que llamamos duración.

Al tiempo que apuntalaba conceptos como el de puesta en escena e insistía en la vindicación de autores como Howard Hawks o Roberto Rossellini, Rivette asentaba las bases de una nueva crítica. Sus textos abordaban cuestiones cinematográficas, pero también cuestiones de escritura, de enfoque, en definitiva, de la posición de la crítica respecto al cine. En cierta manera, proponía una nueva forma de ver y escribir el cine; una nueva función de la crítica que fuera más allá del gusto o la distinción entre un buen y un mal film, que tuviese la base en el pensamiento como plantearon los románticos en su aproximación al papel de la crítica. En este sentido cita Walter Benjamin a Novalis: «Todo lo que se puede pensar piensa»[23]; es decir, el mundo que podemos pensar es a la vez pensante. De ahí la importancia

[23] Walter Benjamin, *Le concepte de critique esthétique dans le romantisme allemand,* París, Flammarion, 2001, pág. 93.

de la reflexión, del hecho de «reflexionar sobre» y, por tanto, de la crítica. Si todo lo que puede ser pensado piensa, también piensa el arte, el cine, y lo hace, por ejemplo, a través de la crítica, o de las propias películas. «En el sentido del romanticismo inicial, el centro de la reflexión es el arte, no el yo»[24]. Así, la crítica se convierte en la extensión de la obra, en el pensamiento del pensamiento, en la reflexión llevada hasta el infinito. De aquí la reivindicación romántica de la crítica como canal para el pensamiento sobre el pensamiento, como forma de autorreflexión de la obra de arte.

Rivette analiza la obra cinematográfica planteando su texto como un relato. Este avanza de tal manera que va abriendo puertas, destapando capas hasta descubrir lo esencial sin necesidad de recurrir constantemente al detalle. Pone sobre el papel la particularidad de una obra. «El principio central de la actividad crítica desde el romanticismo, esto es, la valoración de la obra por sus propios criterios inmanentes, se estableció sobre la base de teorías románticas»[25], apunta Benjamin. Rivette se sitúa por encima de la simple distinción entre un buen y un mal film y va más allá del gusto, pues «el gusto solo juzga negativamente»[26]. En este sentido, sigue el postulado romántico de señalar la singularidad de cada obra: «Rivette es más radical: la buena crítica no se contenta con separar las obras maestras y las obras mediocres, tarea subalterna que releva a menudo un mal criterio de la perfección»[27].

El Rivette crítico se sitúa en un terreno inhóspito: fuera del alcance de la crítica de tintes periodísticos y del discurso más académico. Lejos de «la ignorancia o el menosprecio

---

[24] Walter Benjamin, *Le concepte...*, pág. 72.
[25] Walter Benjamin, *Le concepte...*, pág. 115.
[26] *Ibíd.*
[27] Hélène Frappat, *Jacques Rivette, secret compris*, pág. 74.

de los intelectuales de cineclubs»[28], reivindica figuras de directores como Richard Brooks o Howard Hawks a la vez que hace lo propio con Mizoguchi y Rossellini; reformula la manera de entender el cine al establecer el concepto de puesta en escena y situarlo en el centro del arte cinematográfico; pero ante todo ofrece una escritura estrechamente vinculada al cine que admiraba. Es decir: Rivette es un crítico radical tanto por sus postulados y por su discurso como por la propuesta estética inherente a su escritura; una doble pirueta formal, que va de lo cinematográfico a lo literario.

1964: escribir sobre la nouvelle vague

Moderno, afirmo yo (Jacques Rivette).

El choque se trasladó del papel a la redacción de *Cahiers du Cinéma*. No fue en un momento cualquiera, sino en plena eclosión de la *nouvelle vague*. A comienzos de los sesenta, los miembros del núcleo duro de la revista han estrenado sus primeros largometrajes como directores. Además, Bazin muere el 11 de noviembre de 1958, justo cuando Truffaut rueda *Los cuatrocientos golpes*. La luz de Bazin se apaga cuando nace uno de los movimientos cinematográficos más importantes dentro del cine moderno, el de la *nouvelle vague*. Entre 1959 y 1960, se estrenan: *Los cuatrocientos golpes (Les quatre cents coups,* 1959), de François Truffaut; *Los primos (Les cousins,* 1959), de Claude Chabrol, y *Al final de la escapada (À bout de souffle,* 1959), de Jean-Luc Godard. Antoine de Baecque relata al detalle lo sucedido como el final de una época. De entrada, da cuenta del éxito

[28] Jacques Rivette, *Textes critiques,* pág. 136. «Après Agesilas (La mise en scène)», *Cahiers du Cinéma,* núm. 53, diciembre de 1955.

de aquellas películas primerizas. La nueva corriente no solo gozó de una buena acogida entre el público, sino también de una crítica decidida a defenderla. De repente, los astros estaban alineados: la crítica, el público y el cine. Jacques Rivette, quien, tal y como comentaba antes, no estrenó *Paris nous appartient* hasta diciembre de 1961, contribuyó a la fiesta. Su artículo sobre *Los cuatrocientos golpes* publicado en *Cahiers du Cinéma* ejemplificaría una postura: la de una crítica que quiere dar voz a la nueva ola. El tono del texto es eminentemente tierno. Rivette escribe sobre el primer largometraje de un compañero de aventuras, Truffaut, e, inevitablemente, la crítica se envuelve en el manto de la amistad. Quizá por eso diría que es uno de los artículos más cálidos que Rivette escribió para *Cahiers*. En él, se refiere precisamente al afecto («podríamos insistir en la extraordinaria ternura con la que F. T. habla de la crueldad, que solo puede ser comparada a la extraordinaria dulzura con la que Franju habla de la locura»)[29]. Pone el foco en el que será uno de los finales más conmovedores de la historia del cine: la imagen de Antoine Doinel en la playa [**2**], y su rostro petrificado, esculpido en el celuloide para siempre («toda la película camina hacia ese instante»)[30]. Y evoca también al joven Truffaut, aquel al que conoció años atrás en el cine Parnasse, vestido de gala para ver una película de Renoir («el F. T. que yo encontré, con Jean-Luc Godard, al final de 1949 en el cine Parnasse, en lo de Froeschel, en el Minotauro, ya había hecho el aprendizaje de los cuatrocientos golpes: hablábamos antes de cine, de películas americanas, de un Bogart que pasaba en el Moulin de la Chanson, que de nosotros, o por alusión: con eso bastaba»). En

---

[29] Jacques Rivette, *Textes critiques,* pág. 215. «Du côté de chez Antoine», *Cahiers du Cinéma,* núm. 95, mayo de 1959.
[30] *Ibíd.,* pág. 214.

[2] El final de *Los cuatrocientos golpes.*

Los cuatrocientos golpes, lo autobiográfico se pega al cuerpo, al rostro, a los gestos del personaje interpretado por Jean-Pierre Léaud, *alter ego* del propio Truffaut; la crítica que firma Rivette no elude este parentesco y emerge así la figura del amigo, del conocido, de aquel con el que se ha compartido un periodo de fuerte formación afectiva (de amor por el cine: la cinefilia).

Rivette escribe:

> La autobiografía no es, por las razones que uno puede adivinar, un género muy practicado en el cine: pero esto

> no es lo que debería sorprendernos, sino la serenidad, la moderación, la igualdad de voces con la que aquí se evoca un pasado tan paralelo al suyo.

Rivette no está solamente retratando a su viejo amigo, sino trazando una línea, una genealogía que va de la cinefilia juvenil a la práctica cinematográfica, de los cineclubs y del cine Parnasse a *Los cuatrocientos golpes*. De un nombre, *Cahiers du Cinéma,* a otro, la *nouvelle vague*. Rivette declara inaugurado un tránsito, de la crítica a la dirección. Definitivamente, los jóvenes turcos *ne sont plus innocents*.

¿Cómo escribir sobre uno mismo? Esa sería la cuestión que, a comienzos de los sesenta, atravesaría la crítica que había polarizado el debate de los años cincuenta. Y a esa pregunta responde Rivette cuando plantea un texto en el que la amistad se pone en primer término. La eclosión de la *nouvelle vague* estaba intrínsecamente ligada a *Cahiers du Cinéma*. Sus autores habían salido, en cierta manera, de las páginas de la revista, la cual en un primer momento se benefició del éxito de aquel nuevo cine: las ventas llegan entonces a los doce mil ejemplares vendidos y los números del 1 al 100 se convierten en adquisiciones de culto.

Aquel estado de euforia, de ensueño, tal y como lo diría Truffaut, no duró eternamente. Tras el montaje de *El signo de Leo (Le signe du lion,* 1962), Rohmer vuelve a las rutinas de la revista y ejerce de jefe de redacción. Alrededor de él se va constituyendo un grupo de críticos, entre los cuales destaca el nombre de Jean Douchet, una suerte de hombre fuerte del *mandato* rohmeriano, según De Baecque. Quizá por pudor (de nuevo: ¿cómo escribir sobre nosotros mismos?), o quizá en algún caso por convicción (¿creemos en la modernidad de la *nouvelle vague?), Cahiers* comienza a «olvidar» poco a poco la *nouvelle vague,* y a prodigarse de nuevo en torno al cine americano clásico, uno de cuyos principales defensores en los esplendorosos años cincuenta de la revista de portada amarilla había sido precisamente Rohmer. Dueño de la redacción, mientras sus compañeros están ausentes porque se encuentran en plena realización de sus propias películas, Rohmer emprende un camino que no será del agrado de todos. Pronto, otra facción se va dibujando, en la que estarán Doinol-Valcroze, Truffaut, Godard y Rivette. Rohmer entiende aquellos movimientos en la sombra como un complot. La guerra, primero fría, se va gestando.

La correspondencia entre Doinol-Valcroze y Truffaut sobre la posición de Rohmer, apodado «le grand Momo», es implacable. «Solo quedan dos soluciones: inclinarse o echarlo a la calle, ya que los principales accionistas y sobre todo el gerente tienen el derecho a hacerlo. Me apoyo sobre todo en una tercera solución, pero ¿cuál es?»[31], escribía Truffaut a Doniol-Valcroze a comienzos de julio de 1962. E igualmente contundentes son las misivas de Doniol-Valcroze a un suspicaz Rohmer:

> No hay ni una maniobra ni un complot. Quienes desean volver a apoyarse en *Cahiers* tienen todo el derecho a hacerlo. Los *Cahiers,* después de dos años de existencia, no conocieron el éxito hasta que Truffaut y Rivette comenzaron a escribir en ella. En cuanto a mí, ¿tengo que justificar mi parte de autoridad?[32].

El cofundador de la revista había hablado; pero Rohmer, por su parte, seguía sin moverse ni un milímetro de la silla.

---

[31] Antoine de Baecque, *La cinéphilie: invention d'un regard, histoire d'une culture,* París, Fayard, 2003, pág. 307.

[32] *Ibíd.*

La disputa parece clara y gira alrededor de dos ejes, que por momentos son el mismo: la postura de la revista respecto a las películas de la *nouvelle vague* y la defensa del cine moderno. Para Doniol-Valcroze y compañía, *Cahiers* debe alinearse con las películas de aquellos que habían sido decisivos para definir la dimensión de la revista. No solo por lealtad, sino porque son películas sumamente modernas.

En esta trifulca, Rivette se posiciona: cuando termina de montar *Paris nous appartient,* su disconformidad con la postura de Rohmer se hace explícita, pues comienza a ponerlo por escrito en las mismas páginas de la revista. Con el aplomo de siempre. «La crisis de sucesión está ahora abierta y toma la forma de una batalla de lo moderno»[33].

El desacuerdo se escenifica en junio de 1963, cuando se preparan dos números distintos, uno por parte de cada una de esas facciones. Rohmer, que llega a dormir en la redacción, prepara un largo número alrededor de Auguste y Jean Renoir; y Rivette y su equipo, otro centrado en *Les carabiniers* de Godard. Finalmente, se publica este último. Se ha ganado la batalla, aunque por el camino se ha perdido algo. Algunas amistades han sido heridas, pero, sobre todo, se confirma que algo queda definitivamente atrás, y es aquella época de juventud, de encuentros en cineclubs, una cierta noción de cinefilia.

Cambian algunos nombres, en particular en la redacción, donde comienzan a firmar con asiduidad Jean Narboni, Jean-Louis Comolli, Jean-André Fieschi, Paul Vecchiali. También empezará a asomar un nombre que percutirá constantemente a lo largo de las páginas de este libro: Serge Daney. Y cambia también el canon, en el cual figura-

---

[33] *Ibíd.,* pág. 314.

rán a partir de ahora nombres como Buñuel, Antonioni y Resnais.

Durante dos años a partir de aquel momento, Rivette se encargará de la revista. Ahora bien, la defensa del cine moderno que le ha llevado hasta ahí es notoria, pero no es nueva. La búsqueda de la modernidad atraviesa toda su obra crítica y, más adelante, su obra fílmica. Uno de sus artículos más hermosos, «Lettre sur Rossellini», que escribe en 1955, es ya una misiva en torno al cine moderno. Sí, «moderno, afirmo yo: es así que desde los primeros minutos de proyección de *Te querré siempre,* un nombre que parecería que no tiene nada que ver aquí no cesa de atravesar mi espíritu: Matisse»[34]. Rivette detecta una modernidad en Rossellini que luego hará suya. Cuando habla de películas que se cierran y otras que parten de un deseo de apertura, está anticipando rasgos de su cine y está entendiendo la modernidad como algo abierto, en oposición a la clausura clásica. Y cuando habla del azar como elemento fundamental para la creación, está esbozando los métodos de trabajo con los actores que usará sobre todo entre finales de los años sesenta y comienzos de los setenta. Habla, en cualquier caso, de un cine moderno: el del Rossellini de *Te querré siempre,* y el de la nueva ola en la que él mismo participaría.

De la misma manera, en «L'âge des metteurs en scène», cuando se refiere al *scope* y al Technicolor formula tanto una síntesis del concepto de puesta en escena como un elogio a lo nuevo y a la modernidad propia de cineastas *a priori* clásicos como Hitchcock o Ray.

> Constato: cinemascope, triple pantalla de Abel Gance, cinerama, qué más da; siempre existe el mismo deseo de

[34] Jacques Rivette, *Textes critiques,* pág. 97.

> explosión del cuadro vetusto, y más aún, del repentino florecimiento de la pantalla como una flor de papel japonesa sumergida en agua viva[35].

Cuando Rivette escribe sobre el Technicolor y sobre el *scope,* está escribiendo también sobre un cine de Hollywood que ya es moderno. Cuando en octubre de 1955 publica en *Arts* «Le cinéma américain renaît», observa el cine de Hollywood de los años cincuenta a partir de una cierta noción de modernidad.

Es decir, a lo largo de esa década, no se cansa de señalar con el dedo, incisivamente, una tendencia que, en los sesenta, será ya toda una realidad. ¿Cómo no iba a defender entonces, y ya con el cine de Godard, Truffaut o Resnais en marcha, un cine plenamente moderno si ya llevaba años y años haciéndolo?

En aquella hermosa carta a Rossellini, detecta un cine moderno que ya no está «obligado al relato», sino que ofrece «la posibilidad del ensayo», que «es el lenguaje mismo del arte moderno; es la libertad, la inquietud, la búsqueda, la espontaneidad»[36]. Así, no solo iba rastreando las pistas de un nuevo cine, sino que apuntaba a un rasgo definitorio de lo que serían sus propias películas: un cine que se piensa a sí mismo. Seguía, como decía Truffaut, «escribiendo en cineasta», publicando como un crítico, pero reflexionando como el director que ya era y cuya obra atendería a menudo más al ensayo que al relato.

---

[35] Jacques Rivette, *Textes critiques,* pág. 87.
[36] Jacques Rivette, *Textes critiques,* pág. 104.

> El cine se ha vuelto un objeto de cultura al mismo título que los demás, y todas las artes, todos los pensamientos, tienen que referirse a él, como él a ellos (Jacques Rivette).

En plena disputa en torno a la modernidad, Rivette escribe el que será uno de los textos fundamentales para sus postulados, un análisis de *Monsieur Verdoux* (1947) de Chaplin, en el que afirma la modernidad a partir de Roland Barthes: «la actividad estructuralista, que rige todo el arte moderno»[37], dice.

Por entonces, el autor de *Mitologías* es uno de los mayores referentes de Rivette, que promueve, a lo largo de los dos años que está al mando de la revista, la inclusión de una serie de entrevistas a figuras relevantes del arte y del pensamiento. Rivette siempre se había mostrado proclive al análisis fílmico a partir de referentes de otros ámbitos, y en sus críticas abundaban las citas, ya fueran abiertas o encubiertas, de Péguy a Platón, de Matisse a Boulez. Es más, en aquel agitador artículo en torno al *travelling* y la moral, resonaban ya algunas ideas de Barthes: «El valor ideológico de un texto (moral, estético, político, alético) es un valor de representación, no de producción (la ideología no trabaja, refleja)»[38].

La idea principal de la serie de entrevistas es la de situar el cine en convivencia con otras disciplinas. Se trata, en cierta manera, de salir del ombliguismo de la cinefilia (pre-

---

[37] Jacques Rivette, *Textes critiques,* pág. 238. «Revoir Verdoux», *Cahiers du Cinéma,* núm. 146, agosto de 1963.
[38] Roland Barthes, *S/Z,* Madrid, Siglo XXI, 2009, pág. 14.

cisamente mitificadora) de comienzos de los cincuenta. Así se declara en la apertura de aquella serie:

> El cine, siempre presente, sea en último término o sea en primer plano, será situado, por lo menos así lo esperamos, en una perspectiva más amplia, que nos pueden hacer olvidar el archivismo o la idolatría (los cuales también cumplen su papel)[39].

La primera entrevista será, como no, a Barthes. Y está firmada por Rivette y Michel Delahaye. Revela por un lado un Rivette que se aleja de la cinefilia *clásica,* canónica, de aquel enamoramiento juvenil, de aquellos amantes cuya vida cobraba sentido a partir únicamente del cine (recordemos aquí las palabras de su amiga Bulle Ogier cuando decía «yo creía que Rivette vivía en las salas de cine»)[40]. El Rivette de comienzos de los sesenta tiene la voluntad clara de *abrir* el cine, de hacerlo convivir con otras disciplinas. Se trata de salir de la cueva, de la sala oscura, de levantar la vista de la pantalla y ver el cine en consonancia con el mundo, un mundo en el que los cineastas habitan el mismo lugar que filósofos, compositores y pintores.

A la vez, la entrevista a Barthes sirve a Rivette para elaborar una de las mayores convicciones de su obra crítica: que el cine, bajo ningún concepto, es un lenguaje. Nadie mejor que Barthes, el semiótico, el estructuralista, para escrutar la postura de Rivette en torno al cine como lenguaje. Cuando *somete* a Barthes a una suerte de interrogatorio, está *sometiendo* sus postulados en torno a la imposibilidad de entender el cine como un lenguaje al más exigente de los interlocutores. «Sin embargo, nos referimos constante-

---

[39] Roland Barthes, *El grano en la voz,* México D.F., Siglo XXI, 1983, pág. 19.

[40] Bulle Ogier y Anne Diatkine, *J'ai oublié,* pág. 105.

mente a la idea de un "lenguaje cinematográfico", como si la existencia y la definición de lenguaje fueran emitidas universalmente», dicen los entrevistadores. «¿No habría, si no la imposibilidad, al menos la dificultad del cine para entrar en esta esfera del lenguaje?», repreguntan. Y apelan a los experimentos realizados en los años veinte por los cineastas soviéticos, «que no han sido muy concluyentes». Y siguen así: «Los procedimientos son todos ambiguos; por ejemplo, la retórica clásica dice que el picado significa aplastamiento; ahora bien, vemos doscientos casos (por lo menos) en los que el picado no tiene en absoluto ese sentido». Sí, nadie mejor que Barthes para responder a estas cuestiones, sobre las que en ningún momento vierte un dictamen irrevocable. No dirá «el cine no es un lenguaje», sino que viene a decir que para poder afirmar tal cosa hay todavía mucho camino que recorrer. Se resiste a una concepción amplia o, como él dice, «metafórica» del lenguaje y busca ceñirse a un concepto estructural estricto. Para él, el lenguaje es un sistema de signos. Como estructuralista que es recurre a los elementos constituyentes del signo lingüístico tales como significante y significado o del lenguaje —muy en la línea de Jakobson— tales como metáfora y metonimia. Y la pregunta para él es entonces: ¿es el cine un sistema de signos? El problema para él, así, no es la ambigüedad que puede darse en el cine, pues la ambigüedad se da también en el lenguaje en un sentido más estricto («Los significantes son siempre ambiguos. El número de significados excede siempre al número de significantes»), de manera que esta «ambigüedad es normal pero no es ella la que estorba en nuestro problema». Antes, ha ido señalando cuál es ese «problema». El lenguaje articulado es un código con signos no analógicos y discontinuos; y el cine se presenta «a primera vista como una expresión analógica de la realidad (y, además, continua)». De ahí, pues, la dificultad de definir el cine como un lenguaje. E, incluso,

> si se llegara a establecer una especie de semántica parcial sobre puntos precisos (es decir, para significados precisos), tendríamos muchas dificultades para explicar por qué todo el film no está constituido por una yuxtaposición de elementos discontinuos; nos encontraríamos con el segundo problema, el de lo discontinuo de los signos —o el del continuo de la expresión.

Así, habla de la «expresión cinematográfica», que «pertenece también a ese orden de las grandes unidades significantes, que corresponden a significados globales, difusos, latentes, que no son de la misma categoría que los significados aislados y discontinuos del lenguaje articulado».

Hostigado por Rivette y Delahaye, Barthes no niega el cine como lenguaje, igual que tampoco lo afirma: muestra sus dudas, y sugiere procesos de trabajo que deberían realizarse para, eventualmente, poder llegar a considerarlo así. El camino, viene a decir, es largo. Y una posible afirmación del cine como lenguaje resulta más que remota. De hecho, el camino por recorrer es largo para el propio lenguaje articulado: tanto más lo sería entonces para un arte como el cinematográfico. En el fondo, se trata de una pequeña victoria para el entrevistador Rivette. Su incisivo escrutinio ha terminado con un dictamen: el juicio termina en absolución por falta de pruebas.

El crítico como artista

> Es mediante el ejercicio cotidiano de su poder que el cineasta afirma rigurosamente su pensamiento (Jacques Rivette).

Si las películas de Hitchcock no pertenecían, como decía Rivette en la primera frase de este capítulo, al terreno de la crítica..., ¿a qué ámbito pertenecían entonces? El mismo

Rivette respondía afirmando que aquel cine moderno que se estaba fraguando estaría reservado solo a los cineastas. Así, había un secreto, el de un arte moderno. Y solo algunos tenían acceso a aquel misterio: los propios cineastas. Rivette, por entonces, ya era uno de ellos.

El pasado como crítico cinematográfico para *Cahiers du Cinéma* de Rivette puede rastrearse en sus películas, en una vinculación entre reflexión y creación que lo identifica con la idea romántica según la cual el crítico ha de producir al mismo tiempo arte y el arte ha de ser al mismo tiempo reflexivo.

La reflexión se instaló en el cine francés y resulta una idea indisociable de la *nouvelle vague,* quizás como consecuencia del trayecto de sus autores: de la cinefilia a la crítica y finalmente a la dirección. Pocos mostrarían una coherencia tan nítida entre su obra crítica y su obra cinematográfica como Rivette, que impuso el concepto del cine como puesta en escena del cuerpo en el espacio y que trasladó dicho discurso del papel al celuloide cuando planteó la cuestión de cómo filmar el cuerpo desnudo en *La bella mentirosa*. El cine de Rivette resulta un cine pensante e inicia una línea, la de la reflexión, que siguió vigente en los films de la generación posterior a la *nouvelle vague,* ya alejada de las ataduras cinéfilas. Arnaud Desplechin, uno de los últimos grandes cinéfilos del cine galo, lo expresó así:

> Philippe Garrel y Jacques Doillon buscan seguramente la misma cosa, y hablar de «lo bruto», de «lo real», de «desgarrar» no nos ayuda a nombrar lo que les empuja a dirigir de manera tan radical. Es otra cosa, que viene directamente de la *nouvelle vague*. Buscan filmar el pensamiento. No hay ninguna verdad más verdadera que otra, es el pensamiento lo que importa[41].

---

[41] Antoine de Baecque y Thierry Jousse, *Le retour du cinéma,* París, Hachette, 1996, pág. 121.

El periplo de la crítica como género literario va intrínsecamente unido a las consideraciones sobre la reflexión, tal como expuso Benjamin en su ensayo *Le concepte de critique esthétique dans le romantisme allemand*. Además, es a través de la idea de reflexión, planteada como un continuo en el que todo piensa hasta alcanzar el infinito, que se dan formas abiertas como el fragmento. Es, en general, por medio de esa idea por la que estas formas y también la crítica adquieren, por así decirlo, carta de ciudadanía en el ámbito literario. Alfred Kerr fue el primero en definir la crítica como cuarto género mediante una contundente afirmación: «A partir de ahora se ha de decir: la literatura se divide en épica, lírica, drama y crítica»[42]. Era la primera mitad del siglo XX. Antes, a finales del XIX, Oscar Wilde había reivindicado la figura del crítico en su ensayo dialogado *El crítico como artista*. Aquel texto de Wilde resulta revelador, pues supone un mandato, poético y divertido, también aplicable a la crítica de un arte que aún no había nacido: el cine. Wilde aboga por la forma, por lo estético por encima de lo temático, plantea la crítica como una continuación de la obra y, sobre todo, como una obra en sí misma. La crítica es arte, sostiene Wilde en una idea que entronca con el discurso posterior de Benjamin en el mencionado ensayo: las fronteras entre crítica y obra se difuminan. *El crítico como artista* contiene ecos de otro eje del pensamiento romántico: la reflexión.

En *El crítico como artista,* la idea dominante es la de la forma. En cierta manera, Wilde lleva al extremo los postulados románticos y los suyos propios. Dice Friedrich Schlegel, citado por Benjamin: «La poesía solo puede ser criticada mediante poesía»[43]. El discurso resulta revelador. Sin embargo,

---

[42] Walter Benjamin, *Le concepte...*, pág. 74.
[43] Walter Benjamin, *Le concept...*, pág. 112.

Wilde va más allá de la idea, del tema, y propone una fusión entre contenido y forma que apunta a un discurso más amplio, más sutil, que tiene su base en lo estético.

Rivette, que no vive y no escribe en tiempos de Oscar Wilde, sino en la segunda mitad del siglo XX y, más concretamente, en la época de la posguerra y del existencialismo, da un paso más allá de lo estético.

En su libro *L'absolu littéraire,* Philippe Lacoue-Labarthe y Jean-Luc Nancy escribieron: «¿Qué es el romanticismo? O ¿qué es la literatura? Más bien, significa que la literatura, como su propio cuestionamiento absoluto y el perpetuo preguntarse por sí misma, data del romanticismo y como romanticismo»[44]. Esta cuestión resulta reveladora en tanto que, podría decirse, con Rivette y el movimiento crítico que terminaría eclosionando en la *nouvelle vague* empieza una nueva mirada sobre el cine, un continuo cuestionarse de este a sí mismo, que se refleja tanto en la crítica —el medio más propio de la reflexión— como en el mismo cine. Según Lacoue-Labarthe y Nancy, «no puede haber teoría de la novela que no sea en sí misma una novela»[45]. O en su extrapolación: no puede haber una teoría del cine que no sea en sí misma cine. De ahí que la concepción de la crítica como algo inherente a la obra cinematográfica, a la película, esté muy presente en el cine de Rivette.

La idea de reflexión de los románticos no es la misma que la de Johann Gottlieb Fichte; en este, la reflexión constitutiva es la del «yo» (el yo que se piensa a sí mismo); en los románticos, la del pensar (el pensamiento del pensamiento). Según ellos, todo piensa; el mundo se piensa; el mundo es un yo pensante. Y donde mejor se refleja esto, a su

---

[44] Philippe Lacoue-Labarthe y Jean-Luc Nancy, *The Literary Absolute: The Theory of Literature in German Romanticism,* Albany, State University of New York, 1988, pág. 76.

[45] *Ibíd.,* pág. 82.

juicio, es precisamente en el arte. La crítica estética —la reflexión sobre el arte— se convertía así en el paradigma del pensamiento del pensamiento. La crítica debe ser vista como una continuación de la obra, como el estadio que permite que la reflexión inherente a la obra aflore, que esta sea consciente de sí misma.

Honoré de Balzac, autor tan querido por Rivette, ofreció su versión del estrecho vínculo entre el arte y la reflexión: «Los pintores no deben meditar sino con los pinceles en la mano»[46]. Rivette, miembro de la *nouvelle vague* francesa, en la que la crítica también resulta de gran relevancia, trasladó esta cuestión al cine: la crítica, el análisis, la teoría de la creación artística y, por ende, de la creación cinematográfica debía ser, a su vez, una película.

Juego de pistas: sobre la obra cinematográfica de Jacques Rivette

Teatro

> El teatro no es algo imaginario, es una realidad (Gérard, *Paris nous appartient*).

El teatro, hermano mayor del cine[47], cómplice, compañero de viaje infatigable: desde la *troupe* primeriza que se profesionaliza en *Paris nous appartient* (1961) hasta *El último verano (36 vues du Pic Saint-Loup,* 2009), donde se transforma en un circo ambulante de tono crepuscular. El teatro: principio y fin.

---

[46] Honoré de Balzac, *La obra maestra desconocida,* Buenos Aires, Libros del Zorzal, 2006, pág. 38.

[47] Jacques Rivette, en Charles Tesson, *Théâtre et cinéma,* París, Cahiers du Cinéma, serie Les Petits Cahiers, 2007, pág. 81.

En las películas de Rivette, el cine mira al teatro como quien se observa en el espejo y, en el reflejo, ve algo de sí mismo y algo que no lo es. La imagen que se observa se parece a uno, pero a la vez es otro. En su cine, el teatro, como en una ocasión la pintura, es el medio para la reflexión sobre el arte y, por ende, sobre el propio cine. Rivette *pone el teatro en ficción,* y así consigue la distancia necesaria para una libertad irónica. Cuando reflexiona sobre el cine mediante el teatro, hay ahí ironía, pero también gravedad. A veces es todo un juego, pero a través de él trata de acercarse a algo muy serio: el tema de la verdad y la mentira, que para él será *el único gran tema del cine* y al cual, como hizo antes su querido Jean Renoir, llega a través del teatro.

El teatro habita las películas de Rivette y también fue determinante en su formación como cineasta. Fue la representación teatral la que le invitó, a finales de los sesenta, a empujar los límites de la improvisación. En aquella década bulliciosa, Marc'O, director y dramaturgo, organizaba una escuela de teatro en el American Center. El lugar era frecuentado por intérpretes como Pierre Clémenti, Jean-Pierre Kalfon y Bulle Ogier, que más adelante pasarían a configurar el universo rivettiano. A Marc'O le rondaba entonces una idea: que los actores fueran tan importantes como el texto y que todo girara alrededor de la improvisación: «una pretensión completamente mal vista en Francia, donde el *living theatre* era aún desconocido»[48]. De todo aquello surgen muchas cosas: amistades, relaciones amorosas, disruptivas piezas teatrales y, finalmente, algunas películas. Primero, *Les idoles* (1968), del propio Marc'O, que inspira enormemente a un Rivette en plena búsqueda. Y, finalmente, *L'amour fou* (1968) y *Out 1* (1971),

48 Bulle Ogier y Anne Diatkine, *J'ai oublié,* pág. 22.

[3] El teatro y el ensayo en *Out 1;*
el teatro y la vida en *L'amour fou.*

en las cuales Rivette se expresa a través de aquel teatro del movimiento y de la improvisación, que pasa a ocupar un lugar central [**3**].

Dicen que antes de filmar *La religiosa (Suzanne Simonin. La religieuse de Denis Diderot,* 1967), Rivette preparó un montaje teatral de la pieza de Diderot, con la misma protagonista de la película, Anna Karina. En su cine, sin embargo, el teatro será pocas veces el montaje final, el escenario el día de función, la platea repleta de público, sino que serán sobre todo los ensayos, el *work in progress,* la obra cuando todavía es algo abierto, un mundo de posibilidades. Por tanto, sus películas se sitúan en los bastidores, ese espacio intermedio en el que se dan cita la representación y la cotidianidad. *L'amour fou* se encuentra precisamente ahí, en un lugar entre el teatro y la vida. Es más, el montaje que prepara el director interpretado por Kalfon en *L'amour fou* ni siquiera llegará a materializarse, pues al final la pareja se separa y la pieza teatral se abandona. Las dos cosas se dan inevitablemente a la vez. De la misma manera, en *Paris nous appartient,* Gérard, el director, renuncia al *Pericles* que quería hacer. La obra, terminada, cerrada, representada ante una audiencia, pocas veces se llega a ver. *Out 1* dibuja precisamente esta idea: la creatividad irrefrenable de unos ensayos que no tiene por qué llevarnos a ningún puerto. Lo que importa es el viaje, el ensayo y la repetición, la *répétition*.

A propósito de *La bande des quatre* (1985), Deleuze decía que en el cine de Rivette el espacio del teatro y el de la casa se comparten y las actrices trasladan lo que sucede en cada uno de estos lugares al otro. Así se van creando los personajes, que se llevan a casa algo de la figura que están construyendo y al teatro algo de lo que viven en la esfera privada. Así lo intuye Constance, la profesora, cuando al comienzo de la película reprende a una de sus alumnas porque se expresa según lo que siente ella, y no el personaje.

Esta mezcolanza entre una esfera y la otra se evidencia también en la propia escuela de teatro de Constance, que vive en el mismo sitio donde trabaja, una sala de paredes rojizas, de la que no sale y que parece un mundo en sí mismo. A Constance apenas la vemos subir las escaleras del teatro, pero... ¿adónde va? ¿Qué hay al final de esos peldaños? ¿Su casa? El teatro y el hogar son a la vez un misterio.

Los dos espacios se mezclan: el teatro es el hogar. Y también sucede a la inversa: una casa puede ser asimismo el escenario de una función, como en *L'amour par terre* (1984), donde en vez de un escenario se utiliza el espacio común de un apartamento. Del teatro al apartamento, así sucesivamente. Ese es el tránsito constante en *L'amour fou:* de donde viven Sébastien y Claire al lugar donde el primero ensaya. No es extraño que, al final, la vida se convierta en una suerte de representación, cuando la pareja se encierra entre las cuatro paredes del hogar y lo pone patas arriba. No hay vida sin teatro ni teatro sin vida.

Literatura

> Hay que expresar las palabras. No son tus palabras, son las palabras de Marivaux (Constance, *La bande des quatre).*

Una pareja baila, en una sala amplia, casi vacía. Son el cine y el teatro, que se aferran el uno al otro. Pasan los años y la pareja sigue ahí, moviéndose cada uno al ritmo del otro. En el cine de Rivette, el teatro es una constante y sirve, como se ha dicho, precisamente de espejo al cine: es su reflejo y a la vez es otro.

Junto a ellos, quizá en un rincón de la sala, se encuentra la literatura, por la que Rivette profesa un amor singular, evidenciado sobre todo en su querencia por la obra de Honoré de Balzac. El autor de *La comedia humana* no es el único. Por la obra de Rivette desfilan nombres como los de Henry James, Arthur Schnitzler, Lewis Carroll o Denis Diderot. Así como otros que lo hacen con mayor sigilo, como Gérard de Nerval o Julio Cortázar. Rivette siempre trazó puentes entre el cine y la literatura, pero esos puentes no fueron en todas las ocasiones los mismos. Sus películas están constantemente habitadas por obras literarias, pero estas no siempre fueron presencias tangibles, sino, a veces, espectros, evocaciones, reminiscencias que sobrevuelan las imágenes.

Su segunda película, *La religiosa,* adaptaba la novela homónima de Diderot. De hecho, el carácter subversivo del texto traspasó a la película de Rivette, que fue secuestrada, sublevando a unos cineastas hasta aquel momento un poco ajenos a la política. Eran los sesenta, y el cine anticipaba las revueltas del mayo francés. En cualquier caso, aquella película es una adaptación, podríamos decir, al uso. A partir de aquel momento y, en cierta manera, hasta casi el final de su trayectoria, los puentes entre el cine y la literatura fueron otros, y el texto literario dejó de ser materia para la adaptación y pasó a formar parte de la sugerencia.

Las dos adaptaciones de carácter más canónico de la filmografía de Rivette están una al comienzo y la otra al final: son su segunda *(La religiosa)* y su penúltima película *(La duquesa de Langeais).* Para *La duquesa de Langeais (Ne touchez pas la hache,* 2007), Rivette tomaba una novela de Balzac y la trasladaba a la pantalla de manera ciertamente fiel (aunque veremos más adelante en qué consiste esto de la fidelidad). Hasta entonces, había convertido una novelita titulada *La obra maestra desconocida* en un peliculón de más de tres horas, *La bella mentirosa;* y había realizado un film-torrente, *Out 1,* de medio día de duración, a partir simplemente del prefacio de *Historia de los trece* de Balzac.

«Siempre me hizo reír que cuatro pequeñas líneas hayan causado tal río»[49], decía Bulle Ogier de Rivette. A partir de aquel experimento, el de *Out 1,* la relación con la literatura es claramente otra. En *Out 1* se pueden seguir las huellas del prólogo de Balzac; en *L'amour fou,* las de *Andrómaca* de Racine, la obra que ensaya el director de teatro interpretado por Jean-Pierre Kalfon. A partir de *Out 1,* las obras literarias ya no se adaptan, sino que se aparecen. No es extraño, pues en la época de *L'amour fou* y de *Out 1,* todo cambia. Rivette abre la puerta a la improvisación, recoloca el teatro a partir del ensayo, dota a su cine de una temporalidad torrencial y, finalmente, subvierte también la idea misma de la adaptación literaria. El texto ya no es un cuerpo férreo, sino algo maleable, una pieza más del misterio, que se puede desvelar o puede permanecer oculto. *La profecía* de Arthur Schnitzler se encuentra escondida en una de las imágenes que inspiraron *L'amour par terre; La Orestíada* inspira la tragedia que atraviesa *Secret défense* (1998); Pirandello asoma en *Vete a saber (Va savoir,* 2001), y así constantemente. Estas son pistas evidentes, pero hay más, hay espectros literarios todavía más intangibles: el Lewis Carroll de *Alicia en el país de las maravillas,* el Julio Cortázar proclive al juego y a lo fantástico y, cómo no, el Gérard de Nerval de nombres femeninos, los de *Las hijas del fuego*. La relación con la literatura es también la relación con el texto: los personajes rivettianos (a menudo actores o directores de teatro, pero incluso chafarderos como el Jean-Pierre Léaud de *Out 1)* se dirimen con el texto, con las palabras de los otros, tal y como dice Constance, la profesora de teatro de *La bande des quatre.*

---

[49] Bulle Ogier y Anne Diatkine, *J'ai oublié,* pág. 89.

En *Céline et Julie vont en bateau [Los locos viajes de Céline y Julie,* 1974][50] asoma la presencia de *La otra casa,* la novela de Henry James que inspira el mundo al que *viajan* las dos protagonistas, un caserón en el que aparentemente ha muerto una niña. La novela y la película se parecen, pero no son para nada lo mismo. Y quizá alguien dirá... ¿qué sucede con *Cumbres borrascosas (Hurlevent,* 1985), adaptación de la novela de Emily Brönte? La inspiración primera no fue el texto, sino las imágenes, las ilustraciones de Balthus que acompañaban una edición del libro. La literatura, de nuevo, estaba ahí, pero no en un primer plano.

Balzac

> Lo que me gusta de Balzac son las conspiraciones (El balzaquiano, *Out 1).*

Tres son las películas de Rivette que abordan directamente textos de Honoré de Balzac. Y tres es el número de novelas que componen *Historia de los trece,* obra recurrente en su cine.

La obra de Balzac es extensa: *La comedia humana* está compuesta por unos noventa relatos y novelas y es un retrato exhaustivo de su época. En ella, el novelista plantea en cierta manera un universo expandido *avant la lettre:* no es una serie de novelas, sino un *sistema,* un marco que abarca distintas obras y en el que los personajes se repiten y las localizaciones de las narraciones están, general, en el París de los años 1820 aproximadamente. *La comedia humana* es

---

[50] En este caso, excepcionalmente, he optado por emplear por sistema el título original de la película, pues el título de su estreno en España es poco conocido.

un buen ejemplo de la *desobediencia* de Balzac a las reglas de las obras clásicas. Se estructura en tres grandes estudios: los filosóficos, los analíticos y, finalmente, la trilogía *Historia de los trece,* formada por *Ferragus, La duquesa de Langeais* y *La muchacha de los ojos de oro.*

Rivette tiene su particular *comedia humana, Out 1,* espoleada por las pocas páginas que constituyen el prefacio de *Ferragus.* El resultado es una película por episodios, en la que las conspiraciones latentes de la trilogía de Balzac se trasladan al París contemporáneo, el de la resaca posterior al mayo del 68. Rivette encontró en la obra balzaquiana y especialmente en *Historia de los trece* el equivalente en la literatura a su fijación por el complot, ese misterio inasible, pero más dominante que cualquier máquina del destino. Por otra parte, halló ahí algo más, un amor por París, pues, con sus palabras, el escritor hizo de la ciudad francesa un organismo vivo, un lugar de facciones humanas.

Hubo, pues, en París trece hermanos que se pertenecían y se desconocían en el mundo, pero que se reunían por la noche, como conspiradores. Así define Balzac a los trece, sociedad secreta, grupo inmiscuido en asesinatos y desapariciones por razones que desconoceremos. *Out 1,* obra maestra de Rivette, plantea también de manera enigmática la conspiración; la política de principios de los setenta, la de después del 68, permanece como trasfondo.

Anne-Marie Baron se preguntaba por qué, ya en pleno siglo XXI, Rivette habría querido volver a Balzac con *La duquesa de Langeais.* Y respondía: «Por pura lealtad. La lealtad de Rivette hacia Balzac, de quien se nutre y a quien siempre regresa, dice, después de haber revisado toda la literatura occidental»[51]. Decía antes que *La duquesa de*

---

[51] Anne-Marie Baron, «Balzac au cinéma: *La duchesse de Langeais,* de Balzac à Rivette», *L'Année balzacienne,* núm. 8, 2007, págs. 523-527.

Langeais puede ser la más fiel de las adaptaciones de Balzac, pues mantiene intacta la idea del *milieu,* la descripción de un ambiente y pieza básica para el afán realista del autor de *La comedia humana*. Rivette plantea una película apuntalada sobre la sobriedad, en la que no faltan unos destellos de humor propios de la literatura balzaquiana en sus retratos de la aristocracia. Pero ¿acaso no son igualmente fieles las otras películas en las que Balzac, agazapado como el complot en sus novelas, es apenas un punto de partida? No hay cineasta más fiel al París que proyectó Balzac que Rivette, el de la ciudad laberíntica en *Paris nous appartient,* la urbe en transformación y viva como un monstruo en *Le Pont du Nord (Le Pont du Nord,* 1981) y la de los secretos de *Out 1.*

En *La obra maestra desconocida* se dice que solo el pintor Mabuse poseía el secreto de dar vida a las figuras. Balzac apela a la historia del pintor francés Mabuse, del que se dice que inspiró la novela de Norbert Jacques que, a su vez, sirvió de base para que un director tan querido por Rivette como Fritz Lang creara al omnipotente doctor Mabuse, el más grande de los conspiradores que ha dado el cine. Rivette, admirador de los universos langianos y de la querencia del director vienés por lo moral, se fijó precisamente en la *nouvelle* de Balzac para *La bella mentirosa*. Aquel librito, un tratado sobre la relación entre la realidad y el arte, le sirvió para explorar los misterios de la creación artística y, también, la puesta en escena del cuerpo. Como decía Ogier sobre *Out 1,* de nuevo fueron unas pocas páginas las que terminaron por espolear un torrente, en este caso, de unas cuatro horas, que abandonaba los cauces habituales de la adaptación.

París

Todo el mundo cree conocer París
(Thomas, *La bande des quatre).*

Insensiblemente crujen las articulaciones, el movimiento se comunica, la calle habla. A mediodía todo está vivo, las chimeneas humean, el monstruo come; luego ruge, luego se agitan sus cien pies. ¡Hermoso espectáculo! Sin embargo, ¡ah, París!, quién no ha admirado tus sombríos paisajes, tus claroscuros, tus callejones profundos y silenciosos[52].

Así era el París de Balzac. El monstruo, vivo y dual, luminoso y penumbroso.

Para mí, París es un paseo. Es una tarde soleada en un parque, donde, de repente... ¡zas! ¡Un encuentro casual! En ese parque, por ejemplo, podemos observar a Céline y a Julie, persiguiéndose la una a la otra. O quizá veamos a Bulle Ogier escribiendo una carta postal. O puede que sea el lugar donde dos viejos amantes han quedado para volver a verse, años después, como los personajes de *Vete a saber*. En el parque, incluso puede que esté el mismo Rivette, charlando distendidamente con su productora, Martine Marignac, como sucede brevemente en *Alto bajo frágil (Haut bas fragile,* 1995).

París, para Rivette, es también un parque soleado. Y es la ciudad observada desde las alturas, desde sus tejados grisáceos: desde lo alto de un teatro, por ejemplo, como en *Paris nous appartient*. Aquel título fue premonitorio: sí, París le

[52] Honoré de Balzac, *Ferragus, jefe de los devorantes,* Barcelona, Minúscula, 2002, pág. 21.

pertenece. De todas las películas que hizo Rivette, trece tienen lugar en París. Y casi siempre en un París contemporáneo. El París de Rivette es una ciudad balzaquiana, porque es una ciudad llena de secretos y de complots, de misterios que flotan como una hoja suspendida en el aire y que a menudo ni siquiera llega a posarse en el suelo. Es también una ciudad de su época, la de las transformaciones de los primeros ochenta, por ejemplo, en *Le Pont du Nord,* o la de la resaca tras el mayo del 68 en *Out 1*. Es, por ejemplo, un rincón frente a la corte de apelación, junto a la resguardada Place Dauphine, un lugarcito oculto en una de las esquinas de la Île de la Cité. Ahí se dan cita dos de las *conspiradoras* de *Out 1,* abrigadas en el interior de un coche, donde nadie pueda escucharlas.

París también es un interior. El del apartamento donde se refugia Claire, y desde el que se escucha el tráfico, el bullicio urbano. En el balcón ella y Sébastien se abrazan, y de nuevo París se dibuja desde las alturas, escenario impasible de la disolución de la pareja, del fin del amor. También en los interiores de las residencias parisinas discurre el romance entre los protagonistas de *La duquesa de Langeais:* la relación adúltera es un secreto a voces de una sociedad de normas férreas. Aquí, París se oculta en las casas, en la penumbra de la nocturnidad de un encuentro furtivo, en las salas de baile donde los amantes se encuentran y los demás observan. Una de las mayores curiosidades de *La duquesa de Langeais* es que es un retrato, al fin, de un París de otra época, porque, para Rivette, París fue sobre todo un escenario contemporáneo.

París es un viaje en metro, el de las idas y venidas de Sylvie Rousseau, la protagonista de *Secret défense*. Es el metro de Porte de Lilas y de Porte de Levallois, situados en la periferia, en los límites del mapa. Es el metro aéreo que observa la joven de *Le Pont du Nord:* aquella ciudad resulta más propia de la ciencia ficción, aunque la película es el perfecto retrato

[4] El mapa de París convertido en un juego de la oca en *Le Pont du Nord* y el mapa de París para resolver un misterio en *Out 1*.

de una urbe cambiante, en plena construcción al comienzo de los años ochenta [4]. Sí, como sugería Balzac, es un organismo; y en *Le Pont du Nord* la ciudad cobra precisamente vida, como los molinos ante los ojos del Quijote.

París es también un lugar habitado por fantasmas. Es una ciudad enigma, un sueño eterno, el laberinto donde se mueven las dos deidades interpretadas por Bulle Ogier y Juliet Berto en *Duelle* (1976). Aquí, la ciudad ya no es pasado ni presente, sino un escenario que se proyecta hacia lo fantástico.

Hijas del fuego

> No es un hombre lo que está buscando, es otra cosa (Lucie, *Duelle).*

Ese París fantástico está poblado eminentemente por mujeres: son las «hijas del fuego», título que Rivette toma de un librito del maestro del fantástico Gérard de Nerval, que tituló los episodios de aquel volumen con nombres de mujer. Decía Serge Daney que, a partir de mediados de los setenta, la dialéctica entre lo masculino y lo femenino desapareció del cine de Rivette. Al sacar la figura masculina del centro, dejándola a menudo arrinconada en la periferia (ahí se encuentra Thomas en *La bande des quatre,* que revolotea alrededor de las principales protagonistas), se establecen nuevos vínculos. Son las dos mujeres, amigas o quizá amantes (qué más da), de *Céline et Julie;* son las diosas que dirimen sus fuerzas en *Duelle;* la maestra y sus alumnas de *La bande des quatre;* son las piratas de *Noroît* (1976); las desconocidas que se van cruzando de *Alto bajo frágil;* y son, cómo no, la mayor y la joven, Bulle y Pascale, madre e hija en la vida real, compañeras de aventuras en *Le Pont du Nord.*

He aquí lo revolucionario y, por qué no, aunque el propio Rivette lo habría dicho de otra manera, lo feminista. Al prescindir de la dialéctica, se desmenuza aquella mirada masculina que dominaba la puesta en escena cinematográfica. Rivette realiza *Céline et Julie vont en bateau* en plena eclosión de las teorías fílmicas feministas. Seguramente es desde otro lugar que él entronca con todo aquello (quizá desde la lectura de Nerval, o desde la mística lunar, o desde el trabajo con las actrices). El caso es que lo hace. Y que lo hace bajo un paraguas a menudo *sospechoso* en cuestión de género, como el de la *nouvelle vague.*

Desaparecía la dialéctica, y también la histeria, ese *mal* asociado históricamente a las mujeres. La concepción de la interpretación en el cine de Rivette dista mucho de la *histerización* de los *grandes directores de mujeres* (Almodóvar, Bergman, Cassavetes, por citar apenas tres). El buen director de actrices parece ser aquel que consigue llevar a la mujer hasta ese estado de histeria, ligado al cuerpo, pero también a la expresividad desaforada, al nervio, a la estridencia propia de la disociación identitaria. Contra la histeria: los juegos y la complicidad de Juliet Berto y Dominique Labourier en *Céline et Julie vont en bateau.* Contra la histeria: la quietud de Geraldine Chaplin. Contra la histeria: Bulle Ogier.

Ogier

> No sé si tengo necesidad de ti, pero a veces siento que tú tienes necesidad de mí (Marie, *Le Pont du Nord).*

«Cada uno de los directores de la *nouvelle vague* tenía sus actrices. Solo Juliet Berto lo fue de varios. Yo soy un poco una criatura de Rivette»[53]. Bulle Ogier se convirtió en ros-

---

[53] Marie-Anne Guérin, «La sphère Bulle Ogier», *Cahiers du Cinéma,* núm. 491, mayo de 1995.

tro indisociable del cine de Rivette. Frente a su cámara pasaron desde Juliet Berto hasta Emanuelle Béart. Con todo, Ogier sigue siendo la actriz más rivettiana, pues atraviesa las distintas épocas de su cine: desde el impulso de improvisación de los sesenta y setenta al inicio de una nueva era a partir de *Le Pont du Nord,* la consumación del paso del tiempo en *La bande des quatre,* hasta llegar a *La duquesa de Langeais*. Ogier fue un espectro misterioso en *Céline et Julie vont en bateau,* una actriz que bascula entre la quietud y la histeria amorosa en *L'amour fou,* la dueña de una tiendecita llamada El Ángel del Azar, donde reunía todo tipo de amistades en *Out 1,* una diosa en *Duelle* o simplemente una mujer que carga con el peso del revuelto pasado político de la Europa de los setenta en *Le Pont du Nord,* en la que compartía pantalla con su hija Pascale, fallecida pocos años después.

Decía Ogier que si no se hubiese cruzado con Marc'O a la salida de las oficinas de Chanel donde trabajaba, su vida habría sido otra. Él la dirigió en *Les idoles,* una suerte de musical psicodélico protagonizado junto a Jean-Pierre Kalfon y Pierre Clémenti. Seguramente, no se habría cruzado entonces con Rivette. Y aunque rodó junto a autores como Luis Buñuel o Rainer Werner Fassbinder, es cierto que su presencia está perennemente vinculada al cine de Rivette. En aquellos efervescentes años setenta, Chantal Akerman le propuso el papel principal de *Jeanne Dielman, 23 quai du Commerce, 1080 Bruxelles* (1975), que al final fue para Delphine Seyrig, quien quedaría para siempre asociada a la figura de Jeanne.

Entre Rivette y Ogier hay una complicidad plena. En casi todas las películas del director, vistió su propia ropa, y en muchas de ellas colaboró en la creación de los personajes. Vivió con vértigo la incertidumbre de aquel torrente que fue *Out 1,* dispuesta a dejarse llevar por un cineasta en plena expansión de sus capacidades experimentales. Ese es quizá el verdadero complot en el cine de Rivette, el de un equipo que prepara una película.

Rivette no se explica sin Ogier. Entre otras cosas, quizá, porque Ogier encarna una feminidad que no se corresponde necesariamente con los cánones fílmicos: en Ogier hay algo lúdico, esquivo, aéreo, un misterio que no se resuelve. Su presencia es constante, y su nombre en *La bande des quatre* fue precisamente Constance. Habían pasado unos años desde *Le Pont du Nord,* la última película que los dos habían rodado juntos. Entre una y otra, se produce la pérdida irreparable de Pascale. *Le Pont du Nord* y *La bande des quatre* comparten, al menos, dos cosas: la presencia de Bulle y el retrato de dos generaciones. En ambas, Bulle encarna la madurez y se rodea de actrices jóvenes. En *La bande des quatre,* ella es la maestra; y a su alrededor revolotea un grupito de actrices casi primerizas. En el documental que Serge Daney y Claire Denis realizaron sobre Rivette, el director recordaba que, inevitablemente y aunque nunca hablaron de ello, la ausencia de Pascale planeaba sobre toda la película.

Actrices

> Mañana vamos a actuar en una obra de la que ni siquiera conocemos el final (Emily, *L'amour par terre).*

El arte moderno es apertura. Es, por ejemplo, una coreografía de artes marciales sobre un puente, como en la última escena de *Le Pont du Nord,* que se corta abruptamente, con el gesto todavía suspendido en el aire. Es un final que se proyecta hacia un nuevo comienzo, como en *Céline et Julie vont en bateau,* cuando las protagonistas vuelven a encontrarse por azar en el mismo parque que al principio de la película, y todo podría volver a empezar... porque quizá no haya nada más moderno que un encuentro casual.

El arte moderno supone una invitación a lo imprevisto. También en los procesos creativos. Rivette dijo de Rossellini que se prestaba a los azares de la creación. Y de Renoir, que «el espíritu de la improvisación anima su obra entera»[54]. Incluso lo puso en boca de uno de sus personajes, el conspirador Thomas de *La bande des quatre:* «Amo el azar», decía él. Lo podría haber dicho el mismo Rivette, que entre finales de los sesenta y los setenta amplió el sentido de la puesta en escena. Si este es el tono, si esta es la mirada, entonces es también la apertura al azar, a la intervención de los otros, de las actrices, por ejemplo.

El arte moderno es el del fluir de la improvisación, como los cuerpos en los ensayos de una de las compañías de *Out 1,* cuyo movimiento gira en torno a lo imprevisto, en torno a la búsqueda. Para *Out 1,* apenas existía un esquema en vez de un guion, y los actores participaban activamente de la elaboración de los personajes: uno quería tener una compañía de teatro, y otra, una tienda que sirviera de punto de encuentro para sus amistades, y así se iba dibujando el verdadero complot, que no es el de los trece de la trama, sino el de los actores, de las actrices y del director que lo predispone todo. La propuesta propone una aproximación a lo desconocido, al vértigo, y llega a crear una situación en la que «todas las hipótesis pueden darse»[55].

---

[54] Jacques Rivette, *Textes critiques,* pág. 33. «*The Southerner,* de Jean Renoir», *Gazette du cinéma,* núm. 2, junio de 1950.

[55] Jean-Michel Frodon, «Entretien avec les demoiselles de Rivette», *Le Monde,* 13 de abril de 1995.

Se incita, pues, a los intérpretes a participar de la conspiración, a una coautoría. Constan como guionistas, porque escriben, con sus palabras, con sus vivencias y con sus cuerpos, el devenir de la película. Pero, a la vez, se les convida a un olvido, pues quizá en algún momento del camino dejen de pensar en aquel que está detrás de la cámara. Se da entonces una hermosa contradicción: la de un autor que lo predispone todo para poner en duda su autoría, pero es precisamente este gesto de aparente renuncia lo que le reafirma como autor, lo que configura su mirada a través de la invitación al azar.

Rivette es un gran director de actores, decía su productora Martine Marignac, pero añadía que seguramente muchas de las intérpretes que con él han trabajado digan «no nos dirige»[56], porque la dirección, como la puesta en escena, es aquí otra cosa, es una predisposición.

«Las mujeres le interesan más que los hombres», añadía Marignac, «observa a las actrices durante los ensayos, durante las tomas; luego, en vez de intentar inclinarlas hacia él, es él quien va hacia ellas»[57]. De nuevo, se ve aquí el interés por lo femenino. Lo interesante es cómo, al trabajar desde la apertura, desde la invitación a participar a las actrices, se abre también el concepto de lo femenino, que deja de ser un compartimento estanco para ser, de nuevo, una búsqueda. Justo antes del rodaje de *La bande des quatre,* una película con y sobre las actrices, Laurence Côte se cortó el pelo, y fue ella misma quien quiso llamar a su personaje Claude. Se fraguaba así un personaje que interrogaba una concepción binaria del género.

---

56 Hélène Frappat, *Jacques Rivette, secret compris,* pág. 173.
57 *Ibíd.*

Género

> Cuando parezco demasiado una chica (Jeanne, *Jeanne la Pucelle*).

Con *Céline et Julie vont en bateau,* se inicia una búsqueda. Desde entonces, el mundo de Rivette es el de lo femenino, pero a la vez es búsqueda o interrogación sobre esa feminidad que se despliega con sumo interés a través de *Céline et Julie vont en bateau,* de *Duelle, Le Pont du Nord* y *La bande des quatre,* y finalmente de *Jeanne la Pucelle* (1994), su película que subvierte el género de manera más consciente y explícita.

Antes de todo esto, hubo una aproximación a un mundo eminentemente poblado por mujeres, el de los conventos, esas cuatro paredes que Diderot primero y Rivette después retrataron a partir de la figura de una monja a ratos rebelde, a ratos mártir, Suzanne Simonin. *La religiosa* ofrece un muestrario de personajes femeninos, en una película que ahonda precisamente en la condición de las mujeres. Hélène Frappat decía que *La religiosa* presenta por orden a la hermana mística, a la hermana sádica y a la hermana lesbiana. Aparece así un arquetipo que tiene sus raíces en la realidad eclesiástica de la antigüedad, cuando los códigos de conducta servían tanto para penalizar y restringir los comportamientos lésbicos como para visibilizarlos, pues a través de las prohibiciones se ponía por escrito precisamente aquello que se quería ocultar.

Precisamente en torno al lesbianismo se debate a veces con motivo de *Céline et Julie vont en bateau,* y aunque sin duda es una película que se presta a la apropiación por parte del colectivo LGTBI, su lectura resulta tan ambigua como subversiva. La historia de esas dos mujeres que comparten casa y cama pero que dicen (al menos una de ellas, la Céline interpretada por Juliet Berto) no ser bolleras se ha querido ver a partir de la noción de subtexto. Creo que en *Céline et Julie* el lesbianismo está diluido, pero no necesariamente en el subtexto, sino en la propuesta de una alternativa al romance heterosexual (es decir, tanto a lo heterosexual como a lo puramente relacional). El hipotético *affaire* lésbico entre Céline y Julie no está en el plano del subtexto, sino del equívoco. Quizá lo interesante aquí sea cómo la relación entre las dos mujeres se presenta a partir de nuevas posibilidades, se establecen otros grados afectivos que no son los hegemónicos. Volvemos al mismo lugar en el que estábamos antes: cuando el hombre desaparece de la ecuación, todo cambia, el paisaje es otro, y los vínculos sentimentales también.

Se descubre aquí la búsqueda, se destapa una posibilidad. Si entendemos *Céline et Julie* como un cambio de paradigma, como la apertura hacia lo femenino y, por tanto, hacia la interrogación sobre esa feminidad (es lo lunar, es la infancia, es la sororidad, es la dualidad y es también la androginia), en el fondo podemos comprender mejor los personajes que vendrán a continuación: el primero de ellos, el personaje interpretado por Berto en *Duelle* [5]. Ella es Leni, deidad lunar, nocturna, mujer de traje y corbata, que performa el género en un número musical hacia el comienzo de la película a la manera de Marlene Dietrich en *Marruecos (Morocco,* Josef Von Sternberg, 1930). Leni es pura pulsión performativa, que alcanza su cénit en la escena en que seduce y besa a otra mujer, Elsa, a la que vampiriza para que actúe para ella en contra de Viva, la diosa diurna.

Este no es el único personaje andrógino del cine de Rivette. En *Le Pont du Nord,* Baptiste (Pascale Ogier) se sitúa en algún lugar entre chico, chica y máquina (ya no es solo Judith Butler quien resuena aquí, sino incluso Donna Haraway) [6]. Tanto ella como Céline y Julie revelan expresio-

[5] *Performance* y performatividad en *Duelle*.

[6] Pascale Ogier en *Le Pont du Nord*, entre hombre, mujer, animal y máquina.

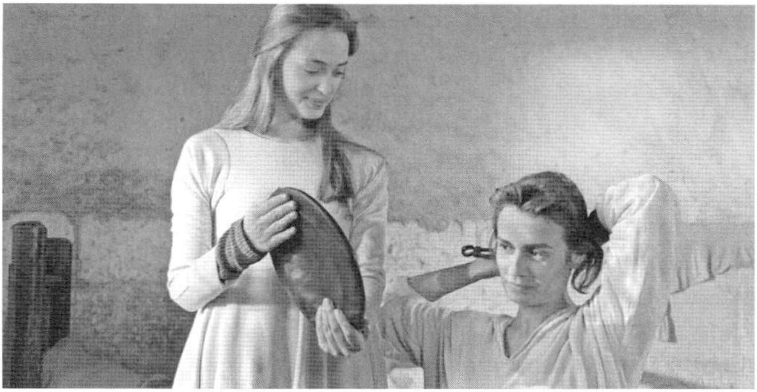

[7] La Juana de Arco de Rivette, una reflexión en torno a la expresión de género.

nes de género alternativas, que a menudo están atravesadas por lo infantil y, por tanto, por algo casi presexual.

Rivette se acercó a una concepción no binaria de los géneros a partir de habitar un universo de lo femenino, a partir, también, de la participación activa de sus actrices. Hay algo de la modernidad propia de Pascale Ogier en Baptiste. Y, como decíamos antes, fue Laurence Côte quien insufló los aires de *tomboy* a Claude en *La bande des quatre*. La androginia de algunos de estos personajes revela, pues, un espacio intermedio.

Hay un camino recorrido. Y al final del trayecto, podemos observar ya a Juana, mártir para algunos, guerrera o beatífica para otros, campesina que habitó los espacios del poder. Juana de Arco, símbolo francés, personaje perenne dentro de la historia del cine, que vuelve a ella cada dos por tres [7]. Rivette se fijó en Juana en el díptico de *Jeanne la Pucelle,* y realzó de ella un gesto pocas veces visto en el cine: su expresión de género masculina, de la que no quiso desprenderse, aunque esto le costara la muerte en la hoguera.

Espejo

¿Piensa que hoy se puede hacer todavía un arte dialéctico? (Frédérique, *Out 1).*

El cine de Rivette tiene lugar en un intersticio. Son los bastidores del teatro, entre la representación y la vida. O el espacio de tránsito entre la realidad y la fantasía. Rivette sitúa su obra justo en la línea que separa un lugar del otro. Daney se refirió a una «dialéctica» y Deleuze lo formuló de la siguiente manera: «un gestus que no es real ni imaginario, que no es cotidiano ni ceremonial, sino que está en la frontera de los dos»[58]. Las fronteras desaparecen y si existen es para que Rivette pueda situarse en el punto justo entre dos universos —el de Céline y Julie, por un lado, y el de la trama por capítulos que tiene lugar en la mansión, por otro—, dos ámbitos —lo cotidiano y lo teatral— o distintos momentos íntimos —el que tiene lugar entre bastidores cuando se prepara una obra y el que tiene lugar en el dormitorio de la pareja.

La vocación de Rivette es la de situarse a medio camino, entre el mundo de los vivos y el de los muertos, entre el cuerpo espectral de Bulle Ogier en *Céline et Julie vont en bateau* —donde encarna a uno de los personajes involucrados en la trama que se desarrolla dentro de la mansión— y el cuerpo doliente de la actriz en *L'amour fou,* entre el teatro y la vida, entre el hogar, que se convierte en decorado, y los bastidores, que son el espacio de vida del teatro. Esta posición recurrente de Rivette entre ámbitos en su obra resulta

[58] Gilles Deleuze, *La imagen-tiempo,* Barcelona, Paidós, 2001, páginas 257-258.

también reveladora y esencial para establecer su posicionamiento respecto a la crítica y a la creación, así como respecto a los géneros cinematográficos: pues él se sitúa, insistentemente, en aquel lugar donde los límites ya no existen y conviven por igual el *western,* el musical o el cine de piratas, todos ellos espectros a su vez de aquel desaparecido clasicismo. El espejo será una figura recurrente a la hora de plasmar lo dual, pero hay un lugar que creo que fija también este gusto por el intersticio: las escaleras, que conectan dos pisos, dos espacios diferentes, que en algunos casos ni llegamos a conocer.

Si el cine «mira el teatro, ya mira otra cosa: no a sí mismo, a su hermano mayor»[59]. Cuando uno se mira en el espejo, se observa a uno mismo pero diferente: soy yo, pero también es otro. El teatro, en el cine de Rivette, participa de este gusto por la dualidad: hay un yo que es el cine y hay otro que se le asemeja pero que no es, el teatro. Como se ha señalado, uno se refleja en el otro.

La dualidad en el cine de Rivette se manifiesta en la figura del espejo, que aparece una y otra vez, para revelar un mundo que se abre hacia otros lugares. Chabrol decía de él que le recordaba al gato de *Alicia en el país de las maravillas,* y el cineasta felino respondió a este símil citando a Carroll en diversas ocasiones: está la cita literal de *Out 1* y el juego de *Céline et Julie,* en el que las dos protagonistas pasan al otro lado del espejo. Este aparece en un sentido figurado (es el salto a la ficción), pero es también un elemento tangible, presente, que multiplica las realidades. Es la composición de reflejos infinitos de *Out 1,* cuando el personaje de Bulle Ogier, en un caserón junto a la playa, observa su imagen multiplicada [**8**]. La imagen se amplifica y es ahí precisamente donde la película se

[59] Jacques Rivette, en Charles Tesson, *Théâtre et cinéma,* pág. 81.

[8] La imagen multiplicada: a través del espejo, *Out 1* se abre al fantástico.

abre hacia otra dimensión, la de la extrañeza propia de lo fantástico. El espejo es esto: un reflejo de la realidad y a la vez otra cosa.

Es esa otra cosa lo que observa Charlotte en *L'amour par terre,* cuando cree verse en un reflejo, pero pronto comprende que se trata más bien de una visión de ella misma. Es otra forma de espejo, la del espejismo, la de la alucinación, la de la premonición. El espejo, el reflejo o la visión son todos ellos puertas al otro lado, a un reverso.

Soy una *revenante,* una hija de la luna venida a la tierra (Leni, *Duelle).*

«La escena cincuenta y dos y las siguientes faltan»[60]. Así termina el texto de una de las películas fantasma de Rivette, que había agrupado en un libro titulado *Trois films fantômes* tres proyectos que por una razón u otra se habían quedado en el cajón. El único que terminaría viendo la luz en la gran pantalla fue justamente el más breve e inacabado: *Histoire de Marie et Julien* (2003), una película de la que tan solo existían bocetos hasta la secuencia número cincuenta y uno. El fragmento inconcluso en forma de escaleta cinematográfica sirvió luego a Rivette, que respetó todo lo escrito y tan solo tuvo que llenar el vacío del final cuando treinta años después rodó *Histoire de Marie et Julien.* Los tres films fantasma de Rivette resumen la vocación de un cineasta cuya obra siempre está en movimiento, apenas acabada, abocada a la apertura. Estos proyectos no son más que apuntes que inicialmente vieron la luz como tales, como fragmentos, piezas inconclusas.

Todo artista tiene alguna obra que se quedó a medio camino, que solo alcanzó a ser un esbozo. Sin embargo, Rivette quiso que aquellas piezas inconclusas vieran la luz, quizá, para dar cuenta de su existencia, para revelar la obertura propia de una obra inacabada y para evidenciar su condición de espectros. Aquellos bosquejos son fantasmas que dejaron un halo, que atraviesan otras películas.

Phénix, L'An II, Marie et Julien; estos son los nombres de aquellos fantasmas. Y *Les quatre jeudis,* el guion que firma-

---

[60] Jacques Rivette, *Trois films fantômes,* París, Cahiers du Cinéma, 2002, pág. 15.

ron conjuntamente Rivette, Charles Bitsch, Claude Chabrol y François Truffaut, que debía filmar el propio Rivette y que no llegaría a materializarse. Hay, sin embargo, otros espectros, que son los que pueblan las propias películas. Hay *revenants* que se presentan como tales: Marie *(Histoire de Marie et Julien),* Catherine *(Cumbres borrascosas),* Shane *(Noroît).* El espectro, como los bastidores de un teatro, como el reflejo en un espejo, se sitúa en un lugar intermedio, habita el mundo de los vivos y pertenece al de los muertos. Es el espacio propicio para la apertura, una grieta, una ranura. El tránsito entre esos dos mundos se produce al final de *Histoire de Marie et Julien* mediante el plano detalle de una herida que sangra. La carne se abre, y el flujo brota. De la misma manera, *Cumbres borrascosas* termina también con una apertura, cuando Roch contempla cómo una rama azota el vidrio de la ventana y, por el agujero, penetran una mano y una voz, que podría ser la de Catherine, su amada fallecida.

Hay fantasmas que viajan en silencio, en barco, como estatuas inmutables: los de *Céline et Julie vont en bateau,* que no son necesariamente espectros que regresan de entre los muertos, sino de entre la ficción. Y hay espectros que son simplemente un halo, presencias esquivas, como Liz en *La bella mentirosa,* que aunque está presente es también un recuerdo: ella fue la primera musa de la obra maestra del pintor Frenhofer y ha sido reemplazada por otra, más joven. En *L'amour fou,* Claire también será reemplazada, por otra actriz; pero su ausencia está acompañada de un halo que deja inevitablemente. Aquel que no está ha dejado una huella, como los desaparecidos Igor *(Out 1),* Juan *(Paris nous appartient)* o el padre de Sylvie *(Secret défense):* aquí los fantasmas tienen la llave del misterio y abren la puerta de un complot que, cómo no, quedará más abierto que cerrado.

Complot

> He visto unas cartas, donde hay nombres, hay un código que no se entiende y se habla de muchas cosas. Es muy secreto (Frédérique, *Out 1).*

Todo se desarrolla alrededor de un secreto. Y este, haciendo gala de su condición, nunca puede ser desvelado. Nunca sabremos qué sucedió con Juan y con la partitura que compuso en *Paris nous appartient.* Ni conoceremos qué pretendían los dichosos trece de *Out 1.* Siempre hay un misterio, y, por tanto, alguien que se interroga sobre lo que está sucediendo: la joven estudiante de *Paris nous appartient* o los personajes interpretados por Jean-Pierre Léaud y Juliet Berto en *Out 1.* O Sylvie en *Secret défense,* que quiere indagar sobre lo que sucedió con su padre. O las dos protagonistas de *Céline et Julie vont en bateau,* que observan una ficción y quieren penetrar en ella para comprender qué diantres ha pasado con la niña de la mansión.

Ya lo dicen en *La bande des quatre:* «Un misterio no se explica». Se trata de una forma de apertura, la de un interrogante que se mantiene como tal, sin que se encuentre una respuesta precisa, quizá porque sencillamente no la hay. Esa es la grandeza de una película grande (en todos los sentidos, también en el de la duración), de *Out 1,* que a lo largo de horas revolotea alrededor de un enigma que tanto nosotros como algunos personajes quisiéramos resolver. A veces, incluso los propios conspiradores parecen no saber de qué están hablando, qué hicieron, en qué consistió el complot. «¿Por qué nos reunimos?», pregunta en un momento Thomas, que sigue sin saber si lo que los motivó en un comienzo sigue estando vigente. Unos y otros se van reuniendo, y hablan, sí, y mucho, pero las palabras también constituyen un velo, por momentos están más cerca de la palabrería que de la concreción. Rivette, que no creía que el cine fuera un lenguaje, parecía poner en escena lo que Ludwig Wittgenstein llamó los límites del lenguaje, y según lo cual de aquello que no se puede hablar hay que callar. Los personajes se mueven de un lado al otro, y hablan, y se encuentran. Se mueven alrededor de algo que nunca se alcanza a ver. Pero, quizá, el complot es también otra cosa. De entrada, es un grupo de personas. Aquí, el complot no suele ser individual, sino que responde al colectivo. Y precisamente de la asociación entre personas surgen las obras de teatro, y también las películas. El cine de Rivette es también un cine sobre esa asociación, sobre la colectividad. Thomas por un lado y Lili por el otro ensayan con sus compañías de teatro: ¿acaso no es esa la mayor conspiración posible? ¿Acaso no es la *troupe* la sublimación del colectivo que está tramando algo? ¿Y hay misterio más insondable que el de la creación artística? El complot es así el de la creación *(Out 1, L'amour par terre, La bande des quatre)* o el de la ficción *(Céline et Julie vont en bateau)*. Y los que participan en esta confabulación no solo son los actores dentro de la película, sino también los habituales del cine de Rivette: las actrices (Ogier, Berto, Birkin, Balibar); el director de fotografía William Lubtchansky, cómplice a la hora de rodar en el luminoso París de *Le Pont du Nord,* sin apenas recursos, o de ahondar en las sombras de los interiores de *L'amour par terre;* la montadora Nicole Lubtchansky; los guionistas, con los que Rivette trabajó, a menudo a partir de un juego de geometrías en torno a la fórmula del triángulo. El guion era cosa de tres guionistas, entre los cuales podemos encontrar a Suzanne Schiffman, amiga desde los inicios cinéfilos, y a Pascal Bonitzer, a partir de *L'amour par terre*.

Sonido

Número cinco: fffffff (Claire, *L'amour fou*).

El apartamento de *L'amour fou,* convertido por momentos en un escenario, es también un lugar concreto: un piso en una ciudad. La urbe se expresa cuando la observamos de lejos desde lo alto del balcón, pero también mediante el sonido. Cuando Claire está en el piso, con las ventanas cerradas, se escucha todavía el tráfico. La banda sonora añade una capa más a las imágenes: la de la ciudad que está en fuera de campo, pero que es el espacio donde viven esos personajes sumergidos en la agonía de los corazones rotos. Si *L'amour fou* es una de las películas más hermosas de Rivette es porque en ella se palpa con realismo el desamor; un realismo que se inscribe, a ratos, en el rumor de fondo de la ciudad, que no suele escucharse en las películas, en las que los ruidos innecesarios de la vida no tienen cabida.

No solemos pensar en Rivette como un cineasta del sonido y, sin embargo, lo es, y quizá *L'amour fou* sea la película en la que lo elabora de manera más evidente. Claire, que ha dejado el montaje de *Andrómaca,* se queda en casa, mientras su marido Sébastien sigue trabajando en la obra. Ella traslada los ensayos al espacio doméstico: *repite* (otra vez, podemos pensar en la palabra «ensayo» en francés: *répétition)* las frases del papel que ha abandonado. Lo hace con un magnetófono, que le sirve también para probar sonidos, para grabar su respiración, para hacer probaturas con los ruidos que brotan del dial de la radio. La experimentación es también sonora. Precisamente con los sonidos trabajan los actores de *Out 1,* que primero encuentran el movimiento, pero que antes de introducir el texto prueban el lado más físico de la expresión oral, el de los ruidos.

Los ecos persiguen también a Sylvie, la protagonista de *Secret défense,* que desde su laboratorio es llamada por el misterio mediante los extraños sonidos que va escuchando: en esta intriga, de fondo, resuena también el mundo de los fantasmas. Quizá por todo esto, no es extraño que al final de *Cumbres borrascosas* sea un estruendo lo que nos alerte de la irrupción de los *revenants* en el mundo de los vivos, cuando una rama sacude la ventana por donde se colará la mano del espectro. El sonido, que en *L'amour fou* era marco de la realidad, es ahora la puerta a lo fantástico.

L'amour par terre comienza de hecho con un sonido, cuando la imagen todavía es la de un fondo negro, y apenas se escucha el susurro de una orquesta que está afinando. Es el momento justamente anterior al arranque de la función, el que, por otro lado, suele interesar a Rivette: el de los preparativos, cuando todo es todavía posible. Tras esas notas soltadas al azar, y una vez terminan los créditos, ese sonido termina y vemos el primer plano de la película: el de un metro aéreo que atraviesa el cuadro. En *La bande des quatre,* también con el fondo negro, cuando aún se imprimen los característicos títulos de crédito en letras blancas de las películas de Rivette, suena algo. Esta vez no es la música, sino un ruido muy característico de su cine: el del metro. Como en *L'amour par terre,* cuando los créditos terminan, no vemos aquello que escuchábamos, sino otra cosa. La banda sonora es una pista, una sugerencia, otra dimensión. En este caso, la del desplazamiento. No lo vemos, pero escuchamos, sentimos, los vagones: la idea de la ciudad y del movimiento se expresa ya no a través de las imágenes, sino del sonido.

> El cuerpo entero, y no fragmentos. No quiero sus pechos, su boca, ¡quiero más! ¡Lo quiero todo! (Frenhofer, *La bella mentirosa).*

Para Rivette, el cine de la modernidad giraba alrededor del cuerpo. En su primer artículo para *Cahiers,* sobre Boris Barnet, puso el acento en el movimiento del cuerpo. Y en su célebre carta a Rossellini demostró entender dicho movimiento como puesta en escena. Quizá por eso, él junto a Cassavetes o Renoir[61] fueron los grandes directores a la hora de abordar el cuerpo en la modernidad. Cassavetes desde el pulso arrebatado de la histeria, Renoir desde el teatro y Rossellini desde la complicidad cotidiana con Ingrid Bergman. Y aunque Rivette escribió precisamente sobre el rostro de Ingrid Bergman (hay algo de mitología ahí), su cine no es el del rostro, sino el del cuerpo entero.

Por eso, exige las tomas largas, el plano ancho, y un tiempo que se dilata, para que el físico se exprese, como un total. Y quizá por eso también le atrae la expresividad física tanto de aquel cine *inocente* de los orígenes como del de la comedia hawksiana, en la que el cuerpo se expresa a partir del juego. Hélène Frappat decía: «El cuerpo, en Rivette, es pura exterioridad; un pensamiento encarnado en el espacio. Prefiere, entonces, los planos anchos a los planos grandes y la emanación del gesto y la voz a la profundidad psicológica». Recogía entonces unas palabras del mismo Rivette:

> Me da pánico la interpretación natural y psicológica. Tengo pánico a los actores que cuelgan sobre la pantalla su

---

[61] Véase el comentario de Ángel Quintana para *La bella mentirosa* (DVD), Barcelona, Intermedio, 2005.

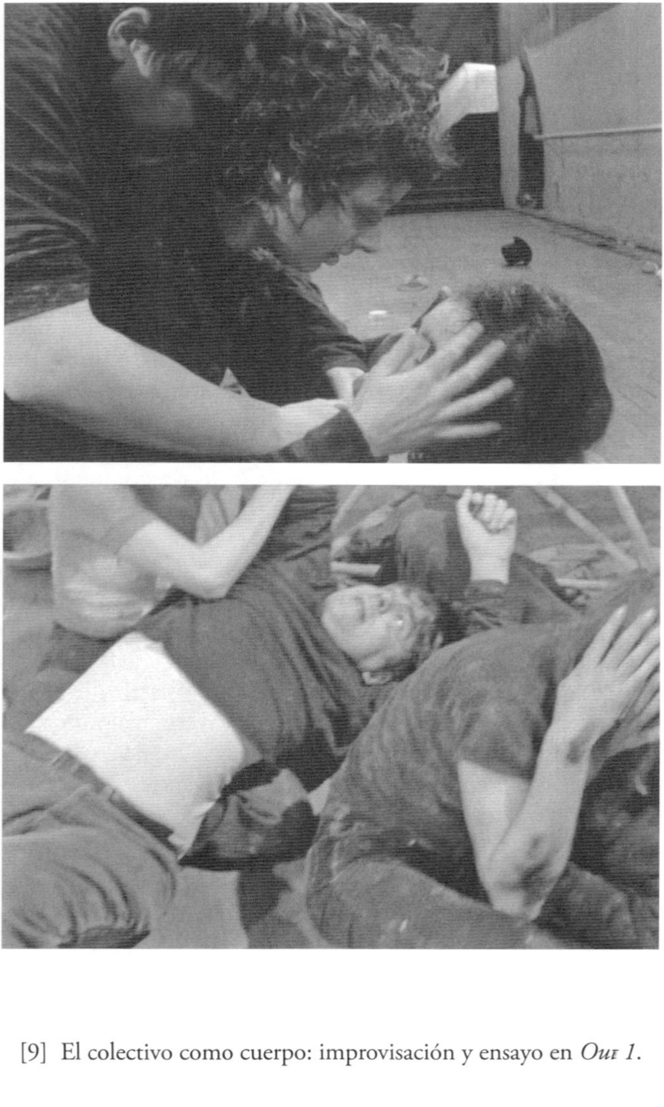

[9] El colectivo como cuerpo: improvisación y ensayo en *Out 1*.

> vida interior: los actores con los que tengo ganas de rodar son actores físicos, corporales, de cuerpos, de voces, y los cuerpos y las voces son más importantes que las palabras[62].

La exterioridad se manifiesta apasionadamente en *Le Pont du Nord,* mediante el cuerpo de Pascale Ogier, karateca, que se expresa a través de sus coreografías de artes marciales. Y así termina la película, en medio de un gesto de kárate.

En *Out 1,* primero es el cuerpo: el de los actores y actrices que improvisan, que ensayan no solo en el sentido teatral, sino también en el sentido de prueba. Nunca hemos visto una escena como la del ensayo de la *troupe* de Thomas en *Out 1,* en la que una de las actrices se hace la muerta mientras los demás la trajinan de un lado al otro y producen todo tipo de ruidos [**9**]. La fascinación emerge de esos cuerpos en movimiento, en búsqueda de algo, en un nuevo intersticio: entre lo colectivo y lo individual. *Out 1* es una película sobre el cuerpo de los actores, como *La bella mentirosa* será, entre otras cosas, una película sobre el cuerpo de la actriz.

Duración

> Antes, uno podía ir de Miami a Nueva York en una hora y media, ahora tardaríamos más; hoy los medios de transporte son más lentos (Jacques Rivette, *Le veilleur).*

En el cine de Rivette, el cuerpo se revela también a través del tiempo. La violencia de aquella escena de *Out 1* solo se explica por el tiempo, que se extiende, imparable. De la misma manera que otra escena de un arrebato brutal, como

[62] Hélène Frappat, *Jacques Rivette, secret compris,* pág. 187.

aquella de *L'amour fou* en la que Kalfon permanece de pie junto a la cama rasgándose las vestiduras, se explica a partir de la duración del gesto. El cuerpo luce entero en el cuadro amplio, y a la vez se mueve irrefrenable en largas tomas. Quizá por eso, la película que elabora de manera más evidente la cuestión del cuerpo, *La bella mentirosa,* lo hace mediante la permanencia de este en el tiempo. Es una obra que se expresa a partir de su duración, porque revela, entre otras cosas, que la creación artística (pintar un cuadro, representar una obra, realizar una película) implica puramente un tiempo. En *La bella mentirosa,* el cuerpo se fatiga, porque las sesiones necesitan horas, y el proyecto se extiende a lo largo de los días. Lo mismo sucede en el teatro, cuyos preparativos duran tanto como el desenlace agónico de una relación sentimental. Se expresa así la creación artística, pero también la vida misma.

Durante el proceso de realización de la primera película de Claude Chabrol, Rivette le aconsejó acortarla. Tiempo después, Chabrol lo recordaría con sorna, pues no deja de tener su gracia que un director que se prodigaría en las películas de larga duración sugiriera acortar. Sobre todo a partir de *L'amour fou* y, cómo no, de *Out 1,* sus obras se extendieron durante horas: culminaba así otra búsqueda, la de un tiempo fílmico acorde con sus inquietudes por la improvisación, por la concepción de las películas desde la apertura, por un cine eminentemente moderno. Estas maneras, que en el fondo encuentran el amparo de un clima abierto a la experimentación, toparán a partir de entonces con la necesidad de adecuar las películas a las exigencias de la exhibición. Puesto que el cine de Rivette es el de lo dual, sus films a menudo encontrarán hermanos, no gemelos, sino simplemente versiones más breves: habrá dos *Out 1,* dos *Bellas mentirosas,* dos *Vete a saber...*

Para Rivette, el cine es amplio: los planos suelen ser generales, las tomas largas y el metraje extenso. El tiempo tiene sentido cuando se expresa con toda su gravedad. Y no deja de resultar curioso que, a la vez que sus películas se mueven como un río ancho y profundo, imparables y de largo recorrido, su gusto por lo lúdico le lleva a fragmentar sus películas en episodios. Sus capítulos a menudo comienzan apelando al discurrir del día a día, a la temporalidad más cercana a nuestra cotidianidad, la de una jornada que termina y otra que empieza, por eso a veces se inician simplemente así: «A la mañana siguiente...».

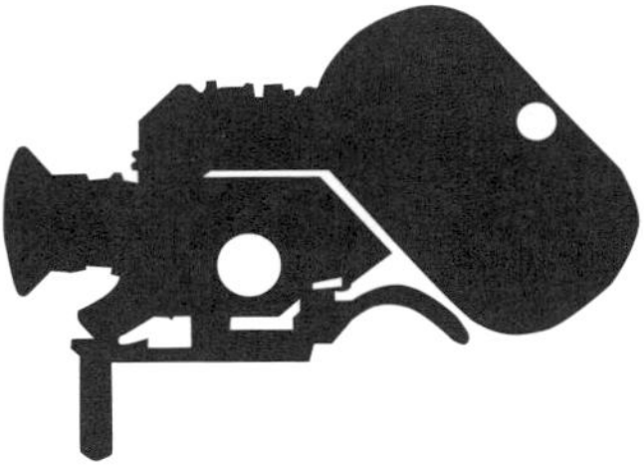

Las obras

LARGOMETRAJES

1961. Paris nous appartient

> Las calles de París, en fin, tienen cualidades humanas (Honoré de Balzac).

Rivette fue el primero de los cahieristas en comenzar a rodar un largo, y el último en estrenarlo. *Paris nous appartient* se caracteriza por dichosas contradicciones: por un lado, resulta la película de Rivette más ligada a su tiempo;

por otro, revela la singularidad del cineasta en el conjunto de la *nouvelle vague* y, en general, en el panorama de un cine que ya era plenamente moderno. Cuando se escribe sobre la primera película de Rivette, se repite una frase, aquella que dice que *Paris nous appartient* contiene las señas de identidad de su autor. Sí, en *Paris nous appartient* está el complot, está el teatro que se revela a través de los ensayos y de la vida entre bastidores, están las calles y los tejados parisinos y una puesta en escena que privilegia los planos largos en lugar de un corte que, sin embargo, todavía se hace presente.

Paris nous appartient revela las que serán las señas de identidad de su autor, pero se presenta también como una película de su tiempo: entre otras cosas, porque explora el contexto político de jóvenes exiliados a consecuencia del auge del fascismo y porque hace referencia, de manera más o menos evidente, a cuestiones tan concretas como la lucha española contra el franquismo, sobre todo a través de la figura de Juan, un joven cuya muerte funciona como un McGuffin pero al mismo tiempo trae a colación su similitud con uno de los grandes poetas que fueron víctimas de la dictadura: García Lorca. Quizá Rivette nunca fue tan explícito en los vínculos y posicionamientos políticos como aquella primera vez.

Paris nous appartient es un film de su época por su trasfondo político, pero también por su exploración de la profundidad de campo, por el arrebato de algunos planos y por un blanco y negro que, como señalaba Quim Casas en un artículo sobre el apogeo del blanco y negro en el cine contemporáneo, está profundamente ligado a los inicios de los llamados «nuevos cines»[63]. Casas recordaba cómo en el Hollywood de los sesenta, cuando el clasicismo ya había

---

[63] Quim Casas, «El cine era y (también) será en blanco y negro», *Dirigido por...*, 2 de enero de 2019.

expirado, las tonalidades monocromáticas se pusieron al servicio de películas que subvertían el «modelo preestablecido». Citaba films como *El hombre que mató a Liberty Valance (The Man Who Shot Liberty Valance,* 1962) o *Psicosis (Psycho,* 1960), y a continuación hacía referencia a los diversos movimientos que, más o menos en los mismos años, se habían desatado al otro lado del charco.

> La alternancia entre films rodados en color y películas filmadas en blanco y negro fue algo habitual en los nuevos cines —escribe Casas—, pero todos los debuts en formato largo de los cineastas de aquellas hornadas (Truffaut, Godard, Reisz, Richardson, Anderson, Rohmer, Rivette, Saura, Patino, Malle, Cassavetes, Bertolucci, Pasolini, Bellocchio, Chabrol, Oshima, Rocha, Polanski, Forman, Herzog, Wenders, Demy, Varda, Menzel) fueron fotografiados en blanco y negro, y quizá por ello, aunque algunos de los directores enseguida rodaran en color, recordamos los nuevos cines en blanco y negro[64].

Más allá de la vinculación con el momento, Rivette anticipa y despliega al menos tres de los ejes sobre los que girará su obra: el teatro, el complot y París.

Al final de *Paris nous appartient,* Terry, exnovia de un joven español que ha muerto en extrañas circunstancias, acusa a Anne, la protagonista, de ser la culpable de la sucesión de desdichas que se han producido —el suicidio del director de teatro Gérard y la muerte del hermano de Anne, Pierre. Terry cree que todo ha sido culpa de Anne porque esta quería lo sublime, anhelaba grandes emociones. En el fondo, Terry le insinúa aquello que Chabrol escribía sobre los personajes de *La ventana indiscreta (Rear Window,* 1954) cuando señalaba con su habitual mordacidad que quizá no

---

[64] *Ibíd.*

era cuestión de que el lisiado Jeff hubiese sido testigo de un asesinato, sino de que precisamente el aburrimiento de Jeff había propiciado que se produjese la trama criminal, ante sus ojos y para su deleite. ¿No es acaso la curiosidad misma la que hace que sucedan hechos... *curiosos?*

Impulsada primero por la curiosidad ante la misteriosa muerte de Juan y obcecada luego por la búsqueda de una grabación perdida que este compuso a la guitarra para acompañar el montaje de *Pericles* que prepara Gérard, Anne se lanza a una investigación que no se desarrollará *como en las películas*. De hecho, hay dos momentos en que se revela la imposibilidad de lo detectivesco: primero, cuando Anne olvida adrede un guante en el despacho de uno de los hombres a los cuales interroga, pero el hombre lo devuelve, imposibilitando con este gesto cualquier excusa que ella pudiera tener para volver; segundo, cuando el enigmático Philip Kaufman declara que si todo sucediera como en una película de espías, todo se arreglaría. Todo resulta familiar: la figura de Terry, encarnación de la *femme fatale,* apela al *noir;* el contexto político y las variadas procedencias de los personajes, al cine de espionaje; la curiosidad de Anne tiene que ver con lo detectivesco... y, sin embargo, todo parece desplazado o expuesto a través de una inteligencia distante. Es quizá este alejamiento respecto a los cánones lo que llevó a Luc Moullet a aseverar que la mejor manera de amar *Paris nous appartient* era verla una tercera vez[65].

¿Y si, como sugería Chabrol con motivo del film de Hitchcock, la aventura en la que se ha adentrado Anne es la consecuencia de su empeño por hacer que exista el misterio? En *Eyes Wide Shut (Eyes Wide Shut,* 1999), la última

---

[65] Luc Moullet, «*Paris nous appartient*», *Cahiers du Cinéma,* número 161-162, enero de 1965, pág. 108.

y mejor película de Stanley Kubrick, el doctor interpretado por Tom Cruise se lanzaba a las calles de Nueva York tras descubrir que su mujer había fantaseado con otro hombre, y con apenas una credencial de médico jugaba a los detectives para intentar comprender qué había pasado en una misteriosa orgía organizada en una mansión cuyos invitados estaban convenientemente disfrazados y tenían el rostro cubierto con máscaras. El film de Kubrick se situaba en un lugar entre el sueño y la realidad, y se convertía en un film mental en el cual, como la Anne de *Paris nous appartient,* el protagonista se mueve en una suerte de laberinto. La figura del laberinto no es casual: Kubrick la había explotado de manera tan metafórica como evidente en *El resplandor (The Shining,* 1980). Rivette quizá tomó la figura del laberinto de una de sus fuentes de inspiración: la literatura de Borges. Si en el cine de Kubrick se trata de incidir en el placer del enigma por el enigma, en el de Rivette todo versa sobre el complot que en su primera película se manifiesta por tierra, mar y aire (tanto en lo implícito de la puesta en escena como en lo explícito de los diálogos y de la trama). Anne, la estudiante que juega a ser investigadora, va de habitación en habitación, de casa en casa, de interrogatorio en interrogatorio, incluso a un jovencísimo Jean-Luc Godard, que, como también Claude Chabrol y Jacques Demy, hace un cameo en el debut de su compañero Rivette. Anne intenta hallar respuestas a la ausencia de Juan y a la pérdida de su composición musical. Por el camino, vivirá otras desapariciones, por ejemplo, la de la vecina que aparece llorando al principio de la película y que de un día para otro ya no está.

Hacia el final, Anne comenta que tiene que volver a estudiar para preparar la reválida del examen al que no asistió, concentrada como estaba en el misterio que había que resolver. Se trata de regresar al estudio, a los libros, a la rutina en la que estaba inmersa al comienzo del film cuando, tras una panorámica por los tejados de París, el plano se posa sobre ella, que lee en voz alta. Todo arranca en su pequeña *chambre de bonne;* Anne escucha un llanto. Un llanto que evoca un canto de sirena, como ocurrirá años después al inicio de *Secret défense* (película que tiene ciertos ecos de *Paris nous appartient,* si pensamos en cómo un muerto determina la existencia de los vivos, en la voluntad de resolver un misterio por parte de la protagonista o en la referencia a un texto trágico...). El lloro, que se insinúa desde el fuera de campo, atrae inexorablemente a Anne hacia el misterio: si no hubiese escuchado aquel sollozo tras la puerta, quizá habría seguido enfrascada en su lectura de *La tempestad* de Shakespeare y se habría presentado sin impedimento alguno al examen de la universidad, no habría tenido noticias de la muerte de Juan, no le habría preguntado nada a su hermano ni ido a la fiesta donde conoce a Gérard, no se habría implicado en el montaje de *Pericles* y, evidentemente, no habría prometido encontrar la grabación perdida de Juan.

La película se abre con la llegada de un tren a la estación de Austerlitz, tras atravesar un paisaje arbolado y bajo una luz que podría ser la del amanecer. «París no pertenece a nadie», se puede leer al principio de la película, en una cita de Péguy que parece desmentir la declaración expuesta en el título. La ciudad se presenta como eje vertebrador y se referencia también a partir de la inclusión de un breve fragmento de *Metrópolis (Metropolis,* 1927), de Fritz Lang, cineasta cuya presencia impregna *Paris nous appartient,* una película de complots mabusianos.

En algunos momentos, el punto de vista deja de ser el de Anne, a quien el relato se pega para ir enmarañando a su paso el misterio. Uno de esos momentos es cuando, en el coche descapotable, Gérard y Terry conversan sobre los secretos que ella guarda. Otro sucede durante la visita de Anne a uno de los hombres que interroga, y podemos ver cómo la «pupila» de este les escucha hablar desde detrás de la puerta. El más bello de todos se produce cuando Gérard observa, desde lo alto del teatro de la ciudad, a Anne salir de la boca del metro, en una panorámica que ha llegado a ser uno de los planos más icónicos de la película y del cine hecho en París en general, pues explicita la presencia de la ciudad, la convierte en algo más que un marco y alude a un cineasta como Louis Feuillade mediante uno de sus escenarios predilectos: los tejados parisinos. En los seriales mudos de Feuillade, lo extraordinario se insería en los escenarios naturales, en las calles y los inmuebles de una ciudad que escondía un mundo de villanos enmascarados. En *Paris nous appartient* prima la idea de que existe un mundo oculto —la conspiración mundial que menciona constantemente Philip Kaufmann—, mientras la ciudad que se evidencia es sumamente real, la de los apartamentos diminutos, la de las *chambres de bonne,* la de una *troupe* de teatro que no puede más que ensayar en el anfiteatro de un parque público o en un hangar abandonado.

Los instantes más bellos de la película son los movimientos de cámara sobre París: las vistas desde el teatro donde Gérard marcha por la cornisa, la panorámica sobre el Sena después del encuentro entre el director teatral y Anne y, sobre todo, el fascinante paseo de la cámara por los tejados parisinos hasta entrar por la ventana y posarse sobre Anne, que lee *La tempestad* en voz alta. A primera vista parecería un plano volando por el exterior de la *cour* del inmueble; pero la cámara en verdad parece estar precisamente en la ventana por la que se cuela al final. Hay algo azaroso en ese movimiento de búsqueda, como si la escena estuviese explorando el lugar hasta topar por casualidad con su protagonista.

Rivette también explora en su primera película la idea de la apertura. El complot, en el fondo, trata precisamente sobre esto, sobre la *posibilidad* de algo terrible, sobre un misterio abierto, que no alcanza a tener respuesta. En una de las escenas habladas más hermosas, Anne se reúne con Gérard para comentar no solo detalles sobre el montaje de *Pericles,* sino cuestiones existenciales, dudas sobre la vida misma. Sentado junto a Anne en el Pont des Arts, Gérard hace una analogía entre la puesta en escena de la obra y el mundo en que viven, «caótico, pero no absurdo». Inmediatamente después de esta declaración y de que Anne muestre su total interés por las palabras de Gérard, la cámara corrige el plano y se desplaza al otro lado de la pareja, dejando entrever al fondo la Île de la Cité y el Pont Neuf. Se reencuadra porque Gérard dice algo sumamente relevante: que es quizá a través de la música (eso es, del arte) como se pueden desentrañar los misterios del mundo. Como si fuera una especie de montaje interno, es el movimiento de la cámara el que cambia el encuadre. Este cambio también se produce en la escena donde Anne se encuentra con su hermano Pierre y le habla de su vecina de rellano, que lo conoce y da la impresión de esconder un secreto que desatará toda la trama. Cuando Anne la nombra, la cámara se acerca a ella dejando a Pierre fuera del cuadro y haciendo hincapié en sus palabras.

En este París del complot se reúnen personajes de orígenes distintos: los españoles exiliados como Juan, los de aquella Europa del Este que vio frustrada la revolución a mediados de siglo o Philip Kauffman, que ha viajado desde Estados Unidos. Este París extenso, de pequeños apartamentos, de funciones teatrales que ensayan en lugares dispares y de reuniones en medio del Pont des Arts es una suerte de torre de Babel, un lugar donde se dan cita diversas juventudes de una izquierda orillada y desesperada, la de las luchas contra Franco o contra el macartismo.

Cerca del final, Gérard reúne a su *troupe* en su apartamento para anunciarles que uno de los principales teatros de París quiere programar su *Pericles*. La alegría apenas durará, pues Gérard ve recortadas sus libertades como director y su autoría es aplastada por las demandas del productor. ¿Trabajar en la precariedad o dejarse llevar por la rueda imparable del sistema? Se trata de nuevo de una cuestión de índole política, que a su vez tiene que ver con ese «nosotros» que se lee en el título del film y que termina de entrelazar lo ideológico con lo artístico, un vínculo latente a lo largo de la película. ¿Es acaso la renuncia de Gérard el eje en torno al cual gira el complot? ¿Era este el peligro del que Anne siempre le alertaba? Inmerso en el montaje de *Pericles,* que por entonces no ensaya en los hangares o en los parques, sino en un gran teatro, Gérard le comenta a Anne que ya no importa si encuentra o no la grabación de Juan, pues le han impuesto la banda sonora.

Quizá eran estas las preocupaciones de un cineasta que rodaba su película precisamente de manera clandestina, tal y como señala Hélène Frappat en su libro sobre Rivette. El equipo se asemejaba a las bandas de los seriales de Feuillade, aquellos criminales que salían sin previo aviso de detrás de cualquier puerta o escondite. Comenzaron a rodar sin productor y sin apenas dinero, es decir, sin todo aquello que a la larga terminará lastrando al entusiasta Gérard. Frappat se refiere también a la influencia de *El beso mortal (Kiss Me Deadly,* 1955), de Robert Aldrich. Esta película comienza en plena noche cerrada, con un plano negro en medio del cual se ve la figura blanquinosa de una mujer que hace autoestop apenas vestida con una gabardina. Un hombre detiene el coche de repente, en un plano furioso que bien podría haber inspirado aquel de *Paris nous appartient* en el que Anne y Philip presencian un fulgurante atropello. Siempre he pensado en otros cineastas al contemplar aquel plano del film de Rivette: en la cámara en mano furiosa de Nicholas Ray o de Samuel Fuller, que rodaban en plena calle. En cualquier caso, no están tan lejos de Aldrich. Es más, todos ellos participan, desde los Estados Unidos, de la modernidad que Rivette exploraría desde Europa. Cabe recordar que en la Navidad de 1955 se podía leer en *Cahiers du Cinéma* un artículo consagrado a algunos de estos cineastas, titulado «Notes sur une révolution» y firmado por el propio Rivette. El texto comenzaba con una de las frases más contundentes del crítico, con unas palabras ya citadas que bien podrían describir la situación del director teatral Gérard al final de *Paris nous appartient:* «Existen dos Hollywoods, el de las cifras y el de los individuos»[66].

---

[66] Jacques Rivette, *Textes critiques,* «Notes sur une révolution».

1967. La religiosa
(Suzanne Simonin. La religieuse de Denis Diderot)

> ¿Cómo podría usted escucharme, André Malraux, a mí, que le llamo desde el extranjero, desde un país lejano, el de la Francia libre? (Jean-Luc Godard).

Cuando, en 1967, Jacques Rivette presentó *La religiosa* en el Festival de Cannes, Jean-Luc Godard ya había filmado casi una decena de películas —entre ellas, una obra maestra como *El desprecio*— y François Truffaut tenía en su haber unas cuatro cintas. Para Rivette, *La religiosa* era su segundo largometraje. El cineasta se había tomado su tiempo, de la misma manera que ya había sido paciente a la hora de debutar con *Paris nous appartient*. El tiempo era pausado para Rivette, tanto en la duración de sus planos como en los procesos de gestación de los proyectos. Además, cuando Rivette presentó *La religiosa* en el festival, resoplaban los vientos del huracán de la censura.

La religiosa es, pues, la obra de un cineasta joven que, pese a acumular una erudición profunda y profusa de la historia del cine, ejercitada en las páginas de *Cahiers du Cinéma*, apenas contaba con un largometraje de ficción. De hecho, el propio Rivette había escrito una década antes que un cineasta es joven a los cuarenta[67]. No se trata de una cuestión banal, ya que *La religiosa* parece todo menos una película de juventud, todo menos una segunda película. *La religiosa* se revela como la obra de un cineasta que se sabe conocedor de las posibilidades del cine y que decide

---

[67] Jacques Rivette, *Textes critiques*, «Notes sur une révolution».

adaptar una novela polémica, que versa, entre otras cosas, sobre algo tan esencial para el humanismo como la espiritualidad y su difícil reconciliación con la institución eclesiástica; un cineasta capaz de evidenciar en cada plano qué es eso del rigor de la puesta en escena. La cuestión resulta de tal envergadura que toca aparcar momentáneamente la polémica en torno a la exhibición de la película y centrarse en una obra más recordada por el ruido que la rodeó que por la contundencia de sus planos.

Porque, ¿cómo este cineasta, que apenas contaba con un largometraje en su haber, se manejó con tal aplomo, con tan absoluta convicción en los planos largos, con esa mirada realista de los espacios, fríos y opresores, de la institución religiosa? A través, seguramente, de la fe más profunda en la disposición de las figuras en el cuadro. En su segunda película, y detrás del aspecto de un film en torno a cuestiones tan relevantes como la espiritualidad y los mecanismos de una institución religiosa tremendamente hipócrita, Rivette plantea algo así como un tratado sobre uno de los elementos centrales de su obra: la puesta en escena. Si entendemos esta como la manera en que, tal y como escribía José Luis Guarner, «el autor dispone la realidad ante su cámara»[68], la puesta en escena se evidencia en *La religiosa* mediante planos largos y amplios en los que los personajes *se disponen* y se mueven para revelar el poso de la película; a todo esto, la cámara danza con ellos.

Pocas escenas resumen mejor este ideario que la apertura de la película, cuando descubrimos a la protagonista, Suzanne Simonin, «presa» en un convento, a punto de tomar unos votos. A la manera de Bartleby, el escribiente de Herman Melville, ella rechaza con una determinación enco-

---

68 José Luis Guarner, «Las gafas de Parménides», en *Autorretrato del cronista,* Barcelona, Anagrama, 1994, pág. 65.

miable la promesa que le exige el hábito. Ese «no», al que volveré más adelante, define una película que gira en torno al siguiente hecho: Suzanne, hija bastarda, no tiene otra salida en la vida que permanecer enclaustrada en un convento del cual desea salir pese a estar plenamente segura de su devoción. Rivette filma a Suzanne detrás de una reja, reflejando así el carácter de prisión del convento en que ella se encuentra recluida. La sombra de los barrotes se imprime también en la pared. Y el abogado de Suzanne le dice «saldrás de aquí», palabras propias del letrado defensor de un preso. En un hermoso artículo sobre *La religiosa,* Thierry Jousse se refería a este instante para ahondar en el poso teatral de la propuesta: las cortinas que separan a Suzanne de los espectadores del acto vendrían a ser el telón que tapa el escenario[69].

Cuesta hablar de la reja como de un motivo visual en una película que no se desarrolla en el plano de lo simbólico, y cuyo discurso se elabora a partir del movimiento de la cámara, del encuadre, del lugar que ocupan los personajes en el espacio. De hecho, es precisamente la cámara la que otorga a la verja esa dimensión de separación entre Suzanne y el mundo, y es mediante el encuadre que los crucifijos que pueblan los diversos conventos en los que Suzanne dirime su relación con la iglesia cobran sentido. La presencia perenne del crucifijo se fija en los huecos del encuadre, de fondo, colgado en una pared, pero dispuesto con diferentes sentidos en cada escena: entre la hija y la madre, cuando se ha descubierto al fin que Suzanne está atrapada en un convento porque no es una descendiente legítima; entre la protagonista y la madre superiora, que la ama apasionadamente y termina por obligarla a no confesarse para acallar así el

[69] Thierry Jousse, «Théâtre de la cruauté», *Cahiers du Cinéma,* núm. 413, noviembre de 1988, págs. 24-25.

deseo prohibido que siente por Suzanne. He aquí la importancia de la puesta en escena: la cámara se sitúa a un lado de la verja precisamente para remarcar esta separación entre Suzanne y el mundo exterior, entre Suzanne y la propia vida, entre Suzanne y la posibilidad de libertad. De la misma manera, Rivette encuadra constantemente a los personajes para mostrar este objeto, el crucifijo, que separa, por ejemplo, a Suzanne y a su madre en el momento en que esta le desvela que es una hija ilegítima y, en consecuencia, no recibirá dote alguna y deberá permanecer enclaustrada.

La cámara se desliza por los interiores de los diversos conventos en los que permanece Suzanne. Se desplaza, en tomas siempre largas, amplias, en las que se va reencuadrando, como si el montaje se encontrase en el interior mismo del plano. La cámara se mueve tal como si bailase, como lo hacía en las películas del admirado Max Ophüls.

A su llegada al tercer convento, en uno de los primeros encuentros con la madre superiora lesbiana, Rivette filma a esta en su celda, mientras distintas monjas la visitan, incluida Suzanne, la recién llegada, la novedad, el flamante objeto de interés y foco del deseo. La cámara se va moviendo junto a los personajes, que se desplazan de un lado de la habitación, en donde está el piano, en la otra punta, en donde se sitúan un escritorio, un asiento y un espejo. En medio de la estancia, hay una cama con dosel. Sentada en la butaca, la superiora habla con Suzanne, mientras otra de las hermanas reclama su atención, en una pataleta claramente suscitada por los celos. El plano resulta un prodigio de la puesta en escena o, mejor aún, casi un tratado teórico sobre este concepto, sobre cómo disponer los personajes y los objetos en el espacio, y sobre cómo el encuadre y su redefinición elaboran algo tan complejo como las relaciones afectuosas. Rivette filma primero a la hermana celosa a un lado y a Suzanne al otro; en medio de ambas, la superiora, y, junto a ella, una vez más, un crucifijo. Cuando Suzanne sale del encuadre, la madre queda a solas con la hermana, que se arrodilla ante ella, todavía en plano general; aunque la cámara corrige y baja un poco, hasta mostrar el rostro de la monja reencuadrado en el espejo que cuelga en una de las paredes. Así, mientras la hermana gimotea ante la superiora reclamándole sus cuidados y su afecto, vemos perfectamente el rostro de ambas, sin necesidad alguna de recurrir al plano contraplano. Con una sola toma, perfectamente coreografiada, se dibuja un extraño triángulo amoroso, entre la superiora, la hermana que teme perder el afecto que esta le profesaba y la recién llegada Suzanne, que, tras escapar de la crueldad y la rigidez del anterior monasterio en el que estaba, se ve atrapada en las redes de un entramado de deseos que no son los suyos. Pocas veces el virtuosismo ha sido tan elegante y tan austero, pues *La religiosa* no es la película de un cineasta que imponga su mirada desde la soberbia.

En los pasajes más duros de *La religiosa,* aquellos en que Suzanne es sometida a todo tipo de desprecios y de castigos, obligada a tumbarse bajo el dintel de la puerta por donde sus compañeras pasan y la pisan, el viento suena con una perturbadora insistencia. El frío se cuela en el plano, entre los muros grisáceos del lugar, a través del soplido del viento. No hace falta haber visitado un convento en invierno, haber paseado por sus pasillos, haber respirado el aire que enclaustra sus paredes de piedra para comprender que nunca será un lugar acogedor. En las escenas siguientes, en las que Suzanne encuentra el confort efímero y la calidez quizá excesiva y afectiva de un nuevo convento, apenas se escuchan las risas, los pájaros y las dulces melodías de un piano.

Como si la película se estructurase en diversos episodios, transcurren los distintos temas; o, como decía Frappat, *La religiosa* va presentando, sucesivamente, a la hermana mística, a la hermana sádica y a la hermana lesbiana, a la que el cura con quien se confiesa Suzanne define como Satanás.

Se despliega así un abanico de personajes femeninos, en una película que ahonda precisamente en la condición de mujer, condición que en el siglo XVIII —en el que discurren la novela de Diderot y la película— llevaba a las familias adineradas a encerrar con frecuencia a las hijas ilegítimas sin dote para poder casarse. No se trata de la vida religiosa en general, sino de la vida monástica de estas mujeres, de su cruento encaje en el entramado social, atrapadas entre la ley, la norma social y los férreos preceptos religiosos. Así, la cuestión del «ser mujer» deviene esencial.

El trayecto resulta de una fatalidad implacable: las mujeres no pueden salir de la prisión en la que se encuentran inmersas. El final de *La religiosa* difiere del texto de Diderot. En la película de Rivette, Suzanne se tira por una ventana cuando ha conseguido salir del convento, solo para huir primero del deseo no correspondido del hombre que la ha sacado de ahí —claramente, por un interés que dista mucho de la compasión— y caer luego en la pobreza y terminar reclusa, de nuevo, en esta ocasión, en una suerte de prostíbulo. Precisamente en un burdel es donde el cineasta francés Bertrand Bonello situó *Casa de tolerancia (L'apollonide,* 2011), otra película en torno a mujeres recluidas; y otra película que al final propone un viaje a la deriva para sus personajes: si, en *La religiosa,* Rivette sale finalmente de las paredes de los conventos en los que está enclaustrada la protagonista solo para testimoniar que fuera todo es igual, pues la Iglesia no es más que uno de los pilares de una sociedad opresora y profundamente misógina, en *Casa de tolerancia,* Bonello termina dejando atrás el relato de época que ha presentado a lo largo de la película para adentrarse en la actualidad y evidenciar que algunos de los conflictos expuestos en torno a la prostitución del siglo XIX siguen estando ahí.

Lo asombroso tanto de la novela de Diderot como de la adaptación cinematográfica es cómo, en medio de este fatalismo, la figura de Suzanne permanece firme. «Marie-Suzanne Simonin, ¿promete decir la verdad?», le preguntan al principio de la película. «Sí», responde ella. «¿Está aquí por su propia voluntad?». «No». «¿Promete a Dios castidad, pobreza y obediencia?». «No, señor». Ese «no» con el que se abre *La religiosa* resuena como el estruendo de un grito y define el pensar de la película, ese posicionamiento inquebrantable de su protagonista, que se mantiene fiel a la fe pero que desde el principio se muestra determinada a abandonar la vida eclesiástica. Ese «no» retumba con pasión, pues la postura de Suzanne no obedece a la obstinación, sino a algo que emerge de la profundidad más íntima de su ser. Si en *Bartleby, el escribiente,* de Herman Melville, la insistencia del protagonista en la negativa ahonda en el existencialismo, el «no» de Suzanne manifiesta la esencia de la espiritualidad y la confronta con la dimensión política de la institución eclesiástica. Rivette presenta insistentemente esta cuestión a través de su puesta en escena, por ejemplo, cuando sitúa a la heroína sentada ante las tres superioras que le exigen una y otra vez que confiese qué ha hecho con las hojas que le dieron y en las que había escrito una carta para denunciar su situación. La escena, una de las más violentas de la novela de Diderot, termina con un ejemplar movimiento de cámara: cuando le arrancan primero la sortija y luego la despojan del hábito, mientras ella clama que la dejen besar el crucifijo una última vez. La cámara se gira violentamente, evitando mostrar cómo arrancan los ropajes a Suzanne, en un gesto de pudor propio de un director que, ya en sus textos críticos, había examinado los límites de lo moral en el cine. La escena se explica también a partir de la concepción de Rivette del cuerpo de la actriz, y en concreto del de Anna Karina. En 1967, Karina ya era una actriz *de* Godard, un cineasta eminentemente del rostro. Rivette la embarca en una película en la que la puesta en escena incide en el cuerpo entero. En el documental sobre Rivette de la serie *Cineastas de nuestro tiempo,* Daney llegó a preguntarle si acaso, al trabajar con Karina en *La religiosa,* no tuvo la tentación de filmar su rostro, a partir seguramente de la presencia de la actriz en el cine de Godard. Rivette contestó tajantemente: no.

De hecho, antes de realizar la película, Rivette y Karina habían trabajado la novela de Diderot en un montaje teatral, una disciplina artística en la que el cuerpo y su fisicidad resultan fundamentales.

En *La religiosa,* la crueldad, finalmente, solo se puede revelar desde el rigor, parece decir Rivette; y la película se sumerge así en el retrato de la violencia ejercida contra una Suzanne resignada ante los desprecios y perseverante en sus creencias y anhelos; ejemplo de ello es la escena mencionada en que las hermanas la pisan al cruzar el umbral, como si no fuese más que un felpudo.

Sin duda, la fe es una de las cuestiones centrales de *La religiosa.* Así como Suzanne, la protagonista, cree desprejuiciadamente, pero no confía en la Iglesia como institución, Rivette muestra una creencia inquebrantable en la fuerza de la puesta en escena. Si en la novela Diderot relata cómo le servían comida que ni siquiera los perros aceptarían, en la película Rivette filma a Suzanne tomando alimentos del suelo, evocando la manera de comer de los animales, en un detalle que plasma las necesidades de trasladar la parábola del texto a un territorio eminentemente visual. Este gesto evidencia la relación de Rivette con un texto fundamental de la literatura francesa: *La religiosa* es una adaptación pegada en muchos aspectos a la obra de Diderot, en un ejercicio de proximidad con el original. Después de *La religiosa,* Rivette buscaría otras maneras de hacer cine, más cercanas a la improvisación; también, exploraría otras formas de entender la adaptación, en la que el texto original no sería tanto una partitura como una nota de fondo.

El rapto de La religiosa *de Jacques Rivette*

Cuenta Antoine de Beacque que, a finales de los sesenta, dos sucesos marcarán un punto y aparte para una cinefilia francesa que hasta aquel momento había alimentado su espíritu en la oscuridad de las salas de cine. Por un lado, se trata de la prohibición por parte de la censura de *La religiosa* de Jacques Rivette. La novela de Diderot ya fue muy polémica en su época, pues retrataba con crudeza la vida y la trayectoria de una joven que es forzada a llevar a cabo una vida en un convento. La película de Rivette, áspera, de planos largos, era igual de dura en su retrato del mundo eclesiástico; e igualmente evidente en su concepción de una espiritualidad que poco tiene que ver con las rígidas doctrinas de la Iglesia. La película fue prohibida, un hecho que supuso, para los jóvenes cineastas de la *nouvelle vague,* una suerte de golpe en la cabeza: la toma de una conciencia política. Esto sucedió en 1966. Dos años más tarde llegará un segundo acontecimiento: la destitución del director de la cinemateca, Henri Langlois, por parte del ministro de Cultura. Aún no habían explotado las revueltas de mayo del 68, y la cinefilia francesa ya estaba viviendo su particular lucha, anticipando quizá aquel estado de rebelión del mayo francés. Cineastas como Godard y Truffaut se reunirán en la entrada de la Cinémathèque para protestar por el cese de Langlois *(Soñadores,* la película de Bernardo Bertolucci, comienza retratando precisamente ese momento). Según De Baecque, el «rapto» de *La religiosa* de Rivette y el cese de Langlois despertarán una conciencia ideológica y harán que la cinefilia abandone las salas de cine para tomar la calle.

1949. Jean Gruault, que había adaptado al teatro *La religiosa* de Diderot, conoce a Rivette en una librería de Odéon.

1960-1961. Gruault y Rivette comienzan a escribir el guion.

30 de mayo de 1962. El proyecto se había presentado a la Commission d'Évaluation Cinématographique. En la respuesta de la comisión se estipula que corre el riesgo de prohibición por atentar contra la sensibilidad de una parte del público (católico). Deciden cambiar el título y alguna cosa más del guion, e insisten en el anclaje histórico de la adaptación.

1963. A finales de 1962, Godard tiene la idea de hacer un montaje teatral de *La religiosa* en París, para sondear qué reacciones puede suscitar. Dirige Rivette y la protagoniza Anna Karina. Se estrena en el Studio Champs Élysées.

1965. Se presenta un nuevo guion, y la comisión dice que ya no hay tanto riesgo de prohibición. El rodaje puede comenzar y se inicia en Avignon. La prensa se hace eco de la noticia, y comienzan a saltar las alarmas.

Entre octubre y diciembre. Tiene lugar el rodaje.

14 de octubre de 1965. Sor St. Elizabeth alerta al ministro Pompidou: «Es una obra en la que toda la vida religiosa es difamada y caricaturizada». Ninguna religiosa había visto la película: ni siquiera estaba terminada.

11 de diciembre de 1965. Se pasa por televisión un primer fragmento de la película, recién terminada. No parece que se levante mucho revuelo.

Enero de 1966. De Gaulle acaba de ser reelegido. La asociación de padres de la escuela libre entra en el asunto: mandan una carta para generar presión ante el estreno de la película.

Marzo de 1966. Se proyecta a la Commission d'Évaluation Cinématographique. Se prohíbe.

Mayo de 1966. El ministro André Malraux permite una única proyección: se exhibe en el Festival de Cannes.

Abril de 1966. Ante la prohibición, *Cahiers du Cinéma* se posiciona de manera contundente con el siguiente titular: «La guerra ha empezado».

El mundo de la cultura se moviliza. Primero, en el plano judicial. Luego, en el de la comunicación: Rivette y Beauregard recuerdan que había sido aprobada por la comisión. Piden que la gente mande cartas al ministro. Entre las respuestas, está la carta pública de Jean-Luc Godard al ministro de Cultura André Malraux (a modo de curiosidad: él mismo había publicado un libro sobre una novela tan controvertida en su momento como *El amante de Lady Chatterley* de D. H. Lawrence), publicada en el *Nouvel Observateur*.

1967. El tribunal administrativo de París anula la orden ministerial y pide que la película pase *por tercera vez* a la comisión de control.

Enero de 1967. Se confirma la prohibición a menores de 18 años y se otorga el permiso de explotación. Se puede estrenar con algún retoque.

26 de julio de 1967. Se estrena en salas: tendrá tres millones de espectadores.

1988. Se levanta la prohibición según la cual solo la pueden ver los mayores de 18 años.

1968. L'amour fou
(L'amour fou)[70]

> ¿No os basta con que yo le haya condenado? ¿No os basta que mi gloria ofendida esa víctima exija inmolada por mí? ¿Que matar al tirano sea el precio de Hermione, que le odie y, en fin, que le amaba? (Jean Racine).

La escena inaugural de *Opening Night* (1977) de John Cassavetes arranca de manera abrupta en medio de una conversación entre bambalinas. A partir de entonces, la película discurrirá por igual entre los ensayos de una comedia teatral y el drama existencial de una estrella, interpretada por Gena Rowlands, que ha visto cómo una fan moría atropellada por un coche tras abordarla para conseguir un autógrafo. La secuencia del accidente, que años más tarde sería homenajeada por Pedro Almodóvar en *Todo sobre mi madre* (1999), aporta una nueva dualidad a la de la relación entre la vida y el teatro: se trata de un puente entre el mundo de los vivos y el de los muertos, que se plasma en los encuentros entre el personaje de Rowlands y el fantasma de la chica fallecida. El cruce se inicia con el plano de las manos de ambas, una al lado de la otra, juntándose en la misma imagen. Cassavetes filma estas secuencias con mucha luz, en un ambiente emblanquecido y enrarecido. La película se sitúa constantemente en dos territorios: el del gesto de Rowlands y el de la figura espectral de la chica; es decir, entre la intimidad y la escena.

---

[70] En España, *L'amour fou* se estrenó en mayo de 2024, en una copia restaurada estrenada por la distribuidora Atalante.

L'amour fou reproduce un lugar similar. De entrada, plantea cómo mientras una compañía de teatro gesta un montaje de *Andrómaca* de Racine, la pareja formada por Claire, una actriz que se retira del proyecto (Bulle Ogier), y Sébastien, el director (Jean-Pierre Kalfon), se precipita hacia una crisis. Entre el teatro y el hogar discurre un periodo de descomposición que culmina, por un lado, con la separación amorosa y, por el otro, con el abandono del montaje. Teatro y vida conviven, discurren en paralelo; y aunque no se toquen como lo hacían aquellas manos que se juntaban en una única imagen, entre ambos ámbitos se produce un trasvase.

Del teatro apenas se ven los ensayos, la gestación de la obra que nunca tendrá lugar. Podemos imaginar que *L'amour fou* es un péndulo que va del escenario a las sábanas del apartamento de la pareja; entre los ensayos de Sébastien y las grabaciones en magnetofón que Claire realiza en su casa, de sus propias lecturas del guion. En uno de los momentos que mejor describe este carácter dual de la película y, por ende, de la obra de Rivette, observamos por un lado a Marta, la actriz encargada de interpretar a Hermione debido al abandono de los ensayos por parte de Claire, recitando el texto de Racine; y en paralelo vemos a Claire grabar su propia voz leyendo ese mismo fragmento de la obra. El corte dibuja una suplantación: lo cierto es que no sabría decir de quién a quién, pues Marta ha sustituido a Claire, pero esta ejerce desde el hogar una suerte de influjo.

Hay más dualidades, hay otros influjos. El más evidente: la obra *Andrómaca,* de Racine, que prepara el actor que interpreta a Sébastien, Jean-Pierre Kalfon, y *L'amour fou,* la película de Rivette. El cineasta permitió que Kalfon preparase *Andrómaca* como si verdaderamente fuese a representarse en el teatro —de hecho, por poco, no lo fue—, y que André S. Labarthe documentase los ensayos. Es decir, *L'amour fou* se mueve entre el film en 16 mm que usa André S. Labarthe para rodar los ensayos de la pieza teatral y el de 35 mm que emplea Rivette para la ficción sobre la pareja y su separación. Y hay todavía más dobles: como el amor y su final. Aunque este juego de correspondencias pueda parecer enrevesado, todo en *L'amour fou* fluye de forma sumamente orgánica, de manera que los vínculos creados —tanto los amorosos como los que se establecen entre el cine y el teatro y entre la ficción y la vida cotidiana— conforman una poética.

No se trata únicamente de la cercanía de los primeros planos de los actores que ensayan *Andrómaca,* mientras el humo de un cigarrillo cubre un rostro. Tampoco, de la manera en que la cámara se desliza a lo largo del escenario. O de cómo, este, de suelo blanco, sirve de telón que abre y cierra la película, pues el primer plano surge precisamente de esta superficie, y el último se vuelve hacia ella. Se trata, también, de las rimas y de las aliteraciones: del rostro de Claire junto a la ventanilla de un tren, un plano que se reitera, como también lo hace su voz susurrante, grabada en una cinta y evocadora de un amor truncado, brindándonos otra revelación de la preponderancia de lo espectral en la obra de Rivette. En *L'amour fou* también hay fantasmas, los de la relación que fue y que está desapareciendo.

En esta poética de *L'amour fou* seguramente tenga mucho que ver el método de trabajo planteado por Rivette, que por primera vez propuso un guion en el cual participaban los propios actores. Se trata, por así decirlo, de crear una atmósfera, una predisposición, para que la obra vaya tomando forma sin forzar nada hasta encontrar aquello tan difícil de aprehender y a lo que aspira finalmente el arte: una suerte de verdad.

Ni siquiera se imponen las palabras de Racine. El texto es un pretexto, que la *troupe* elabora, intentando encontrar el ritmo justo para sus bellos versos. Evidentemente, la obra de Racine termina encontrando ecos en la propia película. No en vano, la tragedia gira en torno a los amores no correspondidos de Pirro, Hermione, Orestes y Andrómaca.

En uno de los ensayos, el mismo Sébastien confiesa que, a veces, el director tiende a manipular demasiado. Tras haber realizado dos películas cuyos rodajes no había disfrutado, Rivette había encontrado una manera de filmar que se adecuaba a sus anhelos, le permitía la exploración del propio proceso creativo y, en definitiva, concordaba con los tiempos que corrían, los de los bulliciosos sesenta. Tras haber firmado sendas obras en las que el teatro se manifestaba, alternativamente, como un elemento narrativo —*Paris nous appartient*— y como un recurso para la puesta en escena —*La religiosa*—, Rivette supo al fin hacer del teatro un reflejo del cine. Lo hizo también de la mano de dos actores, Jean-Pierre Kalfon y Bulle Ogier, que por aquella época trabajaban en los proyectos de Marc'O, director de la película *Les idoles,* que insistía en las posibilidades de la improvisación.

En *L'amour fou,* se crea así una curiosa impresión. En los ensayos que tenían lugar en la realidad, la cámara de 16 mm se revela, el rodaje de Labarthe es a la vez filmado y por tanto forma parte de la película. Mientras, los pasajes de intimidad, rodados en 35, que corresponden a una ficción más firme, parecen fragmentos de vida, capturados a partir de una cierta transparencia.

Thierry Jousse, uno de los críticos más excepcionales de *Cahiers du Cinéma,* exploró en su libro sobre John Cassavetes el vínculo entre el cine del director neoyorquino y el de Rivette. Señaló no solo las similitudes, sino lo revelador de algunas diferencias. Sobre *Opening Night,* escribía que

> frente a la locura de lo real, a la alucinación permanente de la vida, el teatro es el único punto de anclaje sólido, el único punto de realidad al que se puede uno aferrar. También porque la dialéctica construcción/deconstrucción

> trabaja forzosamente, en el caso de Cassavetes, a favor del espectáculo. Finalmente, porque el espectáculo se hace, más allá de toda esperanza, y que, precisamente por ello, Cassavetes afirma la vitalidad de un teatro que se alimenta de la vida. En Rivette, el teatro solo es un pretexto, mientras que Cassavetes cree finalmente en él[71].

En *L'amour fou,* el amor no logra salvar el teatro ni este a aquel, en una demostración tajante de la unión y la inseparabilidad entre ambas esferas, pese a que estas transcurran a lo largo de la película en paralelo. La relación termina con el montaje alterno de la marcha de un tren, que se ha ido repitiendo a lo largo del film, como si se tratase de una rima, y con Sébastien encerrado en la casa o deambulando solo por la calle. Con la relación termina también la función: pues si vida y teatro se someten constantemente a un trasvase mutuo, comparten el mismo final. O, tal y como dice uno de los personajes de la película: «La vida y el teatro se mezclan un poco».

Cuando Sébastien pasa la noche en el apartamento de Marta, la sustituta de Claire, los dos se paran frente a un espejo. Poco antes, él y Claire han hecho exactamente lo mismo: han observado su propio reflejo. En ambos casos, no hay plano contraplano, sino un cuadro que incluye otro, el creado por el marco del espejo. En *L'amour fou* abundan los espejos, una de las más bellas figuras a la hora de abordar la cuestión del doble. Claire y Sébastien se sitúan frente a uno en el cuarto de baño. En otra ocasión, Sébastien abandona no solo el cuadro del plano, sino el de un espejo, en el que Claire se queda sola, observándose. Los encuentros entre Claire y sus compañeras del teatro tienen lugar en cafeterías donde a un costado siempre hay un espejo. Los escaparates de unos grandes almacenes en los que Claire compra unas gafas de sol proponen un nuevo juego

[71] Thierry Jousse, «Théâtre de la cruauté», págs. 31-32.

de reflejos. En uno de los planos más hermosos de la película, la pareja se besa en el balcón, envuelta en una sábana, mientras la puerta de vidrio calca sus figuras; tal como sucedía en la versión de *Tú y yo (An Affair to Remember,* 1957), que Leo McCarey realizó en los cincuenta, otra película de carácter rupturista y de tiempos dilatados.

Por todo esto, no es extraño que —en uno de los únicos pasajes con música—, cuando Sébastien, ya sin Claire, pasea por la calle y se fija en los edificios que le rodean, termine mirándose en los cristales de un escaparate: Rivette corta el plano general para mostrar un encuadre más cercano al rostro de Sébastien y a su reflejo [**10**]. La soledad, también, se expresa a través del espejo. Rivette dijo en relación con *L'amour fou:*

> Todas las películas son sobre el teatro: no hay otro tema [...]. Hay muchos intentos de películas sobre el cine dentro del cine, y eso no funciona tan bien, es más laborioso, queda coqueto. Es menos fuerte, quizás porque no hay más que un solo nivel; es el cine que se mira a sí mismo, en cambio, si mira el teatro, ya mira otra cosa: no a sí mismo, a su hermano mayor[72].

El montaje en paralelo, entre el teatro donde suele estar Sébastien y el hogar en el que se ha enclaustrado una Claire en crisis, se convierte en la más evidente de las dialécticas que propone *L'amour fou;* al menos, hasta que los ensayos se cuelen en el apartamento de la pareja, sitiando todavía más a Claire, quien en algunas escenas acaba en un rincón y no le queda más remedio que buscar un entretenimiento obsesivo: comprar un perro de una raza muy concreta (mientras ella quiere un can, Sébastien, por su parte, termina regalándole... un gatito).

---

72 Charles Tesson, *Théâtre et cinéma,* pág. 81.

[10] Reflejo, dualidad y desintegración de la pareja en *L'amour fou.*

Serge Daney escribió a propósito de la película:

> Si *L'amour fou* es para mí uno de los films más bellos de Rivette es porque aún hay un reparto entre las dos vertientes de su cine: la triste paranoia masculina y la feliz histeria

de las mujeres. No son estas las míticas «hijas del fuego» que estarán en el corazón de sus siguientes películas. Todavía hay, como se dice vulgarmente, dialéctica[73].

De los ensayos a la intimidad del hogar, del cine al teatro, del arte al amor, y del hombre a la mujer. Puede que nunca se piense en Rivette como uno de los grandes cronistas del amor. Sin embargo, *L'amour fou* es probablemente una de las obras fílmicas más desgarradoras en torno al sentimiento más universal del arte; una película que versa acerca del amor desde la herida (¿acaso no es la ruptura y el desamor la materia prima de tantos relatos, canciones y manifestaciones artísticas?).

El arrebato de *L'amour fou* nos recuerda, entre otras cosas, la perseverante presencia de las hermanas Brontë en el cine de Rivette. Pocas películas se han precipitado sobre el abismo del desamor como *L'amour fou.*

En el ecuador de *L'amour fou,* en el apartamento común, Claire se lanza sobre su pareja Sébastien, que permanece en la cama. Ella grita, le pregunta, le inquiere: «¿Por qué no te libras de mí?». Él se tapa y se esconde bajo las sábanas, ella se acuesta a su lado: «Es fácil, estoy loca». La frase, de nuevo, nos invita a pensar en aquella dialéctica a la que se refería Daney, a un inmovilismo asociado a lo masculino y a un histrionismo vinculado con lo femenino. Rivette filma la escena en plano general y deja que la pausa se apodere del cuadro hasta que las luces se apagan y la secuencia termina. ¿Acaso el desgarro emocional no es precisamente esa manera en que el tiempo fluye, mientras uno se acurruca entre las mantas y la otra le inquiere sobre el porvenir de una relación ya agotada? Así

[73] Serge Daney, «Revoir *L'amour fou*», París, *Libération,* 11 de agosto de 1981.

emerge el tiempo, colosal: el amor no se hace añicos en un día, sino que el pesar se va instalando pausado pero inexorable, del lunes 14 en el que comienza la película al inicio del mes siguiente.

El tiempo no se refleja solo en la secuencia de los días, sino también en los preparativos de la obra teatral: en la búsqueda de la puesta en escena por parte de Sébastien, en el pasar de dar palmas para marcar el ritmo del texto a usar unos gongs. Mientras la pareja se va desintegrando, la película camina firme en la voluntad, en definitiva, de desentrañar el proceso creativo, el gran misterio del cine. Finalmente, el tiempo tiene que ver con una película torrencial, que se extiende a lo largo de cuatro horas (como si Rivette hubiese encontrado el sentido de su cine en la duración). La corriente es imparable, y en algún punto desborda sus márgenes, pues *L'amour fou* fluye tanto hacia lo conmovedor del retrato íntimo y doloroso como hacia las posibilidades del teatro para reflexionar sobre el propio cine. Se convierte, me atrevo a decir, en una especie de monstruo fílmico, cuyos pasajes filmados en 35 mm, aquellos que relatan la ficción, aquellos que se centran en la pareja en fase de descomposición, parecen una ventana a la intimidad o, dicho de forma más vulgar, a la vida misma.

En una extensa y suculenta conversación publicada en *Cahiers du Cinéma,* Rivette hablaba del paso de los 16 a los 35 mm, y entre los entrevistadores y él convenían en que los 16 mm eran el cine, mientras que los 35 reflejaban de manera límpida la cotidianidad. Los planos rodados en 16 mm a menudo se acercan a los rostros de los actores, en una cámara que se balancea, del mismo modo que se desplaza sugerentemente por el escenario donde ensayan. Hay movimiento, hay pulso: se hace evidente la cámara. En la esfera íntima, en cambio, hay reposo, quietud, como si se retratase sin filtros el día a día de esta pareja que cena, duerme, se besa y discute hasta el desgarro y la separación. *L'amour fou* es una película extrañamente dolorosa, y sus heridas son hondas. Y si resulta raro es porque no pensaríamos en Rivette como un cineasta confesional, pero lo cierto es que el proceso de desamor de la película es imparable. Es una «pasión que se consume en tiempo real» y «hay una depresión atmosférica y sentimental», porque, según decía Ogier, «ese aire lo respirábamos mucho mejor porque todos estábamos viviendo la ruptura de nuestro primer gran amor» (Kalfon, de su compañera; Rivette, de Marilù Parolini; y ella, de Marc'O). «El dolor de la pérdida se siente en nuestra forma de estar en la pantalla», sentenciaba[74].

En *L'amour fou* hay dos espacios: el del teatro donde tienen lugar los ensayos y el del hogar. Hay además dos superficies; una, la cama, y otra, el escenario por donde la cámara se desliza, mientras los actores ensayan su papel. Quizá, forzosamente, una buena película sobre la pareja deba tener en el lecho uno de sus espacios fundamentales (es así, por ejemplo, en la reciente *Passages,* de Ira Sachs, otra película que bascula entre la creación artística y los desgarros del romance). En *L'amour fou,* es de hecho en la cama donde Claire le dice a Sébastien que deberían separarse. Él se aleja y se queda de pie junto a la pared estampada de la habitación. Empieza entonces a rasgarse la camisa con unas tijeras. Rivette filma esta secuencia, cargada de violencia y dolor, con un plano largo, general y fijo, con pausa. El tiempo se dilata a lo largo y ancho del cuadro, en la duración del mismo. En esta secuencia, Rivette traslada a la pantalla —como lo hace en más de una ocasión— algunas de las cuestiones formales que había abordado en su obra crítica. Al filmar a Sébastien en su arrebato, en el

---

[74] Bulle Ogier y Anne Diatkine, *J'ai oublié,* pág. 82.

momento en que el desamor se ha convertido en una realidad, con un plano fijo, dejando que el tiempo se apodere de la imagen y de su dolor, Rivette hace suya aquella responsabilidad moral del autor como individuo y de su puesta en escena, concepción que había apuntado ferozmente en la crítica de *Kapo*. Cuando Rivette rueda, monta, etc., rueda, monta, etc., como director, pero también como el crítico que es. No en vano, *L'amour fou* es una película, también, sobre el propio cine.

Esa escena versa, también, sobre el cuerpo del actor. Rivette filma a Kalfon en un plano bastante general. Se trata de un momento hiriente en lo emocional, pero en el fondo hay algo también puramente físico. A veces, pienso en una escena de igual calado y violencia, la de *El hombre del oeste (Man of the West,* 1958), de Anthony Mann; en ella, un grupo de hombres obligan verbalmente a una mujer a desnudarse frente a ellos en el interior de una casa. En ambos casos, la violencia se elabora tanto a partir del gesto como del plano: no hace falta incurrir en una agresión más explícita, basta con la puesta en escena.

La fisura emocional de los personajes se torna exterior en el plano citado, cuando Sébastien, junto a un extraño objeto decorativo en forma de mano, se gira hacia Claire y comienza a rasgarse la ropa, desgarrando primero la camisa, luego los pantalones y, finalmente, las demás piezas que encuentra en el armario. No ha herido la carne, sino esa segunda piel que es la ropa, y sin embargo la escena resulta profundamente física, por la amplitud del plano, y violenta, por su duración. Aunque la sangre no brota, sí lo hace el dolor. Luego será la ropa de Claire la que sea desgarrada, cuando Sébastien la tumbe en la cama en una violenta escena de sexo. Durante dos días de enclaustramiento, la pareja, con intención de recomponerse, inicia un juego; pintando las paredes primero, arrancando el papel estampado y destrozando a hachazos, por fin, la puerta del salón. La casa tampoco sangra.

No hace falta incurrir en la metáfora de la destrucción del hogar como reflejo de la descomposición de la pareja; tampoco, pensar en otra imagen icónica de un hombre con un hacha en la mano que rompe una puerta a la vez que evidencia una profunda crisis de pareja (la de *El resplandor,* de Stanley Kubrick). Cuando Claire y Sébastien atraviesan la pared a la fuerza, la situación se vuelve insostenible. Tras convertir la casa en un decorado y vestirse como personajes de un *western,* con sombrero y botas, enfilados en el sofá del salón, chocan de bruces con la realidad de su relación.

Gilles Deleuze entendía que el apartamento pasa a ser el escenario de un nuevo espectáculo. Curiosamente, se trata también del principio del fin del proyecto teatral. El dormitorio se convierte así en los bastidores de una relación, donde se ensaya otra representación. La vida, en definitiva, incorpora gestos del teatro y los personajes intervienen en el decorado, arrancan el papel de la pared [**11**] y destrozan la pared a hachazos. La escena guarda, por cierto, relación con el principio de *L'amour par terre,* donde una *troupe* formada por tres actores interpreta una pieza en un apartamento, mientras los espectadores se mueven de una habitación a otra para seguir la trama: el teatro ha invadido el escenario primordial de la intimidad, la casa. En *L'amour fou,* el hogar, de paredes estampadas como las camisas de Sébastien, muta en escenario y se intensifica la idea del juego (y fue precisamente el juego lo que destacó Rivette de Cassavetes en la breve entrada que escribió sobre su cine en el «Dictionnaire de 121 metteurs en scène», publicado en *Cahiers du Cinéma* entre diciembre de 1963 y enero de 1964).

En la entrevista publicada en *Cahiers,* Rivette hacía referencia a *Me siento rejuvenecer (Monkey Business,* 1952), aquella película de Howard Hawks en que un científico y su mujer volvían al estado de la infancia tras probar un brebaje. En *L'amour fou,* Claire y Sébastien no toman nada, pero regresan a un cierto tipo de niñez. En esta escena, el juego, lo in-

[11] Del juego y el infantilismo al derrumbe, literal, del hogar en *L'amour fou.*

fantil y la comedia se manifiestan de forma más rotunda, aunque quizá siempre estuvieron ahí, presentes a lo largo de la película, por ejemplo, cuando en la casa de Marta, Sébastien se queja porque «está aburrido»; cuando Claire abre una tras otra unas muñecas rusas; pero sobre todo cuando ella intenta robar un perro del apartamento de un desconocido, en un plano genial en el que atraviesa la puerta acristalada y persigue al animal. Podría tratarse de un gag *slapstick*.

Solo hacia el final de *L'amour fou* termina por brotar la sangre: es la de una herida abierta en el rostro de Claire, autolesionada con una cuchilla tras una tentativa de suicidio. Jacques Rivette filmó *L'amour fou* entre 1967 y 1968. Era su primera película realizada según un modo de trabajo absolutamente radical: los actores participaban en la elaboración del guion y la vida misma se colaba en la pantalla. Esto, y no otra cosa, debería ser el cine político (estamos en el marco del mayo francés). No considero desacertado pensar que en *L'amour fou* se insinúa otra dualidad, la de la figura del autor contrapuesta al ejercicio colaborativo; la del control que se le presume al director y la voluntad de dejar fluir. Más allá de esta cuestión, se instaura la posibilidad de la obra fílmica como algo abierto.

Rivette respondió a las preguntas de *Cahiers du Cinéma* en un número especial de septiembre de 1968 dedicado al cine francés. Unas páginas más allá de la entrevista al director de *L'amour fou,* él mismo confirmaba una serie de preguntas a Philippe Garrel, que por entonces atravesaba la fase más experimental de su filmografía, la que culminaría en *Le bleue des origines* (1979), un fascinante regreso al cine de los orígenes y una exploración del rostro y el gesto de actrices como Nico o Zouzou. No sería hasta finales de los setenta cuando Garrel haría del blanco y negro su más preciado recurso y que ahondaría en torno a la ruptura amorosa y el dolor conyugal, siempre con el propio cine (en vez del teatro) como punto de fuga. En 1968, Rivette ya hablaba de Garrel. Aquel año había filmado *L'amour fou,* una película que resuena en el cine de Cassavetes y en el del mismo Garrel.

1971. Out 1

> Hubo pues en París trece hermanos que se pertenecían y se desconocían en el mundo; pero que se reunían por la noche, como conspiradores (Honoré de Balzac).

Prólogo

Entre finales de los sesenta y comienzos de los setenta, el cine de Rivette se encuentra definitivamente a sí mismo. Entre otras cosas, halla el encaje del teatro en su cine, ya no solo como tema, sino sobre todo como metodología. En *L'amour fou,* se filmaron los ensayos de un montaje de *Andrómaca* que Jean-Pierre Kalfon, el actor que interpretaba al director de teatro, pretendía poner en escena en la vida real. En *Out 1,* Rivette persistió en la presencia del teatro y, sobre todo, de los ensayos, que ocupan buena parte del metraje de esta película que se desparrama como un río desbocado.

Entre el rodaje de una película y otra había sucedido algo: el mayo del 68. La revuelta estudiantil removió algunos cimientos, también en un ámbito como el cinematográfico, que a comienzos de aquel mismo año ya se había sublevado en contra de la destitución de Henri Langlois como director de la Cinémathèque por parte del ministro de Cultura de entonces, André Malraux.

En *Out 1* se palpan los ecos de la rebelión, y no solo a través de su escueta y enigmática historia —la del insondable grupúsculo de los trece, cuyo complot nunca llega a revelarse—, sino también a través de su forma. Rivette propone una película *sobre* la colectividad realizada *de manera* colectiva. La escueta premisa, basada además en un simple prólogo de una novelita de Balzac, dio pie a una película sin apenas guion, en la que la improvisación era la médula.

En su magnífico libro, Hélène Frappat recoge unas palabras de la correalizadora Suzanne Shiffman, que explica cómo se desarrolló un proyecto que comenzó con la elección de tres actores, Bulle Ogier, Michael Lonsdale y Michèle Moretti, con el textito de Balzac como estrecho alambre al que agarrarse y con aquel principio básico de la improvisación. Los intérpretes contribuyeron decisivamente a la creación de los personajes (Ogier, por ejemplo, quería una librería e invitaba a quien quería; y Lonsdale y Moretti, formar sendos grupos de teatro) y en los encuentros que se darían entre los distintos personajes. A partir de todo esto, se fue incorporando la ficción. Son precisamente estos encuentros los que configuran la estructura episódica de la película que dura unas doce horas.

Una vez más, la puesta en escena consistía sobre todo en crear una predisposición. Rivette, que como crítico había contribuido enormemente a la consolidación de términos como puesta en escena y autoría, realizaba una película que removía la concepción de ambas nociones. Que *Out 1* sea una película colectiva y participativa no la hace menos de autor, sino todo lo contrario. Rivette introduce un matiz fundamental en la cuestión de la puesta en escena: cuando el autor cede espacio, por ejemplo, a los actores, para que contribuyan decisivamente, esto es también puesta en escena.

1

La primera parte de *Out 1* se centra en los ensayos de los dos grupos de teatro. Uno, el de Thomas (Lonsdale), trabaja sobre el *Prometeo encadenado* de Esquilo; el otro, el de Lili (Moretti), sobre *Los siete contra Tebas,* también del dramaturgo griego. El texto, como veremos, y como sucederá en general en la obra de Rivette a partir de este punto, no es más que un rumor de fondo. Las escenas de los ensayos discurren desde una fisicidad que no es solo la de los actores que improvisan, sino también la de la cámara que, en largas tomas, tiene que seguirlos sin saber exactamente adónde irán. Son escenas hipnóticas, por el movimiento de los cuerpos, pero sobre todo por una duración que se dilata, como si la película nos dijera que no hay prisa, que ya encontraremos una trama, que nos dejemos llevar por los gestos, por el ensayo, por la repetición, porque pocas veces hemos estado tan cerca del misterio de la creación artística y de los actores, que disfrutemos así del proceso.

En el segundo episodio de la película, la *troupe* de Thomas lleva a cabo una de sus experimentaciones más extremas. Una de las actrices permanece quieta, con los ojos cerrados, el cuerpo sin tensión alguna, como si se hiciera la muerta. Sus compañeros revolotean a su alrededor y poco a poco van haciendo cosas: le acercan una silla, la agarran y la suben a una carretilla, la pasean por el local de ensayo, alguien le pone un pie en la cara, etc. Hay quien permanece al margen, incapaz de participar en un ejercicio ciertamente extremo, que explora los límites del cuerpo propio y ajeno. Ella permanece impasible, mientras todo ese barullo se desata a su alrededor. «Nunca tuve miedo, quizá porque confiaba en vosotros», dice luego, cuando sus compañeros se sientan en el suelo junto a ella, para discutir cómo han vivido la práctica. No solo se trata de indagar sobre las posibilidades del contacto entre los cuerpos y de realzar la cuestión de la colectividad como la unión de muchos cuerpos, sino también de explorar los límites de la violencia. La escena es muy fuerte. Una vez más, Rivette elabora la escena desde la responsabilidad:

no hay golpes, no hay sangre, no hay sufrimiento, no hay peligro ni daño alguno. Apenas está el cuerpo inmóvil de la actriz, y los de sus compañeros, que vuelven a una suerte de estado original, casi primitivo, incapaces de articular palabras sino ruidos y balbuceos.

En la convicción rotunda en la improvisación se encuentra la revolución de Rivette. Se corresponde con un estado de ánimo —el posterior al mayo del 68— y con una forma cinematográfica —la de un cine moderno. Los primeros capítulos de *Out 1* los conforman eminentemente *performances,* experimentaciones, exploraciones sobre el cuerpo, filmadas en planos largos, apenas punteadas por los montajes en paralelo que muestran a dos personajes, Frédérique (Juliet Berto) y Colin (Jean-Pierre Léaud), aparentemente distantes respecto a todo lo que tiene lugar en los locales de ensayo.

L'amour fou nació, entre otras cosas, después de que Rivette viese actuar a Jean-Pierre Kalfon y Bulle Ogier en la película *Les idoles* y en una función teatral titulada *Les bargasses*. El director de ambas era Marc'O. En *L'amour fou,* de *Les idoles* quedó el tránsito entre la esfera pública o creativa y la privada, que en la película de Marc'O es algo que se da en el trío de música formado por los personajes de Ogier, Kalfon y Pierre Clémenti. Ellos interpretan a tres estrellas del pop, de nombres traviesos como Gigi la Folle, Simon le Magicien y Charly le Surineur, y con un vestuario desbocado en el que se dan cita el cuero, los sombreros, las gafas, las rayas y combinaciones de lo más atrevidas. En algunos momentos de la película, responden a las preguntas de un entrevistador, como hace el director de teatro interpretado por Kalfon en *L'amour fou. Les idoles* transcurre así entre el escenario, los bastidores y la intimidad.

El montaje de *Les idoles* corría a cargo de un cineasta que un año antes había participado precisamente en el montaje de *Jean Renoir, le Patron,* el documental que el mismo Rivette hizo para la serie *Cineastas de nuestro tiempo*. Aquel director era una suerte de satélite orbitando alrededor de la *nouvelle vague* y a principios de los setenta firmaría una obra que devendría un faro del nuevo cine francés: su nombre era Jean Eustache y la película es *La maman et la putain* (1973). Las maneras de trabajar con los actores de Marc'O inspiraron a Eustache, una figura esencial para entender ese cine francés de los setenta, un periodo durante el cual Rivette alcanzó una suerte de epifanía creativa.

Solo he podido ver un pequeño fragmento *Les bargasses,* incluido, precisamente, en la edición en DVD de *Les idoles*. Se trata de una parte del montaje que se presentó el 18 de febrero de 1965 en el Théâtre Edouard VII de París. La pieza se presenta como un «espectáculo en dos partes interpretado, bailado y cantado». Lo que se observa se asemeja mucho a los ejercicios que hace la *troupe* de Thomas en *Out 1*. Es un ejercicio que sitúa el cuerpo y la improvisación en el epicentro de la creación artística: los cuerpos se liberan, se sueltan, se mueven entre el baile y la pelea, las actrices se reúnen como si se juntaran en un pogo [**12**]. El trabajo de Marc'O caló en *L'amour fou,* pero tengo la impresión de que las maneras de aproximarse al teatro, a los cuerpos y al discurrir orgánico de la experimentación terminaría de manifestarse, de manera más profunda, en *Out 1*. Para *Les idoles,* Marc'O construyó un teatro en el que convocó a gente diversa para que vieran unas improvisaciones que se desarrollarían durante unas siete horas. Se trataba de un *happening*. Los ensayos, los ejercicios de improvisación que llevan a cabo los actores de *Out 1* son una suerte de continuación de aquella experimentación.

Marc'O se encerró con sus actores y el público a lo largo de siete horas. Con *Out 1,* Rivette firmó su película más larga: trece horas de duración, divididas en ocho capítulos

[12] La improvisación y la fisicidad como principio y fin:
Out 1 y *Les bargasses,* de Marc'O.

que llevan por nombre los distintos vínculos que se tejen entre los personajes. La duración no es una cuestión menor en una película que pretende retratar un cierto fluir, despojarse de los ropajes de la ficción.

De la misma manera que las compañías de Thomas y Lili están intentando encontrar el tono de los montajes que preparan, la película se está hallando a sí misma. Los primeros episodios de *Out 1* versan sobre esta búsqueda. Los últimos, sobre ese complot que no termina de revelarse y que se esfuma en un santiamén.

En los ensayos, no solo se trata de volver a la fisicidad, sino también a lo instintivo, a lo primitivo. Antes de introducir el texto en los ensayos, los actores trabajan sobre el cuerpo, sobre la improvisación, sobre los ruidos. «Es muy difícil llegar al texto porque no estamos en el plano del verbo», dice una de las actrices. Cuando por fin se introduce el lenguaje, este se va encontrando no tanto a través del significado como de la sonoridad de los distintos idiomas: alguien lee a Goethe en alemán, y alguien lee a Shelley en inglés. Al final, la palabra se encuentra también a través de la improvisación [**13**]. El verbo también surge del cuerpo, es algo físico.

2

«Si hablamos de lo que nos afecta directamente, quizá tengamos que dejar a un lado el tema de Prometeo», dice Thomas. «O que quizá haya gente que ni siquiera sepa que en el fondo de la obra está Prometeo», añade. En el fondo, para Thomas el texto —en este caso, el *Prometeo* de Esquilo— no es más que un punto de partida, como tantas otras veces lo fue para Rivette. Bajo la dialéctica de la pareja y su crisis de *L'amour fou* se sentían los versos de Racine; *L'amour*

[13] Las dos compañías de *Out 1* en busca de la palabra.

par terre escondía la referencia de una novela breve de Schnitzler; *Céline et Julie vont en bateau* evocaba el universo de Henry James y su novela *La otra casa; La bella mentirosa* parte de una novelita breve de Balzac, y así constantemente. Los textos están ahí, escondidos a simple vista. En cualquier caso, la obra literaria nunca se impone, ni siquiera en una de las adaptaciones más evidentes, como *Cumbres borrascosas,* que se fijaba tanto en las palabras de Brontë como en el trazo pictórico de Balthus. Quizá, las obras más pegadas al referente literario de la filmografía de Rivette son *La religiosa,* su segunda película, y *La duquesa de Langeais,* la penúltima.

En *Out 1,* Rivette ya estaba encontrando su manera de trabajar el referente literario y también el lugar que el teatro ocupa en su cine. La obra de Balzac aparece como una huella impresa en la arena, que el mar ha transformado. El texto en el que se inspira Rivette es el prólogo de *Historia de los trece,* la trilogía de Balzac formada por *Ferragus, La duquesa de Langeais* —que el propio Rivette adaptaría ya en el siglo XXI— y *La muchacha con los ojos de oro*. Las tres novelas forman parte de *La comedia humana* y comparten un mismo universo. El prólogo se ubica al comienzo de *Ferragus,* y es un texto escueto, en el que apenas se explica nada que luego esté, de manera evidente, en las tres novelas. Sirve para crear una predisposición en el lector. Lo que ofrece es un marco, en el que se explica cómo en el París de la época había un grupo llamado de «los trece», que ostentaba mucho poder y operaba en la sombra. Esto le basta a Rivette para espolear una película de doce horas. El texto de Balzac es, pues, un rastro. En el prólogo, se habla de que al parecer hay o hubo trece hombres que formaban un misterioso y poderoso grupo. En la película, este grupúsculo va cobrando forma, pues poco a poco descubrimos que a él pertenecen algunos de los personajes que pueblan el exiguo relato —Thomas, Lili, Pauline...—; pero esto no es más que un halo.

Nada de lo que dicen los trece termina por revelar el misterio, y quizá la modernidad de la película y de la obra balzaquiana consista también en esto, en esta apertura, en esta indefinición. *Out 1* es un mastodonte de doce horas, pero a la vez es una pluma que flota en el aire, que no termina de aterrizar. Entonces, también podríamos decir que uno de los críticos que más había defendido un cine moderno realizaba una película que destilaba modernidad por todos sus poros.

El grupo está integrado, al menos que se sepa, por Pauline/Emilie (Bulle Ogier), la dueña de la tienda llamada oportunamente L'Ange du hasard (El Ángel del Azar); por Thomas (Lonsdale) y Lili (Moretti), los dos directores de teatro; por Sarah (Bernadette Lafont), una escritora que vive en un caserón junto a la playa; Étienne (Jacques Doniol-Valcroze), un hombre de negocios que posee unas cartas donde se habla del grupo; Lucie, una abogada; Warok, a quien preguntan por los trece; Pierre, de quien todos hablan pero al que desconocemos; Georges e Igor, de quien dicen que ha desaparecido. La ausencia de este último es uno de esos misterios que se evapora casi por arte de magia, cuando, al final, el personaje interpretado por Bulle Ogier anuncia que se ha puesto en contacto con ella.

Rivette se muestra fiel a la noción del secreto, que no llega a desvelarse, pues si se hiciera perdería su condición de secreto. Lo que han hecho los trece permanecerá oculto. Sin embargo, aunque la trama no se cierre de manera clara, la película sí que se dirige hacia un final, el que tiene lugar en la casa del paraje ficticio de Obade, junto a la playa[75]. El misterio se traduce en imágenes, especialmente en los pla-

[75] El nombre del lugar ya está presente en el texto de Balzac, que lo describe diciendo que «desde tiempo inmemorial existe para los Cofrades, en una y otra ciudad, una *Obada,* especie de refugio a cargo de una

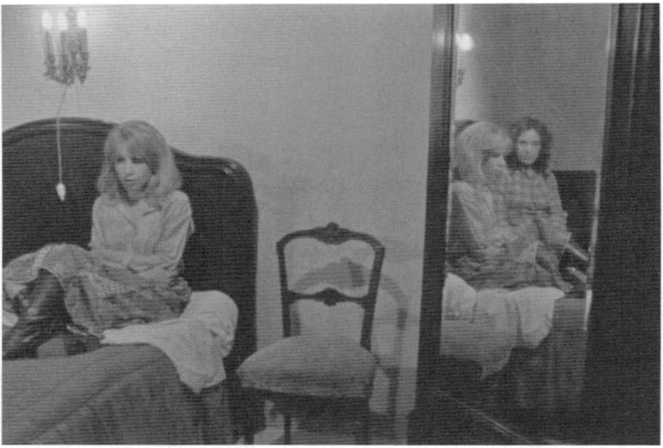

[14] *Out 1:* la extrañeza y lo fantástico en el espejo.

nos de Ogier, cuya figura aparece multiplicada por unos espejos ovalados. La película comienza en lo tangible, con la fisicidad de los cuerpos que ensayan; y termina en un terreno a menudo de lo fantasmal, sobre todo cuando Pauline confiesa su afecto por Colin a Sarah en el caserón. La cámara bascula entre ellas y el reflejo de ambas en el espejo, hasta llegar a los inquietantes planos de Pauline, que permanece sola donde antes había estado acompañada de Sarah [14]. La presencia de la interlocutora desaparece, es de noche, y todo es extraño. Si las escenas de los ensayos tienen algo de torrencial, el último episodio resulta sumamente fascinante: por la capacidad de Rivette de evocar lo fantástico sin evidenciarlo, y por la belleza del lugar, de la arena bañada por el sol del atardecer, cuando Lili y Thomas pasean.

Madre, una anciana medio bohemia que no tiene nada que perder» (Balzac, *Ferragus...*, pág. 11).

El que persigue el rastro de los trece es Colin, un joven que se hace pasar por sordomudo y que está interpretado por Jean-Pierre Léaud, un actor que no pertenece al «círculo Rivette», sino que atraviesa la *nouvelle vague* y, si se le identifica con un director, es sobre todo con François Truffaut. No es hasta pasadas dos horas cuando tímidamente se habla de los trece y cuando Colin encuentra los textos que le guiarán en su pesquisa. El joven es el que intenta arrojar luz sobre el misterio: ¿quiénes son los trece? ¿Qué hacen? ¿Qué han hecho? En el primer episodio, un montaje en paralelo nos muestra a Colin solo en su apartamento, mientras la compañía de teatro ensaya. En un momento, los actores se abrazan, juntos, como si fueran un único organismo. Mientras, el chico permanece a solas, reforzando así la idea de colectividad que impera en el grupo teatral.

En *Out 1,* la exigua trama en torno al misterioso grupúsculo de «los trece» se precipita a través de la palabra: las de la nota que ha descubierto Colin o las de las cartas que roba Frédérique, otro personaje ajeno al colectivo de número impar. Colin disecciona el texto, como si detrás de una frase, de un vocablo o de una inicial pudiese encontrar la clave de un misterio que en vez de tomar forma se va disolviendo como un azucarillo [**15**]. La intriga se encuentra quizá detrás de un pasaje de *La caza del Snark,* de Lewis Carroll, o de un fragmento de *Historia de los trece*. Esto es lo que cree Colin, que somete el texto a un escrutinio exhaustivo, a la manera de un Roland Barthes, que en *S/Z* diseccionó *Sarrasine,* precisamente de Balzac, a partir de la mínima unidad de texto. Barthes toma cada frase del libro y la somete al análisis. Colin observa cada palabra con lupa. El ejercicio, en el caso de Colin, se revela insuficiente y, finalmente, acude a un experto en Balzac para comprender quiénes eran los trece en la obra del autor de *La comedia humana* y, a partir de un mejor entendimiento de la obra de Balzac, intentar

[15] Colin intenta comprender el misterio a través de un análisis del texto.

dilucidar quiénes *son* los trece que pueblan el París contemporáneo que él mismo habita. El maestro no podía estar encarnado por otro que no fuera Éric Rohmer: aparentemente, él fue quien introdujo al propio Rivette en la literatura de Balzac, que tan decisiva sería para su obra.

Las pesquisas de Colin giran alrededor del texto, pero ¿acaso la respuesta al complot está ahí, oculta en una novela? ¿Es Balzac una pista o es solo una sombra que parece acompañar por azar el misterio? ¿Qué hay detrás de la palabra *équipage,* que Colin repite una y otra vez? El chico deconstruye el texto en busca de una solución que no encuentra.

Colin, el sordomudo que en verdad puede hablar, cree en el verbo. Cree que es a partir de las palabras como podrá desentrañar el entuerto; o, al menos, sabrá hacia qué dirección ir. En la calle, sin saber si girar hacia la derecha o la izquierda, lee un fragmento en voz alta, y es a partir de este que

[16] Colin: «À gauche!».

decide qué calle tomar. «À gauche!», dice con ímpetu [**16**]. Vuelven a resonar los ecos de aquel mayo fervoroso. El texto deviene así una brújula, y la escena, de nuevo, se plantea desde la libertad más absoluta. De repente, la película podría ser un musical: detrás de Colin aparecen tres mujeres, que, como él, giran acompasadas también hacia la izquierda, la dirección, física e ideológica, a tomar. Años más tarde, unos pocos apenas, Jean Eustache jugaría precisamente con las palabras de Colin, cuando el mismo Jean-Pierre Léaud, que interpreta al protagonista de *La maman et la putain,* toma prestado un coche averiado que no puede ir a la izquierda. La chica que se lo deja le ofrece una solución: no girar nunca a la izquierda. Se dice de *La maman et la putain* que fue la gran película post-mayo del 68. Una puede convenir en que fueron dos: *Out 1* y la de Eustache, que supusieron, en cierta manera, una respuesta a la resaca después de aquella revuelta frustrada.

Colin escribe en una pizarra, intentando encontrar un mensaje oculto en la obra de Carroll y de Balzac. La presencia de este último en la obra de Rivette resulta evidente; la de Carroll, aunque menor, es también destacable: pues aparece aquí, pero sobre todo en *Céline et Julie vont en bateau;* y, más allá de la evidencia, hay algo de *Alicia en el país de las maravillas* en la constante alusión a los espejos por parte del cineasta.

En *Out 1,* el joven Colin declama cuando anda por la calle. Mientras, dos pequeñas compañías teatrales trabajan sobre otros textos, sobre sendas piezas de Esquilo: *Los siete contra Tebas* y *Prometeo desencadenado*. Las palabras, convertidas por momentos en sonidos, en ritmos, salen de la boca de los intérpretes; sin embargo, no es el texto lo que se impone aquí, pues su presencia resulta tan esquiva como la conspiración que pretende dilucidar Colin y que termina diluida. Las tragedias no son más que un punto de partida para que los dos grupos de teatro exploren las posibilidades de la improvisación y los límites del cuerpo. La fisicidad es así el centro, de los ensayos y de la propia película: pues *Out 1,* cuyo subtítulo es *Noli me tangere* [«No me toques»], versa sobre el cuerpo, sobre la posibilidad del contacto, del tacto, del acercamiento entre cuerpos, los de la obra de teatro y los de esos cuerpos extraños (Colin y Frédérique). «No me toques». *Noli me tangere.* La improvisación y la fisicidad se elaboran aquí a través del tiempo, de las largas tomas, de las extenuantes sesiones de trabajo. El misterio tampoco se puede develar, tampoco se puede tocar: *Noli me tangere.*

Colin encuentra las pistas en los textos. Y Frédérique, en unas cartas de 1969. Es la correspondencia entre algunos de los trece, que ella roba a un jugador de ajedrez interpretado por Jacques Doniol-Valcroze, quien fuera cofundador de *Cahiers du Cinéma* y que a mediados de los cincuenta interpretó al marido de la protagonista de *Le coup du berger,* un cortometraje de Rivette articulado a partir de la estrategia del juego del ajedrez. Quizá estos son los «cofrades»: Rohmer, Doniol-Valcroze..., entonces quizá el complot no sería otro que la misma *nouvelle vague.*

En *Out 1,* hay una nota que resuena reiteradamente. Es el cine y sus códigos, que primero se insinúan y que poco a poco van tomando forma. Tras recorrer la sobria habitación de Frédérique, la cámara se posa sobre ella, que está en la cama y que a su lado tiene una pistola y un cómic de *cowboys*. En otro momento, juega por el pasillo y la escalera de su inmueble, disfrazada con un sombrero y una pistola, transformada en un vaquero de los de las viñetas. Interpreta a los dos personajes del duelo y se desplaza de una punta a otra del lugar, para ser a la vez quien dispara y quien resulta herida. Se trata tanto de un ensayo, como los que llevan a cabo las compañías teatrales, como de un juego. Pero ¿qué hay bajo el sombrero, en la empuñadura del revólver? Son los rastros del *western,* las huellas del género, la evidencia de la ficción. Como sucederá años después en *Le Pont du Nord,* el género encarna los rasgos más firmes de la ficción.

Frédérique pasará de tener un tebeo de *cowboys* a su lado a divertirse jugando a vaqueros, a batirse finalmente en un trágico duelo, en el que resulta herida como aquellos personajes con los que fantaseaba en los pasillos de su edificio. Hay algo trágico en el personaje. La ficción, podríamos decir, se ha apoderado de ella, que termina tendida en el suelo tras un duelo que, si no fuese por el suelo de hormigón en vez de la arena del desierto, por los edificios que rodean la *coeur* donde se desarrolla el enfrentamiento, en definitiva, por el paisaje urbano, podría pertenecer quizá al *western.* Frédérique yace así en el suelo grisáceo, en un plano cenital que deja ver cómo la sangre brota de la herida de bala: es bermellón, brillante, tan espesa como la cera. La ficción está también aquí, en lo trágico.

Frédérique esconde su rostro tras una máscara. Antes, viste un sombrero. Y para confrontar a la abogada Lucie en relación con las cartas que ha robado, se ha puesto una peluca. Frédérique se camufla, juega, se disfraza. Mientras, Colin, el otro personaje satélite, que orbita alrededor de los trece, se hace pasar por periodista y por sordomudo. Los dos están inmersos en una pesquisa detectivesca, en una maraña imposible de desenredar. Los dos son cuerpos individuales que quieren comprender las acciones del colectivo. Los dos están interpretados por actores, Juliet Berto y Jean-Pierre Léaud, sin los cuales no se podría explicar la historia de la *nouvelle vague*. Una de las escenas más expresivas de *Out 1* discurre cuando Colin sale de las oficinas de *Paris Jour,* gesticulando exageradamente. Frédérique y Colin: ellos son la ficción.

«Para hacer una película necesitas dinero [...]. Y una historia, de amor, a poder ser». Así comenzaba *Todo va bien,* una de las primeras películas de Jean-Luc Godard después del mayo del 68, que intentaba desgranar qué es esto del cine narrativo. El presupuesto y el romance se presentan como dos de los ingredientes de la fórmula, que Godard se dispone a cuestionar en una película de un marcado carácter político y con un inicio tremendamente irónico. ¿Cómo evidenciar los mecanismos de la ficción, del truco cinematográfico?

Godard y Rivette definen su posicionamiento político a través de la puesta en escena, se cuestionan las maneras de una ficción que tiene que ver tanto con lo narrativo como con los sistemas económicos y se interrogan sobre el estado de las cosas tras el mayo del 68.

> Respecto a los Trece —escribe Balzac—, el autor se siente apoyado con suficiente solidez por los detalles de esta historia casi novelesca para abdicar incluso de uno de los más bellos privilegios de novelista de los que se tiene noticia y que, en el Châtelet en que se subasta la literatura, podría adjudicarse a buen precio, e imponer al público tantos volúmenes como los que le dio la CONTEMPORÁNEA[76].

El autor de *La comedia humana* apenas se refiere a los trece en el prefacio que da comienzo a la trilogía iniciada

---

[76] Honoré de Balzac, *Ferragus...*, pág. 13.

por *Ferragus;* luego, aquellos «trece hermanos que se pertenecían y desconocían en el mundo» desaparecen para convertirse apenas en un temblor de fondo, soterrado bajo el drama entre el protagonista Maulincour, su amada Madame Jules y el padre de esta, el terrible Ferragus, que en otros tiempos fue el jefe de los Devorantes. En *Out 1,* el director teatral Thomas plantea que quizá Prometeo deba ser sacrificado, relegado a un mero punto de partida. Rivette, por su parte, no plantea una adaptación de la *Historia de los trece* de Balzac: se centra apenas en el prefacio, que despunta no como una melodía ni desde el poder fijo de lo narrativo, sino como una nota que va y viene. Se trata, en cualquier caso, de disolver lo narrativo, que hasta el segundo capítulo apenas parece una insinuación.

3

El cine sonoro ya llevaba un trecho de su camino andado cuando Fritz Lang firmó *El testamento del doctor Mabuse (Das Testament des Dr. Mabuse,* 1933), una película hablada que comenzaba como una cinta muda, cuando un agente de la policía era descubierto en plena operación secreta e intentaba huir de sus perseguidores. Cinco minutos después del arranque, se establece al fin un diálogo. El cine mudo se desvanece, y la palabra, que ya se había presentado en sociedad años atrás, hace su comparecencia. Es más, *El testamento del doctor Mabuse* podría ser precisamente una película sobre la imagen y la palabra, la de un Mabuse que, como el mago de Oz, se esconde tras un micrófono. Mabuse es voz, verbo y texto. Su figura apenas es una silueta de cartón oculta tras una cortina, y su discurso lo conforma su escritura delirante, que de repente cobra sentido cuando un médico al que se le han caído las anotaciones de Mabuse ordena los papeles y descubre sus terribles directrices. *El testamento del doctor Mabuse,* la segunda película de Lang consagrada al cerebro del mal, es un festín narrativo y una celebración del ingenio: hay superposiciones, elipsis, fueras de campo, planos detalle que desvelan todo tipo de informaciones... Pocas veces el cine se mostró tan seguro de sí mismo.

Pero ¿qué tiene que ver este trepidante ejercicio de narrativa perfectamente imbricada con una película de espíritu abierto y que se construye mediante los principios de la improvisación como *Out 1?* Ambas se someten al influjo de la conspiración, la del enloquecido Mabuse y el legado que ha traspasado a su psiquiatra y la del grupo de los trece, sobre el que un pobre diablo llamado Colin da vueltas, intentando dilucidar quién es esta gente y cuáles son sus intenciones. En cierta manera, también, la película de Rivette, como la de Lang, propone un viaje desde el cine mudo a la palabra. El joven Colin se presenta como un personaje silente, cuando luego resulta que sí que habla. De la misma manera, las *troupes* de Thomas y Lili comienzan desde la fisicidad, prescindiendo de las palabras de los textos que van a adaptar, para luego ir acercándose a ellas, como quien seduce lentamente.

En *Out 1,* Colin se presenta como un joven sordomudo, que gana unas monedas taladrando con su armónica los oídos de los clientes que se sientan bajo las marquesinas de los bistrós. Colin parece un mimo, al menos hasta que en el cuarto capítulo de la película, cuando ya han transcurrido casi cinco horas de metraje, se larga a charlar. ¡Colin habla!, podríamos decir, usando la misma frase con la que se anunciaba *El gran dictador (The Great Dictator,* 1940), la película con la que Chaplin, que renegó durante una década del diálogo sonoro, se apoderaba al fin del verbo. Cuando Colin se pone a platicar, el espectador se sorprende, mientras algunos de los personajes de la película se muestran igualmente desconcertados. Solo desde una libertad insólita, este tránsito de la gestualidad propia del mudo a la palabra se puede plantear de manera tan sencilla. Sin excusas ni grandes alardes narrativos, Colin pasa del silencio a declarar su amor por Pauline en voz alta, sin saber que ella le está escuchando desde la habitación contigua.

Se trata de una de las escenas más bellas de la película: se evidencian dos espacios dentro del mismo plano, y los personajes aparecen separados mientras Colin cree hablar solo y Pauline escucha en secreto. No basta, así, con la palabra, que Colin suelta sin conocer que la destinataria de sus pasiones escucha al otro lado de la pared: la comunicación se revela como un imposible. No en vano, cabe recordar que el subtítulo de *Out 1* es *Noli me tangere:* no me toques; y la película versa precisamente sobre las posibilidades y las dificultades del contacto.

Epílogo

Como otras películas de larga duración, *Out 1* se estructura a partir de capítulos. En *Sátántangó* (1994), Béla Tarr articuló a lo largo de ocho horas un entramado de puntos de vista de los habitantes de una pequeña comunidad húngara. La película se dividía en episodios y la pesadumbre iba acorde con el paso del tiempo, calmo y firme, como los mismos *travellings* de seguimiento que planteaba Tarr, en un paisaje enfangado, llano y azotado por el viento. La duración, a veces, termina siendo el argumento recurrente a la hora de abordar estas películas, pero el tiempo, y más en el cine, no tiene un único perfil. Aunque *Sátántangó,* una suerte de monstruo fílmico, se hace inmensa por su duración, su esencia es bien distinta de la de *Out 1.* Rivette dilata el tiempo con voluntad liberadora de ceder espacio para la improvisación, de permitir la entrada de la vida y de invitar a sus actores a que intervengan en el guion. La puesta en escena de Tarr férrea se elabora a partir de un cálculo tremendamente fascinante. En ambos casos, la duración no es banal, y de hecho no son películas que aborden cuestiones banales, pues en el fondo las dos se sitúan en tiempos de crisis, y estos siempre son interesantes para la creación cinematográfica. Sin embargo, las horas que conforman cada una de estas películas responden a motivaciones diferentes, a dos formas de puesta en escena. Con *Out 1,* Rivette confirmaba algo que ya había comenzado a elaborar en *L'amour fou,* la idea de la apertura, de la improvisación y de la predisposición como una forma radical de puesta en escena.

1974. Céline et Julie vont en bateau *[Los locos viajes de Céline y Julie]*

Toda la culpa fue del gatito negro (Lewis Carroll).

A menudo, las cosas comienzan sencillamente así: en un parque soleado, ante la presencia de un gato, dos mujeres se cruzan. Una de ellas se fija en que a la otra se le han caído las gafas de sol al suelo, y decide perseguirla. Los anteojos no son más que una excusa para propiciar el tropiezo de una con la otra. *Céline et Julie vont en bateau* empieza así poniendo en escena la casualidad del encuentro. La historia de Céline y Julie no se impone, sino que se va encontrando, poco a poco. Primero, como un juego de pistas, el de las prendas que va dejando Céline (Juliet Berto) y que Julie (Dominique Labourier) va recogiendo mientras la persigue. Luego, como una búsqueda: la de una a la otra, pero también la indagación sobre un posible crimen. A través primero de unos caramelitos y luego de una pócima mágica, las dos mujeres serán espectadoras de una trama que se repite una y otra vez en una mansión, y de la que finalmente no serán solo observadoras, sino también protagonistas activas.

En cualquier caso, la película ya no es, pues, un artilugio cerrado, sino una obra abierta, que invita juguetonamente al azar. La casualidad del primer encuentro entre Céline y Julie define el arranque de la película. Y el final aparece atravesado por la idea de apertura, cuando, de nuevo, se produce un encuentro en el parque entre las dos mujeres, solo que ahora es Céline quien observa y persigue a Julie. Los roles se han intercambiado, pero, además, parecería que todo se dispone para que la película pueda comenzar otra vez. Rivette hace suyo uno de los principios de la modernidad: el de la obra abierta. En el cine moderno se da una renuncia a la clausura, herramienta eminentemente clásica: Rivette plantea así una película sumamente moderna, desde cada uno de sus principales postulados.

En este punto, me resulta difícil no recordar la descripción que el propio Rivette hacía del arte moderno, uno de sus principales caballos de batalla a lo largo de su trayectoria como crítico. En 1955, Rivette escribió: «El arte moderno es conciencia», «todos los elementos de eficacia se reúnen, [...] en lugar de estallar en el exterior, reaccionan en el interior del espectador. En resumen, él, testigo pasivo del arte clásico, se convierte en participante activo del trabajo moderno»[77]. ¿Y acaso no son eso Céline y Julie? ¿Espectadoras que *devienen participantes* de una obra que se desarrolla frente a ellas? Para Rivette, el arte moderno era precisamente ese gesto que se encuentra en su película: el de cruzar al otro lado para intervenir *activamente* en aquello que están viendo.

En la obra cinematográfica de Rivette es recurrente la presencia de la duplicidad, de dos mundos diferentes, de dos esferas. En *Céline et Julie vont en bateau,* esas dos mujeres que se han cruzado en el parque y que son, de hecho, la una doble de la otra, descubren y presencian, repetidamente, una intrigante trama que está teniendo lugar en una casa. Las dos mujeres, Céline (morena) y Julie (pelirroja), acceden al edificio en un viaje alucinado. Primero, observan los acontecimientos, dispersos como piezas de un rompecabezas: la huella de una mano ensangrentada, una niña que aparentemente muere, un presunto asesino que

---

[77] El texto, titulado *Du cinéma moderne,* se ha publicado recientemente en forma de apuntes en el libro *Jacques Rivette: textes critiques*. Los editores lo incluyen entre los textos inéditos de Rivette, pues no llegó a publicarse en su momento.

permanece sin identificar. Luego, ellas mismas se convierten en un personaje de la trama (la cuidadora) y se codean con las otras figuras de esta intriga de tintes detectivescos, en la que hay otras dos mujeres (una rubia y otra morena). El puente entre estos dos mundos, entre el apartamento de Julie donde viven ambas y el caserón, se crea, sobre el guion, mediante la intervención lisérgica de las pastillas; y, en cuanto a la puesta en escena, mediante un sencillo plano contraplano. En este sentido, la escena de Juliet Berto y Dominique Labourier, las dos actrices que encarnan a Céline y Julie, respectivamente, comentando lo que están viendo (viviendo) resulta reveladora. Rivette las filma en un plano frontal, mientras ellas miran, como espectadoras de una película proyectada en su salón. Con tan solo un contraplano —y con la mediación de los caramelos azules y anaranjados que toman antes de cada *trip*—, las dos protagonistas entran en la ficción, en el film de intriga que tiene lugar en la misteriosa mansión.

Al referirse a la obra de Rivette en *La imagen-tiempo,* Gilles Deleuze habla de una posición entre «bastidores». Estos son, por así decirlo, la línea fronteriza entre un espacio que es todavía de la «vida» y un espacio que pertenece ya a la «ficción». Deleuze escribe:

> *Céline et Julie vont en bateau,* después del paseo-persecución de la joven doble, nos hace asistir al puro espectáculo de su fantasía, chiquilla de vida amenazada en una novela familiar. El propio doble, o más bien la doble, asiste a esa novela a través de los caramelos mágicos; después, gracias a la poción alquímica, se introduce en un espectáculo que ya no tiene espectador sino únicamente bastidores, para salvar finalmente a la niña de su destino sellado, con la barca llevándola a la lejanía: no hay cuento de hadas más alegre[78].

---

[78] Gilles Deleuze, *La imagen-tiempo,* pág. 23.

Las palabras de Deleuze evidencian que estamos ante uno de los grandes momentos mágicos del cine. Si hay una película en la filmografía de Rivette que nos sirva como ninguna otra para explicar por qué amamos el cine, esta es *Céline et Julie vont en bateau.*

A través del plano de las dos protagonistas, planteado como un cuadro colorista y alegre, en el que sobre el fondo azul de la pared el gesto de las dos actrices resulta a menudo risueño, Rivette se adentra en lo desconocido, en un agujero fuera del alcance de las leyes del espacio y del tiempo, el lugar donde se gesta la ficción. En *Céline et Julie vont en bateau* deja de existir la separación entre la realidad y lo ficticio, ya no hay diferencias, sino únicamente un espacio entre espacios. Si en buena parte de su filmografía ese ámbito entre bastidores se materializaba de la mano del teatro *(L'amour fou, Out 1, L'amour par terre, Vete a saber,* etc., se sitúan precisamente en ese sitio intermedio, entre la ficción que se va a realizar y la vida misma), en *Céline et Julie,* los bastidores no son algo tangible, sino una suerte de lugar mágico, el espacio mismo de la creación de la ficción.

Años más tarde, en *Vete a saber,* Rivette planteó a través del teatro «el tema de la verdad y la mentira», presente ya en *Céline et Julie vont en bateau* y motivo de algunas de las películas sobre las que Rivette había escrito en *Cahiers du Cinéma:* desde *Más allá de la duda (Beyond a Reasonable Doubt)* hasta *Yo confieso (I Confess,* 1953). En ambas, las palabras hacen trampa, deforman, traicionan; mientras que el cuerpo, él, es *honesto.* «En *Céline et Julie,* todo lo que dice Céline es falso (falso, su "último safari en África"; imaginarios, los enemigos que la persiguen; inventados, la millonaria americana y su piscina en forma de corazón)»[79]. Es más, una de las críticas que le hacen a su espectáculo de magia es precisamente que es demasiado falso.

---

[79] Hélène Frappat, *Jacques Rivette, secret compris.*

> Sin embargo, todo lo que dice *se convierte* en verdadero desde el momento en que lo interpreta: la calle de Nadir aux Pommes existe cuando ella la pisa; la casa encantada existe cuando ella entra; la fábula cobra vida cuando ella produce actos[80].

Lo que sucede en la casa se inspira en una de las obras quizá menos conocidas de Henry James. *La otra casa* es una novela que se articula a través de los diálogos de sus personajes, con sus relaciones oficiales y sus deseos furtivos. Cuenta una historia que se desenvuelve alrededor de una promesa: en su lecho de muerte, Julia Bream le hace jurar a su marido Tony que él no volverá a casarse mientras la hija de ambos viva. Tras la muerte de Julia, Tony comienza a desarrollar sentimientos por la cuidadora de la niña. Mientras, una amiga de la infancia de Julia, Rose Armiger, está enamorada de Tony a la vez que está prometida con otro hombre. Rivette se fija en un episodio que sucede hacia el final del libro. Rose se va con la cría a dar un paseo, pero regresa sola. Rivette toma la novela de James para crear ese universo al que viajan Céline y Julie, un mundo con dos mujeres y un hombre (se supone que el viudo), y una niña que parece que es la víctima de un crimen atroz. Esa ficción se repite, una y otra vez, hasta que al final las dos protagonistas rescatan a la pequeña. O lo que es lo mismo: al final, Rivette salva a la niña. El desenlace discurre, pues, de manera diferente a la novela de James. Sin embargo, hay un detalle curioso respecto a la historia de la elaboración de *La otra casa:* según explica Gerard M. Sweeney, en los *Cuadernos de notas* donde se recogen los apuntes para la novela, James escribió un final muy distinto para la niña. En los *Cuadernos,* una de las mujeres intenta envenenar a la cría, pero esta se recupera y sobrevive. Es decir, que la propuesta de Rivette se acerca más a lo que James proyectó en sus apuntes que

---

80 *Ibíd.*

a lo que finalmente plasmó en la versión definitiva de la novela *La otra casa.* No sé si Rivette conocía los *Cuadernos de notas* de James o si había leído *La otra casa* y finalmente decidió cambiar el final de manera que la niña en vez de morir sobreviviera; en cualquier caso, no deja de ser revelador que *Céline et Julie* se asemeje más a la versión inacabada y abierta (el bosquejo de una novela presente en los *Cuadernos)* que a la obra cerrada (la novela ya acabada y publicada).

Como es habitual, cuando Rivette adapta una pieza literaria, esta aparece solo como una nota que suena de fondo, una suerte de halo lejano que impregna la película. Lo que leemos en la novela no es exactamente lo que Céline y Julie observan y viven. Aunque se le parezca mucho, en la película de Rivette, la trama de la novela de James aparece sugerida, fragmentada y modulada: como al comienzo de la película con las prendas de ropa, todo parece un juego de pistas o un complot. Pese a las diferencias entre película y novela, hay un detalle que me parece relevante y que está en el comienzo del libro de James. *La otra casa* arranca, curiosamente, a través de la figura de una especie de «espectadora». La señora Beever, una mujer mayor, vecina de los Bream (la pareja que perpetra la promesa sobre la que girará todo el drama), y a quien James describe así: «Era una observadora atenta, aunque desprovista de crueldad, de lo que estaba pasando, como siempre decía, en la otra casa»[81]. Y así, con apenas una frase, se disponen las piezas de *Céline et Julie,* una película en la que dos mujeres «observan» «lo que sucede» en «otra casa».

Céline et Julie gira en torno a lo infantil, en torno al juego, a lo lúdico, al azar; ese es su tono, a través del cual se articula su reflexión sobre la modernidad. A la vez, hay algo en

---

[81] Henry James, *L'autre maison,* París, Unión générale d'éditions, 1990, pág. 9.

esa inocencia que acerca la película a la inocencia del cine, a su periodo mudo. Hay, de nuevo aquí, como en otras películas de Rivette, una genealogía que va desde Feuillade hasta Franju, y que tiene que ver con el juego, con un cine de los orígenes, con el disfraz y con la fisionomía parisina. En 1963, Rivette escribía sobre *Judex,* de Franju:

> Secreto en el origen del cine, que está aquí como si ya no fuera un secreto. Pero al mismo tiempo, nuestro asombro ante él: Franju es a la vez quien, a través de la ciencia, lo encuentra, y el moderno que le sabe perdido —y asombrado por su poder, espiándolo, afirmándolo finalmente en este escrúpulo[82].

Una de las cosas más hermosas de la película es su desprejuicio a la hora, por ejemplo, de trazar la relación entre sus dos protagonistas. Julie persigue a Céline; y Céline, luego, buscará a Julie, primero en la biblioteca donde esta trabaja y luego en su casa. Es cierto que Céline está huyendo y que es por esto que se refugia en el apartamento de Julie, pero las motivaciones de la bibliotecaria para perseguir y jugar al gato y al ratón con Céline son ignotas. No sabemos qué motiva a estas dos mujeres a embarcarse juntas en la aventura, y lo cierto es que da igual. Hay cosas que no necesitan ser explicadas, y esta es otra de las aperturas de una película que no escribe a sus personajes bajo una psicología cerrada. Hay, de fondo, la intención de huir de la explicación. No es extraño, en este sentido, el parentesco (presente en diversas ocasiones en este libro) entre el cine de Rivette y el de David Lynch. Es sumamente curioso cómo dos películas tan singulares como *Céline et Julie* y *Mulholland Drive (Mulholland Dr.,* 2001) se asemejan, tanto en su aproximación a los mecanismos de la ficción como en su insistencia en la apertura. *Mulholland Drive* es una pe-

[82] Jacques Rivette, *Textes critiques,* pág. 240.

lícula escindida en dos partes, que parecen ser las dos caras de un mismo espejo; en el fondo, es como si Lynch hubiese decidido tomar el final abierto de *Céline et Julie,* en el que las dos protagonistas han invertido sus roles, y construir a partir de ahí la segunda parte de su película. El tono es distinto, sí (en Rivette hay luminosidad, en Lynch hay una propensión hacia la oscuridad), pero las dos se manejan alrededor del doble, tanto el de la ficción y su reverso como el de dos mujeres que son una y la otra a la vez.

Al poco de conocerse, Céline *ahuyenta* al «novio» de infancia de Julie haciéndose pasar por ella. Céline queda con él en una glorieta, los dos vestidos de blanco, y ella, decididamente *disfrazada* de Julie, emulando sus gestos. La escena apela a la esencia del musical y anticipa uno de los números de baile de *Alto bajo frágil.* Mientras Céline y el antiguo novio de Julie danzan, los niños observan entre risas. La inocencia infantil, la mirada curiosa, se manifiesta, evidenciando ese tono lúdico en el que insiste la película. A la vez, esta *conversión* en la otra, que culmina al final cuando todo vuelve a comenzar con los roles invertidos, ya está presente desde el principio de la película.

Este proceso de transformación tiene uno de sus momentos más icónicos frente a un espejo, en el que se revela que Julie se ha convertido definitivamente en Céline [17]. En el caserón, las dos interpretan siempre a la cuidadora, cada una por turno (¿o es acaso las dos a la vez?). En un momento, la cuidadora interpretada por Céline limpia la sangre de la herida que se ha hecho una de las dos mujeres de la casa (Bulle Ogier). De repente, se observa en el espejo que tiene delante. La cámara *baja la vista* a la herida de la mano, a la sangre que brota; y al volver a subir, por corte, descubrimos que quien se contempla en el reflejo ya no es Céline, sino Julie. La transformación se ha completado.

El final de *Céline et Julie* es tan fantástico como poético, con las dos protagonistas y la niña paseando en barco por el

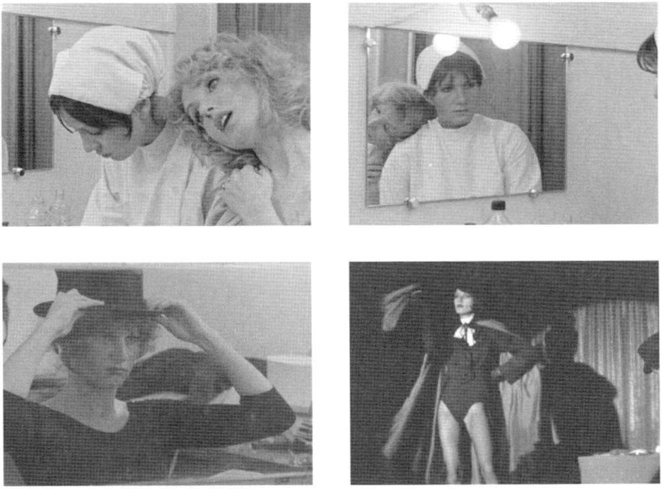

[17] Las transformaciones de Julie y Céline.

río, con las imágenes en silencio, mientras se cruzan a los tres adultos de la casa, de la ficción (las dos mujeres y el hombre), posando como estatuas fantasmagóricas. Rivette conduce la película como un barco, que traza un trayecto hacia un final mágico, hacia una variación en el tono. En sus últimas escenas, la película se encierra al fin en el caserón, bajo una iluminación en penumbra, y mediante un tono que bascula entre lo lúdico y lo trágico. Se trata de un camino similar al de *Out 1,* un film cuyo tramo final colinda con lo fantástico, de nuevo en un caserón (en este caso, junto a la playa) y que se instala en una cierta extrañeza a partir de la puesta en escena. De nuevo, ahí, la figura del espejo resulta esencial, en el momento en que el personaje interpretado por Bulle Ogier observa su imagen, multiplicada al infinito por un juego de espejos.

Es a través del espejo como Alicia hace su viaje al «país de las maravillas», un trayecto al que se asemeja la aventura de Céline y Julie. «Un instante después Alicia había pasado a través del cristal y a continuación se había dejado caer en el salón de la Casa del Espejo», escribía Carroll. Como si aquella casa a la que hace alusión fuera precisamente la mansión en la que *se dejan caer* Céline y Julie cuando *pasan a través del cristal.* La figura del espejo es de nuevo un espacio intermedio, entre la realidad y «otro lado», entre el yo y ese otro, que se parece a uno, pero que no es exactamente el mismo.

Dennis Lim decía que «en cierta manera, *Mulholland Drive* es un *remake* de *Céline et Julie* que libera el subtexto lésbico de la original»[83]. La película de Lynch evidencia la relación amorosa entre sus dos protagonistas (una rubia y una morena), pero la correspondencia entre ambas obras se encuentra también en cómo habitan el mismo espacio, esa zona intermedia entre la ficción, la alucinación y la realidad. El número de magia de Céline tiene lugar en un teatro muy parecido al Club Silencio, aquel local donde las protagonistas de *Mulholland Drive* alcanzaban una suerte de epifanía emocional al observar el artificio del espectáculo.

Lim sostiene que *Mulholland Drive* convierte en texto un lesbianismo que en *Céline et Julie* estaba apenas sugerido en el subtexto, pero también podríamos pensar que la estética lynchiana evidencia algo que recorre *Céline et Julie,* y es la idea de *trip,* de viaje alucinatorio. A la vez, da la impresión de que Rivette sabe mostrarse explícito a la hora de pensar en el cine como en la droga, representada en ese caramelito que las protagonistas toman para viajar al otro lado [**18**]. Como Jean-Pierre Léaud en *Out 1,* Céline y Julie intentan averiguar en qué consiste el complot. Lo que observan es un juego de pistas, una serie de detalles sueltos

---

83 Dennis Lim, «A Winding Trip Reverberates in Cinema», *The New York Times,* 27 de abril de 2012; https://www.nytimes.com/2012/04/29/movies/revisiting-jacques-rivettes-celine-and-julie-go-boating.html.

[18] Caramelos mágicos.

que se presentan como un rompecabezas que irá tomando forma: el dibujo de una mano ensangrentada, una almohada, una inyección. Tras una de sus incursiones en la casa, Julie sale de ahí muy afectada. La idea del viaje es tan literal (el trayecto final en barco por el río) como metafórico, en el sentido de experiencia psicotrópica. Quizá hay que pensar en Rivette fuera de los prejuicios que rodean a su figura: *L'amour fou,* por ejemplo, es una obra sumamente emocional, una de las películas más hirientes en torno a la intimidad y la desintegración de la pareja, y con *Céline et Julie* tocaba al menos dos cuestiones sobre las que pivota una cierta contracultura: las sustancias alucinógenas y los roles de género. Eso sí, lo hacía a su manera.

Si bien es cierto que podemos leer el lesbianismo entre las líneas del subtexto, quizá sea interesante también pensar en *Céline et Julie* a partir de otra apertura, una que tendría que ver con una concepción de la sexualidad alejada de los cánones. Rivette hizo *Céline et Julie* a comienzos de los años setenta. En aquella misma época, Laura Mulvey, entre otras, publica uno de los textos fundacionales de las teorías fílmicas feministas. En la película de Rivette hay dos protagonistas, que viven juntas, que rescatan a la niña, que son la una y la otra a la vez. Al desaparecer la figura masculina, se desarticula cualquier estructura patriarcal que favorezca la mirada masculina. *Céline et Julie* supone la primera exploración, por parte de Rivette, de un universo eminentemente femenino. Lo interesante, como vimos en el capítulo dedicado a su manera de subvertir la construcción de género, es que este será el inicio de una indagación mucho más compleja y transgresora en torno a la expresión de género.

Para Robin Wood, por ejemplo, el retrato del lesbianismo de *Céline et Julie* es «equívoco»[84], porque, por un lado, hay una conversación entre Céline y algunos de sus compañeros, a quienes habla indirectamente de Julie aclarándoles que «ella no es lesbiana». En cambio, queda claro que comparten cama y sin duda existe hacia el final de la película la intención de un proyecto común, articulado alrededor de la niña. Wood describe la relación como «presexual»[85] e incluso apunta que la película podría haber ido más allá. Esta noción de lo «presexual» que expone Wood entronca claramente con el retrato del universo de la infancia, evidenciado a lo largo de la película a través del juego. Las protagonistas de la película de Rivette no se presentan abiertamente como lesbianas, sino que es como si la película propusiera más bien navegar hacia otro lugar, que tampoco es el de lo heteronormativo.

Céline et Julie vont en bateau se inicia con una persecución entre las dos protagonistas, mientras se reitera un mis-

---

[84] Robin Wood, «Two Films of Jacques Rivette», *Film Quarterly*, vol. 35, núm. 1, otoño de 1981, págs. 2-12.

[85] *Ibíd.*

mo gag puramente gestual: a una se le van cayendo objetos, ahora el fular, ahora las gafas; y la otra los va recogiendo, haciéndolos suyos. Manny Farber capturó así la esencia cómica de esta primera secuencia: «el esquivarse como Laurel y Hardy del principio de *Céline et Julie vont en bateau* contiene a una cumplidora ladrona persiguiendo a la otra a través de París para devolver un libro olvidado en un banco del parque»[86]. Deleuze no dudó en afirmar sobre el film de Rivette que «es sin duda uno de los más grandes films cómicos franceses, junto con la obra de Tati»[87]. En la comicidad impera la repetición, la misma a la que Rivette se refirió al escribir sobre Howard Hawks y sobre el trasvase continuo entre lo dramático y lo cómico:

> Las comedias dan a esta monotonía otro rostro: la repetición reemplaza en ellas el progreso, como la retórica de Raymond Roussel sustituye a la de Péguy; los mismos hechos, repetidos sin cesar, agravados con un empeño maniático, una paciencia de obseso, giran y giran sin cesar, como aspirados por cierto *maelstrom* irrisorio[88].

Céline et Julie vont en bateau se desarrolla según esta máxima. Posee, de esta manera, rasgos que pueden ser relacionados con la comedia, y su tono, la alegría a la que se refería Deleuze en su texto cuando explica el final del relato que tiene lugar dentro de la mansión, resulta fundamental para que este afirmara que se trata de una de las mejores películas cómicas francesas junto a la obra de Tati. Sin embargo, el propio Deleuze apunta también a otros géneros (nombra la fantasía y el cuento de hadas) y es la propia

---

[86] Manny Farber, *Negative Space,* Nueva York, Da Capo Press, 1998, pág. 339.

[87] Gilles Deleuze, *La imagen-tiempo,* pág. 23.

[88] Jacques Rivette, *Textes critiques,* pág. 65.

película la que señala hacia el melodrama: cuando al final las dos protagonistas han logrado alcanzar su objetivo y salvar a la niña, todos los personajes se reúnen —como años después sucederá en *Vete a saber*— en el salón para celebrarlo con música; entonces Céline cambia el disco y afirma que ya no se encuentran en un melodrama.

En *El terror de las chicas,* de Jerry Lewis, hay una espléndida escena de baile, en la que el protagonista, un hombre que trabaja en una residencia para mujeres, entra en una habitación que tiene vetada. Ahí, baila con una mujer con pasamontañas, una figura misteriosa como el mismo lugar, una habitación cuyas paredes desaparecen para revelar un espacio amplio, infinito. Al salir de la habitación, el personaje interpretado por Lewis exclama maravillado: «lo que la imaginación puede hacer para ti», pero enseguida encuentra el pasamontañas de la mujer en su bolsillo..., entonces, ¿y si todo lo que ha vivido no ha sido producto de la imaginación sino que ha sucedido *realmente?* En el cine de Rivette, siempre hay una apertura. Al final de *Histoire de Marie et Julien,* por ejemplo, todo comienza cuando la película termina, cuando los dos amantes se reencuentran, tras haber cruzado el umbral que separa el mundo de los vivos y el de los muertos. Él no la reconoce, pues acaba de despertar, y todo puede volver a suceder. La película queda abierta a partir de la idea de la reiteración. Lo mismo sucede en *Céline et Julie vont en bateau,* cuando al final las dos protagonistas se vuelven a cruzar en el mismo parque. Cuando despiertan, Céline y Julie ven que la niña *realmente* está ahí. Si antes cruzaron hasta la ficción, ahora es el personaje de aquella ficción quien irrumpe en el apartamento de las dos mujeres. La fantasía se pone así en duda: ¿es todo producto de la imaginación o es real?

Al final, en el parque, ellas se encuentran de nuevo por azar, solo que ahora han intercambiado sus roles. Un gato nos mira, un gato las mira. A veces creo que esa mirada, curiosa y felina, es la del propio Rivette.

1976. Duelle (une quarantaine)

> En Francia, la menstruación se llama «el momento de la Luna», y entre los maoríes es «la enfermedad lunar». A menudo, las diosas lunares, Diana, Artemisa, Hécate, Anaítis o Freyja, tienen atribuciones ginecológicas (Gilbert Durand).

«Tan solo las mujeres pueden ser extraterrestres. Los hombres no tienen ningún tipo de sentido cósmico que les supere»[89], decía Rivette en una entrevista en septiembre de 1976 y con motivo del estreno de *Duelle*. El viraje hacia la preponderancia de las mujeres, iniciado en *Céline et Julie vont en bateau,* le había llevado hasta *Duelle,* una película en la que lo dual no se expresa a través de una concepción binaria de la sexualidad, como sucedía en *L'amour fou,* sino mediante dos poderes encarnados por sendas actrices, Bulle Ogier y Juliet Berto, que interpretan, respectivamente, a una divinidad hija del Sol y a una descendiente de la Luna.

Duelle se gesta en torno a la dialéctica entre lo diurno y lo nocturno, entre la realidad y una dimensión cósmica. La más fantástica de todas las películas de la cosmología rivettiana está puntuada constantemente por planos de la Luna, un astro con connotaciones esencialmente femeninas. La presencia de la Luna, tenue punto de luz en la oscuridad cerrada de la noche, insufla un tono poético a una película sumamente singular, con imágenes seductoras y poderosas.

---

[89] Las declaraciones se producen en la revista *Télérama,* 15 de septiembre de 1976, y las recoge la web del Centre Pompidou: https://www.centrepompidou.fr/es/programa/agenda/evento/cXboy7e.

En *Duelle,* poco a poco, una trama se va tejiendo, como una maraña: Pierrot tiene una hermana, Lucie, y los dos se interponen entre una piedra con poderes mágicos y Leni y Viva, dos diosas, hijas respectivamente de la Luna y del Sol. Estas dos divinidades, encarnadas por Berto y Ogier, transitan por la tierra a lo largo de un tiempo que va del final del invierno al principio de la primavera. En concreto, se instalan en un París que prefigura la ciudad de cariz fantástico de *Le Pont du Nord,* la película con la que Rivette daría la bienvenida a los años ochenta y una suerte de film-bisagra en el conjunto de su obra. En *Duelle,* los personajes habitan viejos salones de baile, locales de ensayo de danza, un acuario de noche o las entrañas de un hipódromo brumoso..., viven en pequeñas habitaciones de hotel o en «lugares siniestros», tal y como le dice Lucie a Pierrot en un momento de la película. La película, concebida bajo el influjo fantástico de Gérard de Nerval, es un prodigio a la hora de crear un universo propio a partir eminentemente de los espacios.

Leni, la divinidad lunar, se ve amenazada por los rayos del Sol, en una escena de una gran sencillez expositiva y de una fuerza visual extrema: en un duelo con un hombre en medio del pasillo de un hotel, él va abriendo las puertas de las distintas habitaciones para dejar entrar la luz, que hiere a Leni [**19**]. La escena pone en evidencia uno de los elementos más bellos del cine de Rivette: su capacidad para abordar lo fantástico sin necesidad de recurrir a los efectos especiales, a partir de la puesta en escena, de los elementos tangibles. Lo fantástico emerge como algo orgánico, sencillo.

Para la fantasía, Rivette esgrime paisajes urbanos, que podrían ser reales y cotidianos, pero que se cubren con el velo de la extrañeza [**20**]. La escena en el hipódromo resume este abrazo que lo fantástico da a lo real: mientras Ogier pasea por el lugar, vestida con un llamativo traje dorado, la cámara en mano la sigue y la gente a su alrededor se gira y

[19] Leni y Pierrot: duelo a la luz de un pasillo.

la mira. ¿Qué llama la atención? ¿Será el chaleco brillante? ¿El rostro de la actriz? ¿El carácter mitológico del personaje? ¿O, sencillamente, la presencia de la cámara en este escenario real? En esta realidad se incrusta lo fantástico, mediante la bruma, el atuendo estrafalario y el paso de la cámara que sigue el avanzar impasible de los personajes. Filmado así, el hangar, que debe de ser el interior de un hipódromo, donde se realizan las apuestas, parece otro lu-

[20] Escenarios fantásticos.

gar, surgido de un mundo que no es necesariamente el nuestro. Quizá valga la pena realzar aquí que esta era la primera vez que William Lubtchansky se encargaba de la fotografía en una película de Rivette. A partir de entonces, lo haría casi siempre.

Como Louis Feuillade primero y Georges Franju después, Rivette inserta lo fantástico en lo cotidiano. Hay, en ambos casos, esa concepción de la ciudad como organismo vivo que Rivette plasmaría, de manera más que fascinante, en *Le Pont du Nord,* retrato de una ciudad en tránsito, mutante, el París de los primeros ochenta.

En *Duelle,* la ciudad es, de nuevo, una serie de espacios comunes pero poco reconocibles, de escenarios que, mediante la puesta en escena, se convierten en otra cosa. En una de las escenas de la película, Pierrot se encuentra con Viva en el interior de una estación de metro de la línea 11, con los pasillos cubiertos con sus tradicionales baldosas blancas. De improviso, Viva, que cree que es Pierrot quien posee o conoce el paradero de la dichosa piedra, sale de uno de los pasadizos. Cuando Pierrot intenta huir en la otra dirección, la divinidad solar encarnada por Ogier aparece en el pasadizo contrario, de nuevo frente a Pierrot, que se gira para descubrir que, allá donde mire, allá donde vaya, estará Viva, capaz de multiplicarse y de aparecer en cada una de las encrucijadas de los pasillos laberínticos del metro parisino. Vacíos, los quiebros y recovecos de la estación se tornan en una trampa dispuesta por Viva y de la que Pierrot no puede escapar. Cuando ella al fin desaparece, la cámara se retira para descubrir a Pierrot desconcertado, mirando a todos lados para comprobar que Viva ya no está. Rivette apenas precisa del montaje y de este espacio tan cotidiano como enrarecido para otorgar una cadencia fantástica a la escena, una exhibición de los poderes de Viva.

Lo fantástico atraviesa el cine de Rivette, tan propicio a instalarse en la apertura, por donde se cuelan los fantasmas o la magia que en *Céline et Julie vont en bateau* permite a las protagonistas transitar de la realidad a otra dimensión, la de una mansión donde la ficción es la razón de ser. Sin embargo, y exceptuando quizá precisamente *Céline et Julie vont en bateau,* en la obra de Rivette, lo fantástico venía siendo un halo, un tono, el timbre de una nota fija que suena de fondo. En *Duelle,* lo maravilloso explota en secuencias fascinantes que no solo ponen en evidencia la esencia mágica de una trama en torno a estas dos descendientes del Sol y la Luna y una piedra con poderes, sino que revelan la materia fantasmagórica del cine. Se trata de una de las películas más explícitamente fantásticas de Rivette, no solo por su argumento, sino por las imágenes que propone en una serie de *set-pieces* deslumbrantes, que no precisan de un gran presupuesto para resultar visualmente exuberantes.

En uno de los momentos más seductores de la película, el montaje desvela el tránsito de Viva y Lucie de un hangar oscuro a un terrado iluminado con antorchas prendidas de fuego. Viva agita una suerte de varita mágica, y el gesto propicia el paso de un espacio a otro, pero sobre todo denota el gusto por el juego y por la imaginación como herramienta esencial para la construcción del imaginario fantástico. La acción de Viva encierra la dimensión lúdica de una película que se abre precisamente con un pasatiempo infantil: Lucie hace equilibrios sobre una gran pelota de goma.

Viva es capaz de esto, de agitar su varita para modificar el entorno; y el director le corresponde y plantea una cisura que ponga en escena ese tránsito. El nuevo escenario, este terrado rodeado de fuego, se revela a partir del reflejo en una vidriera, una imagen a su vez fantasmal, borrosa. El cine de Rivette está lleno de espejos, que aquí revelan esta dialéctica, esta posibilidad de una dimensión gemela.

El personaje interpretado por Berto se presenta en algunos momentos con capa, en otros con traje y corbata, y su porte es seductor **[21]**. Su aspecto es, pues, cercano a la androginia, y la concepción cerrada del género desaparece. En este sentido, Rivette fue un cineasta sumamente singular: insistió en situar a las mujeres en el centro de su cine, sin histerias y a veces sin romances. En una inmensa sala, Leni se encuentra con Elsa, a quien besa y luego empuja, sin tocarla, a encontrar a Viva y enfrentarse a ella. La mano de Leni se extiende, y con apenas ese gesto, invita a Elsa a actuar en su nombre. Más tarde, la mano de Elsa amenaza a Viva, de

[21] Leni: diosa andrógina.

nuevo sin tocarla, hasta que esas mismas manos se enredan en el cuello de su víctima para intentar estrangularla.

Duelle es una película dual, ya desde un título que apunta hacia lo doble en su fórmula en femenino —terminada en «elle» en vez de en «el». Va de un polo a otro: el de los humanos y el de lo mítico, el del Sol y la Luna, el de lo dorado y lo azulado, el de Viva y Leni, que cuando al fin se encuentran frente a frente revelan precisamente su naturaleza, tan dispar y tan semejante, las dos caras de una misma moneda. El choque entre ambas se produce en el ecuador de la película, en un largo pasaje de una belleza deslumbrante, cuya plasticidad resulta cambiante: transita de la expresividad del montaje a la maleabilidad de los cuerpos.

Todo comienza en un baile, en un local donde los diversos personajes se han reunido. De fondo, suena una melodía, en vivo; pues *Duelle* es, también, una película sobre la música, sobre esos tangos que suenan en algunas de las escenas, de manera de nuevo extraña, porque los intérpretes están ahí, con sus instrumentos, mientras los personajes dirimen sobre el paradero de la piedra. Los personajes bailan unos con otros y sus figuras quedan en ocasiones reflejadas en los espejos del salón. La superficie reflectante encuadra por ejemplo a una de las mujeres cuando habla con otra: así, aunque están una frente a la otra, vemos a las dos de cara a la cámara, en un encuadre que genera una cierta perplejidad.

En *Duelle,* el hechizo se rompe precisamente cuando Pierrot toca uno de esos espejos, que se rompe para mostrar a Viva y a Leni, al fin cara a cara, vestidas esta vez con sus trajes brillantes. La figura del espejo, tan recurrente en el cine de Rivette, se expresa aquí a partir de uno de sus motivos más célebres: el de su rotura, fundamental también para otro cineasta para el cual los espejos eran recurrentes, como Jean Cocteau. Se produce entonces el paso del salón de baile a un no-lugar, un espacio abstracto. Se culmina así una parte del recorrido de la película, el de la creación de un universo propio, cuyos pilares son los dos personajes encarnados por Ogier y Berto y que en esta escena exhiben toda esta dimensión mítica.

El tránsito es así uno de los ejes en torno al que gira *Duelle,* y el tránsito más bello de la película se produce poco después de la ruptura del espejo, cuando Viva se traslada al inmueble donde está Pierrot; el color desaparece, y las imágenes son ahora monocromáticas, de un blanco y negro virado al azul. Entre los dos se inicia una pequeña persecución, y el cuerpo de Pierrot, interpretado por el bailarín Jean Babilée, se retuerce, flexible, elástico. *Duelle* expone también su naturaleza musical, a partir de la plasticidad de los movimientos, de un torso que se tensa, de un cuerpo ágil que brinca. No hay música y, aunque hay sonido, la escena parece surgida de los recuerdos del cine mudo. El plano de Ogier, subiendo sigilosamente las escaleras del edificio, se sitúa así en algún lugar entre «las vampiras» de Feuillade, aquellas figuras legendarias en el París de principios de siglo, e *Irma Vep* (1996), de Olivier Assayas, interpretada por Maggie Cheung. En una escena de *Irma Vep,* la protagonista, una actriz que está rodando un *remake* de *Les Vampires* (1915), de Feuillade, se calza el traje de látex del personaje y se desplaza por los pasillos del hotel donde se hospeda para espiar primero a una mujer y robarle unas joyas que terminará arrojando desde el tejado, mientras llueve y la luz es tan azulada como en la escena de *Duelle*. Quién sabe si la aventura de la actriz de *Irma Vep* es un viaje onírico o quizá el proceso de impregnación del personaje que tiene que interpretar; en cualquier caso, y en lo que importa aquí, la escena revela este hilo invisible que va desde Feuillade a Assayas, pasando por Rivette; pues el director de *Irma Vep* se instala de nuevo en este espacio dual entre la ficción y la realidad, elabora su discurso a partir de largos planos y se permite en algún momento jugar también con la superficie reflectante de un ventanal.

En *Duelle,* la muerte de Pierrot a manos de Leni tiene lugar en el metro, en una desértica estación de Gambetta, con el andén y las vías como punto de fuga, revelando así que este espacio tan concurrido está vacío. Ella le dispara, pues «prometió» salvarle, y el cuerpo de él queda inerte, erguido, descansando sobre una barandilla. Leni lo acaricia con un gesto compasivo. La escena, breve, revela algunos de los elementos recurrentes del cine de Rivette: el plano secuencia, el movimiento de la cámara para reencuadrar sin necesidad de ningún corte a los personajes, un profundo tacto a la hora de filmar lo trágico y la presencia de un objeto como la pistola, que en el instante de la tragedia siempre estrecha el vínculo con la ficción. En *Duelle,* las constantes están tanto en la pulpa como en los detalles: Lucie, por ejemplo, persigue a Viva y la confronta haciéndose pasar por una entrevistadora que le pregunta por el juego, igual que hacía el personaje de Jean-Pierre Léaud en *Out 1*.

Duelle se sitúa en uno de los momentos más complicados de la trayectoria de Rivette. Se estrenó en algunas salas en Francia, pero terminó igualmente silenciada: por ejemplo, *Cahiers du Cinéma,* la revista más próxima a la obra y a la historia personal de Rivette, ni siquiera publicó una crítica de la película. Rivette diría sentirse perjudicado por las dificultades que tendrían sus películas en aquella época, pero más por la manera en que fue recibida *Duelle* que por el no estreno de *Noroît* y *Merry-Go-Round* (1980), sus dos siguientes películas. «Hay un sentimiento de rechazo y evidentemente también de error»[90], decía. Curioso, porque hoy *Duelle* resplandece como la luz de la luna llena: como una de las películas más fascinantes de su director.

Duelle formaba parte de un conjunto de cuatro films. Eran los años setenta, y el cine más marginal se beneficiaba del impulso del mayo del 68 en forma de subvenciones a proyectos tan arriesgados como *Out 1* o la tetralogía titulada primero «Las hijas del fuego» y luego «Escenas de la vida paralela». Se aceptaron las propuestas y se asignaron presupuestos tras presentar apenas unas pocas páginas. Poco tiempo después, este momento de posibilidades terminaría, dejando atrás uno de los periodos más ricos del cine francés y también la etapa más extraordinaria de la obra de Rivette.

«Escenas de la vida paralela» constaba de cuatro películas distintas, sin hilo aparente. La primera sería una historia de amor; la segunda, un film fantástico; la tercera, un *western,* y la última, una comedia musical. *Duelle* era el *fantastique,* y fue la primera en rodarse; luego vendría *Noroît.*

Entre ellas, apenas habría un vínculo: los actores serían los mismos, pero irían transitando, del protagonismo en una de las cintas a un papel más residual en la siguiente. En *La flor,* un film colosal y reciente, el director argentino Ma-

---

[90] Serge Daney y Jean Narboni, «Entretien avec Jacques Rivette», *Cahiers du Cinéma,* núm. 327, septiembre de 1981, pág. 43.

riano Llinás propuso algo similar: a lo largo de unas catorce horas, planteaba una serie de episodios que transitaban por los géneros. El primero era un relato de terror; luego, un musical pop basado en la historia de Pimpinella; también hay un episodio, el más largo y central, que versa sobre un grupo de espías y que, de una manera muy rivettiana, tiene un final abierto. En *La flor,* cada episodio tiene un hilo común: el de las actrices que protagonizan los distintos fragmentos. La de Llinás es una de las películas más rivettianas de los últimos tiempos. Rivette no alcanzó a terminar su tetralogía: tuvo que abandonar el proyecto cuando preparaba el tercer rodaje. Pero las huellas de las imágenes de aquellas «Escenas de la vida paralela» sobreviven hoy en las formas de otras películas.

1976. Noroît (une vengeance)

El mundo irreal debe rodear todo esto,
las olas fantasmales (Virginia Woolf).

Por entonces, Rivette sabía que no quería hacer una película que reflejase la Francia de aquella época. Y su intención lo condujo a un escenario lejos de aquel París cuyo imaginario tanto contribuyó a crear. En concreto, esa declaración de intenciones se plasmó en «una isla del Atlántico, frente a la costa de otra más grande». El paisaje insular inglés es, pues, el marco de *Noroît,* una tragedia, un film de piratas o la culminación de un periodo de experimentación, de una etapa de ebullición que llevó al cineasta a explorar las posibilidades performativas del cuerpo y a despojar las tramas del control y del adorno, a través de la improvisación y de la irrupción del azar.

Lejos de Francia, el cineasta más parisino de la llamada *nouvelle vague* concibió un nuevo universo mítico. La isla atlántica de *Noroît* se halla bajo el influjo de Giulia, quien lidera una banda de piratas. Si en *Duelle* se ponía en escena el duelo entre dos divinidades de paso por la tierra, en *Noroît,* Rivette propone el encuentro entre otras dos mujeres: la patrona Giulia y la recién llegada Morag, que al principio de la película despierta en la orilla junto al cuerpo sin vida de su hermano Shane. Para el cineasta, no se trata solo de la creación de un nuevo universo —el de esta pequeña isla que evoca geográficamente el Reino Unido pero que se desliga de la realidad para devenir un no-lugar en un tiempo incierto—, sino de toda una mitología. Rivette toma la tragedia, los relatos de piratas y el *western* y desplaza a sus protagonistas masculinos, situando a dos mujeres en un universo históricamente ocupado por hombres.

Rivette fue también un cineasta extraordinario por su capacidad de presentar, desde los márgenes, heroínas de acción; por colocar a las mujeres en el centro de una serie de géneros habitualmente masculinizados. Este desplazamiento se observa, por ejemplo, en el gesto de Giulia de regalar un revólver a una niña; no hay espacio aquí para las muñecas, sino para este objeto tan asociado a la masculinidad y a los adultos. Todo ello tiene lugar mucho antes de la llegada, en el *mainstream* y en el cine más institucionalizado, de películas imbuidas de corrientes *marketinianas* que pretenden sacar rédito del sentir general del momento.

Noroît resulta una de las películas más singulares de este autor tan singular. Entre otras cosas, quizá, por la insularidad de su escenario. Alain Bergala ha insistido en este aspecto refiriéndose a *Un verano con Mónica (Sommaren med Monika,* 1953), de Ingmar Bergman, donde la condición insular del lugar —cerrado en sí mismo, pero abierto a la vez a la inmensidad del mar— determinaría, según él, la poética de las imágenes. El paisaje, bañado ininterrumpidamente por el océano, propone otro modelo de puesta en escena.

La película se abre con un movimiento de cámara que se desplaza desde el horizonte hasta una orilla donde descansa el cuerpo de Morag encima de un cadáver. La escena resulta preciosa porque, a través de la cámara del director de fotografía habitual, William Lubtchansky, la hora mágica tiñe el paisaje de tonalidades suaves, el cielo se torna rosáceo, y el Sol, a punto de apagarse, luce todavía anaranjado. Pero se intuyen otras pistas. Como en *Duelle,* el astro solar, al que Morag se dirige y habla en esta primera escena, desempeña un papel en la concepción mitológica de la película (Giulia no es solo la líder de los bandidos, sino la hija del Sol). El mar, presencia insalvable del lugar, es un punto de fuga que ahonda en esta concepción insular del espacio. Sin embargo, lo que prevalece en esta primera escena es la fisicidad de los cuerpos amontonados, en torno a los cuales se mueve la cámara acercándose a Morag mientras ella se levanta, *de entre los muertos,* en un gesto profundamente performativo.

Los movimientos de Geraldine Chaplin, actriz que encarna a Morag, desembocan en un monólogo trágico. ¿Qué es, pues, *Noroît?* Acaso una venganza, tal y como indica entre paréntesis el título de *Noroît.* Giulia y Morag serán quienes habrán de batirse en un duelo propulsado por la muerte de Shane. Basada libremente en *The Revenger's Tragedy,* de Cyril Tourneur, la película propone una suerte de tragedia clásica y, sin embargo, tiene la forma también de un film de piratas *à la* Fritz Lang. Son varias las voces que apuntan como referente *Los contrabandistas de Moonfleet (Moonfleet,* 1955), aquella película de aventuras de Lang, que seguramente era del agrado de Rivette, vehiculada a partir del punto de vista de un niño inocente inmerso en un juego de pistas hacia la madurez y en busca de una verdad, de la resolución de un enigma, del descubrimiento de un secreto.

Amante del formato cuadrado —no hace falta recordar aquella frase de que el *scope* solo sirve para filmar serpientes y enterramientos—, Lang ahondó en *Los contrabandistas de Moonfleet* en las posibilidades del formato apaisado. Pocas escenas definen mejor este empeño que la exhibición, diríamos que malabar, de la confrontación entre el jefe de los contrabandistas y otro personaje, que blande una lanza. Esta arma alargada se mueve en horizontal, y el *scope* luce así en todo su esplendor. La escena también resulta excepcional por los movimientos de los cuerpos.

Con *Noroît* —que iba a ser la tercera entrega de la tetralogía apodada «Escenas de la vida paralela» y que fue la segunda en ser rodada después de *Duelle*—, terminaba un periodo marcado a fuego por ese monstruo fílmico que es *Out 1.* Es una época de experimentación, del descubrimiento de la improvisación, del tránsito definitivo de la trama a la expresividad de los cuerpos. Lejos de los ensayos teatrales de *Out 1, Noroît* también plantea una exploración similar de la fisicidad. Hacia el principio de la película, por ejemplo, los piratas se presentan brincando de un lado al otro del plano, colgándose de unas cuerdas como si se tratase de un circo y ellos fuesen acróbatas.

Volvamos entonces al principio. ¿Qué es, pues, *Noroît?* Acaso una tragedia, o un film de piratas, o la exploración de las posibilidades del gesto en el terreno vasto e imprevisible de la improvisación. Como en *Duelle* —y esta era una de las premisas de la tetralogía—, en algunas escenas hay música en directo. Así, el mar no es el único punto de fuga: el baile invita a escapar de la trama y alcanza su culminación hacia el final de la película, cuando en los tejados del castillo de Giulia, y con el mar de fondo, dos espadachines se baten entre ellos, mientras suenan los bongos y las flautas tocadas en vivo y mientras las mujeres corren y se persiguen. Definitivamente, no estamos tan lejos de los ensayos de *Out 1,* que se desarrollaban también entre partituras sincopadas.

La tragedia se mezcla así con el juego y con la improvisación. Desde esta vocación lúdica se puede valorar el gesto final: tras apuñalarse la una a la otra, Giulia y Morag se miran y ríen. *Noroît* es una película dual. Está la dualidad de sus dos antagonistas; de la textura del celuloide en color y los breves planos de las mismas situaciones filmadas en blanco y negro; de la presencia del Sol y de la Luna, y de la muerte, por dos veces, de Giulia.

En uno de los episodios centrales, Morag y su cómplice Erika, que se han infiltrado en la *troupe* de Giulia, ponen en escena una tragedia. Rivette filma la representación en largos planos, mientras se desarrolla un juego de máscaras que culmina con la muerte del personaje que encarna Morag a manos del representado por Erika, quien, con el rostro cubierto con una calavera, besa a su vez a Giulia. Aparentemente, se trata solo de una representación, pero podría ser también el ensayo de una traición que más adelante se materializará. El tránsito de la ficción representada a la realidad no es nuevo en el cine de Rivette, y en este caso no solo se atiene a sus vínculos con el teatro, sino a una larga tradición de la tragedia a partir de los engaños, las máscaras y las representaciones dentro de las cortes (podemos pensar, por ejemplo, en *Hamlet).*

En uno de los momentos más bellos de *Noroît,* Shane comparece ante Morag. Los dos hermanos se abrazan, con los cabellos al viento, y se dejan caer sobre la hierba verde y espesa. Rivette filma la caída en dos planos: la parte superior del cuerpo cuando todavía están de pie, y cuando recién han caído. Con estos planos se sublima el gesto. En la escena, el fantasma, Shane, se inserta en el paisaje natural, el de los cielos azulados, el pasto salvaje y el mar de fondo. Se anuncia entonces otro espectro, el de *Cumbres borrascosas,* la adaptación que el propio Rivette realizaría, años más tarde, del clásico de Emily Brontë, y en la que la materialidad de los elementos naturales se entremezcla con lo intangible del sueño, el deseo y el mundo de los fantasmas.

Después de *Noroît,* Rivette no podría terminar la tetralogía iniciada con *Duelle.* Tendrían que pasar casi tres décadas para que la tercera de las cuatro películas de aquel proyecto titulado «Escenas de la vida paralela» viese la luz, ya a principios del siglo XXI. Se tituló *Histoire de Marie et Julien.* Después de *Noroît,* Rivette se derrumbó, abandonó aquella serie de películas en torno a los diversos géneros, tuvo que parar, exhausto. Contaba Rivette que un día se encontró con Serge Daney por casualidad, y que este le dijo que el trabajo del director consiste en rodar y que lo que le agradaba de cineastas como Chabrol o Walsh era precisamente que no cejaban de filmar. Aquellas afirmaciones, decía Rivette, le contrariaron. ¿Qué pasa cuando uno ya no puede rodar? En este punto se encontraba el director de *Out 1* poco después de *Noroît,* y coincidía con el momento en que una de las épocas más libres del cine francés se apagaba, como el Sol en el crepúsculo.

1980. Merry-Go-Round

> Así comenzó para mí lo que llamaré la expansión del sueño en la vida real (Gérard de Nerval).

A menudo, las obras menores de los cineastas revelan con mayor claridad las señas de identidad de su cine. Entre otras cosas, porque en los fallos no se observa tanto el resultado como el intento, el esfuerzo, la intención. Y porque se proyectan tanto sus obras pasadas como las que están por venir.

En *Merry-Go-Round,* el cineasta se reencuentra con figuras del pasado, entre ellas, Françoise Prévost, que encarna aquí un papel similar al de *Paris nous appartient,* donde interpretaba a una mujer que, aunque parece saber qué había sucedido con el fallecido Juan, está empeñada en callar sus secretos. También traza algunas líneas que se desarrollarán en el futuro, como el poso trágico del relato: los hechos de *Merry-Go-Round* giran en torno al fallecimiento del padre de las dos hermanas protagonistas en un accidente de avión, vuelo en el que llevaba unos cuatro millones de dólares. Aquello que en *Merry-Go-Round* sirve de excusa para agitar la trama se desplegará en la tragedia más explícita de Rivette, en *Secret défense,* donde no solo la muerte del padre deviene la gran intriga, sino además la cuestión de cómo los muertos condicionan a los vivos. En *Merry-Go-Round,* en cambio, la profundidad de este tema es inexistente.

La película parte de una interesante premisa: Ben vuela de Nueva York a Francia, reclamado por su amante Elisabeth, quien también ha citado a su hermana Léo. Así, se encuentran en un hotel, sin que en ningún momento haya rastro de Elisabeth. La primera media hora de la película es realmente la más interesante; el relato de una ausencia que condiciona la presencia de los dos protagonistas. Se pone en escena un vacío. Cuando Léo atraviesa el pasillo del hotel, toca a la puerta de la habitación 723, la de Elisabeth; luego, tanto ella como Ben se colarán en esa habitación con la intención de comprobar que la mujer que los ha reunido no está. En el bar, escuchan al camarero hablar por teléfono con alguien que pide un vodka para la 723, pero, cuando llegan, la estancia sigue vacía. Solo encuentran el rastro de una nota junto al teléfono, una pista que les conduce a un cementerio, donde se observa una tumba con la siguiente inscripción: «David Hoffman». Evidentemente, la tumba está vacía.

En uno de los espacios rivettianos por antonomasia, la mansión, es donde Léo y Ben encuentran al fin a Elisabeth, en un caserón donde se ha montado una especie de ficción para poner en escena una mentira con el propósito de que el amigo y la hermana la contemplen. La cosa no termina aquí: en su búsqueda, en la persecución de pistas, Léo y Ben van de casa en casa, visitando espacios, cómo no, deshabitados.

La deriva en la que se instala la película queda patente desde la llegada de Ben, al que vemos sentado en un bus junto a la ventanilla. Se trata de evidenciar la idea del transcurso, del viaje, del movimiento; ya sea en bus o en taxi, ya sea en un bosque o en un caserón abandonado o, simplemente, en los pasillos del hotel. Los planos largos, de seguimiento, abundan en una película cuyo goce reside en proponer al espectador que se deje llevar. Y puede que sea esa propia deriva la que la lastra por momentos.

Rivette llegó a *Merry-Go-Round* a consecuencia de una crisis. Había recibido la subvención para el proyecto titulado «Escenas de la vida paralela» integrado por cuatro películas ligeramente vinculadas entre sí: un film fantástico, un *western* de aventuras, una película de amor y un musical. Realizó las dos primeras —*Duelle* y *Noroît*— y se encontraba en pleno rodaje de la tercera —esa sería *Marie et Julien,* que terminaría realizando ya en el siglo XXI— cuando sufrió un colapso. El proyecto quedó en eso, en proyecto; y la necesidad de encontrar un nuevo camino desembocó en *Merry-Go-Round,* una película que tiene casi como origen y como final a Maria Schneider. La actriz había comentado que tenía ganas de actuar bajo la dirección de Rivette; así pues, tras el tropiezo de la tetralogía iniciada por *Duelle,* el cineasta se encontró con ella. Schneider le expresó su deseo de trabajar con Joe Dallessandro. Sin que hubiese una estructura muy clara —algo que, más allá de la apertura implícita en los métodos rivettianos, no dejaba de ser raro—, ya había un proyecto, condenado quizá a ese tono errático que hace que la película sea por un lado frágil pero tenga, por otro, una parte estimulante.

Es quizá por esta razón, y porque Schneider dio problemas en el rodaje —tuvieron que sustituirla con Hermine Karagheuz en algunas escenas—, que *Merry-Go-Round* se explica en algunos momentos a través de sus actores: de una Schneider callada y taciturna, y de un Joe Dallessandro que resulta un cuerpo extraño en el cine abierto y enigmático de Rivette, aunque Dallessandro, figura icónica del *underground* neoyorquino, tenía precisamente eso: cuerpo. Como su personaje, Dallessandro parece por momentos no saber dónde está, ni siquiera en las escenas más salvajes, más animalísticas, cuando el personaje vaga por el bosque, corre entre los árboles y luego se enfrenta a un jinete ataviado con espada y armadura. En su crónica del Festival de Rotterdam de la época, Charles Tesson se refirió al encaje del actor en la película con una acertada frase: Dallessandro «lleva mal la ficción»[91]. El actor, por su

[91] Charles Tesson, «Rotterdam 81», *Cahiers du Cinéma,* núm. 322, mayo de 1981, pág. 47.

parte, afirmó que en ningún caso podía interpretar a alguien que no fuese él mismo[92]. Sin embargo, hay un momento en el cual la espontaneidad aflora, al encontrar una vieja botella de vino, ríe, bromea, juega. En un único instante del film, el cuerpo alcanza una suerte de movimiento abstracto, casi propio de la danza: es cuando agarra la figura pequeña de Maria Schneider y la carga hasta el balcón. Son apenas dos destellos de algo que podría haber sido, de cierta tensión, de cierta intención.

Hay una especie de corriente general que tiende a reconocer *Merry-Go-Round* como la peor de las películas de Rivette. Él mismo así se lo comentó a Jonathan Rosenbaum. Con el tiempo, parece tratarse de una obra olvidada; y, si bien es cierto que tras un primer visionado tendería a sumarme a este dictamen y a reconocer que sus imperfecciones son evidentes, creo que *Merry-Go-Round* palidece solo porque evoca los pasajes de obras mayores.

Es una película de destellos y meandros. Hacia el final, por ejemplo, revela la puesta en escena de un gesto eminentemente trágico: el del duelo junto al cuerpo de un muerto. Están, por un lado, Ben, que se arrodilla junto al cadáver de Elisabeth, y, por otro, Léo, que se inclina sobre la figura inerte de un hombre al que ha disparado. De nuevo, muy brevemente, se puede intuir la sombra de *Secret défense,* una película en la que el personaje inocente, que busca sin saber qué, termina empuñando un arma. Lo esbozado en la película que nos ocupa se desarrolla en *Secret défense,* aquí el personaje se precipita a la culpa, sentimiento que resulta excesivamente complejo para las aspiraciones de *Merry-Go-Round.*

---

[92] Dan Sullivan, «Interview: Joe Dallesandro», *Film Comment,* 24 de mayo de 2016. https://www.filmcomment.com/blog/interview-joe-dallesandro/.

Una vez más en el transcurso de la película surgen los motivos más queridos del cine de Rivette, como la figura de la mujer con pistola, un objeto que en su cine evoca los designios de la ficción. Se trata de una imagen que encontramos desde en *L'amour fou* hasta en la citada *Secret défense,* y que se remonta a *Paris nous appartient,* cuando la protagonista visualiza a Terry, el personaje interpretado precisamente por Françoise Prévost, disparándole a su hermano.

En *Merry-Go-Round* también están presentes las visiones, cuando por ejemplo una búsqueda por las casas y los hoteles se entremezcla con un pasaje a la imaginación. Es en este espacio fantasmal, antecedente de los sueños que salpicarán el relato mineral de *Cumbres borrascosas,* donde la película se entrega definitivamente a su voluntad más libre, pues se encuentra con su lado salvaje e imprevisible, donde el bosque convive con el desierto, en el que tanto aparece un caballero con armadura como unas serpientes.

Las visiones son un recodo más en este río sinuoso, una fuga visual, podemos decir, al tiempo que los excelentes pasajes musicados apelan al oído. De hecho, la película se abre con un dúo formado por contrabajo y clarinete, el primero vestido con tonos fríos y el segundo con colores cálidos (detrás de cada uno de ellos, unas sillas de tonalidades similares). La improvisación musical puntúa este relato abierto y le otorga precisamente su naturaleza narrativa. Hay algo fascinante en estas escenas desvinculadas de la trama. Debo decir que hay algo bello en las películas fallidas que nos suelen revelar los periodos de crisis. *Merry-Go-Round* se dio en una época de cambios en el cine francés y en una etapa de dificultades y fragilidad para el cineasta, que desembocaría en una de sus mejores películas: *Le Pont du Nord.*

1981. Le Pont du Nord
(Le Pont du Nord)[93]

> Veinte años después de su primera película, *Paris nous appartient,* Rivette quería realizar otra película en la que París fuese la protagonista, su actriz principal. Esto es *Le Pont du Nord* (Bulle Ogier).

Rivette filmó *Le Pont du Nord* a principios de los ochenta. La película se sitúa en un terreno inhóspito en el que se perciben las huellas del cine clásico, como los rastros de las pisadas en la arena del desierto, y donde se imponen las figuras erráticas de la modernidad. *Le Pont du Nord* es un film tan nostálgico como novedoso. En él se proyectan las sombras de los grandes géneros del Hollywood clásico, se escucha el eco de la primera película de Rivette y se evoca el núcleo duro de la época inicial de su filmografía —encarnada en la figura de Bulle Ogier—, con guiones abiertos escritos mano a mano con los actores, que hacen pensar en un cine colectivo. *Le Pont du Nord* contiene también un trasfondo político, una conspiración con tintes del mayo del 68; pues se trata, sin duda, de una película sobre una ilusión perdida y sobre lo que queda de todo aquello, tanto del movimiento político como de las políticas cinematográficas.

Le Pont du Nord une a la actriz fetiche de Rivette, Bulle Ogier, con su hija Pascale. A través de ambas se origina la dialéctica: mientras la primera encarna a Marie, que muere de forma trágica, la segunda interpreta a Baptiste, quien al final de la película recibe un entrenamiento que puede definirse como iniciático. Rivette las presenta en escenarios

---

[93] En España, *Le Pont du Nord* se estrenó en mayo de 2024.

opuestos: Marie, en el sur parisino, y Baptiste, en dos puntos del norte, en Montreuil y cerca de la plaza de la République, donde observa las estatuas de los leones. Baptiste pertenece al universo de la imaginación: suyo es el duelo quijotesco contra un dragón. Marie, al de la realidad. En un determinado momento, cuando Marie acaba de salir de la cárcel y se topa con Baptiste en una calle cercana a Denfert-Rochereau, le cuenta a esta la historia del romance con su amante Julien, y cómo gracias a él pudo resistir el encierro en prisión. La joven le comenta que se trata de una gran novela, pero Marie le replica que aquello no tiene nada que ver con la literatura, sino que es la realidad. «La vida real es el reino del terror», concluye Baptiste.

La dialéctica entre ambas, pero también el afecto con el que Baptiste se pega a Marie con la intención de protegerla, queda patente en un escenario: el del encuentro entre ambas en el cruce de dos calles, donde hay un puente elevado y sendas escaleras en cada una de las dos aceras[94]. Marie sube por un extremo, y Baptiste por el otro.

El detalle de las escalinatas no resulta menor en una película donde, como señala Bulle Ogier en la frase que encabeza este capítulo, París es la protagonista. El decorado es el de una ciudad en ruinas, con apenas sombras del pasado y en la que todavía no se intuye la arquitectura del futuro inmediato. Es en este interregno donde se sitúa la película: en un momento de transformación de la ciudad; pero también se coloca entre dos fantasmas de un pasado más o menos reciente —el clasicismo de Hollywood y el espíritu revolucionario del mayo del 68— y el horizonte cinematográfico; entre lo que está desapareciendo y lo que está por

---

[94] La página web The Cine Tourist enumeró algunos de los escenarios de la película. Localiza este cruce entre las calles Pierre Semard y Bellefond; https://www.thecinetourist.net/le-pont-du-nord-locations-identified.html.

venir. Por todo ello, *Le Pont du Nord* abarca lo viejo y lo nuevo, y siempre ha parecido una fascinante película bisagra.

En este escenario urbano fantasmático, Rivette plantea una película con pequeños rasgos o evocaciones de distintos géneros: el *western,* la ciencia ficción, el *thriller* y la comedia se cuelan en forma de detalles y tonalidades.

> Tomo un ejemplo —escribió Serge Daney en *Libération*—, hacia el final de *Le Pont du Nord,* las dos Ogier deambulan por el final de una vía de tren. Mientras que Marie soliloquia, Baptiste se tumba en el suelo y pega su oreja a la vía. Ligera euforia en la sala, gag cinéfilo, flash: hemos visto ya esta imagen, la hemos visto cien veces, pero la hemos visto en otra parte: en los *westerns.* Es la situación clásica del justiciero solitario perdido en una tierra extraña [...]. Salvo que con Rivette, es más que un gag[95].

Los géneros se convierten así en el punto a partir del cual se puede hacer «tabula rasa», usando una expresión que utiliza la propia Marie en un momento de la película.

Rivette dispone una película en la que los géneros se filtran mediante motivos visuales y gestos. Hay pistas de la ciencia ficción: una joven con chaqueta de cuero, un pañuelo tapándole la boca, una brújula y unos auriculares aparatosos se enfrenta a un hombre con el rostro cubierto por un casco negro. Para ella, la chaqueta sirve de armadura. El escenario en el que tiene lugar dicho duelo es un París no apto para turistas cuyas grúas y coches sustituyen a iconos como la torre Eiffel, el cuidado parque de Luxembourg o el recurrente trecho del Sena entre el Pont des Arts y el Pont Neuf. La joven tiene una fijación: los ojos; una teoría: que alguien la vigila, y una fantasía que termina haciéndose realidad: que la ciudad es como una araña o, todavía mejor,

---

[95] Serge Daney, «*Le Pont du Nord*», París, *Libération,* 23 de marzo de 1982.

como un dragón. El París bajo vigilancia que proyecta Baptiste no se asemeja necesariamente al de *Paris nous appartient*. Si bien hay una conspiración, los decorados son otros; se trata de una ciudad distópica, de un tiempo incierto, como señala la cartela que abre la película: «1980, hace ya mucho tiempo». *Le Pont du Nord* nos sumerge en un momento extraño que no podemos definir como presente a pesar de situarnos entre el pasado y el futuro, entre el recuerdo de otros tiempos y la posibilidad de un porvenir propio de la ciencia ficción.

En *Le Pont du Nord* también asoma el *western*, de la mano de dos personajes errantes que vagan por un paisaje urbano absolutamente desértico o de la escena citada por Daney en la que las protagonistas se detienen para pegar el oído a unas vías de tren abandonadas. A ratos, ellas se sientan y charlan, como dos forajidos del oeste al borde de un riachuelo. «No sé si tengo necesidad de ti», dice la mujer interpretada por Bulle a la joven encarnada por Pascale, «pero a veces siento que tú tienes necesidad de mí». Por la noche, se cobijan en un cine que, aunque no lo veamos, desprende desde la pantalla la misma luz que la de una hoguera improvisada. Incluso hay atisbos de un duelo entre jinetes, quienes en vez de montar a caballo lo hacen en un medio de transporte más acorde con los años ochenta: una motocicleta.

Del *film noir*, vemos aparecer un hombre con sombrero llevando un maletín, evidentemente codiciado por otro hombre vestido con gabardina. El del sombrero se encuentra en secreto con su amante en lo alto del Arco de Triunfo, y el de la gabardina los espía; mientras, Baptiste observa con un catalejo. La muerte de Marie, tras un disparo a bocajarro de su amado Julien, no solo denota el gusto de Rivette por lo trágico, sino que vuelve a introducir este objeto recurrente en su cine: la pistola, que tiene connotaciones de los códigos genéricos y que pertenece a los dominios de la ficción. La figura de Julien (Pierre Clémenti), con sombrero y abrigo, empuñando un pequeño revólver frente a Marie, parece una réplica del cine negro.

Baptiste comienza yendo en moto, con casco, pañuelo, chupa de cuero y tejanos azules; luego luce un reloj en el brazo en lugar de en la muñeca, muestra su brújula que lleva en el bolsillo y finalmente encuentra unos auriculares blancos. Deviene un personaje de una compleja fuerza iconográfica. Cuando Baptiste se cruza con un cartel con una figura «que mira», Rivette filma dos veces su gesto de karateca de poner la mano rígida y recta: primero, en un plano más alejado y, después, en un encuadre más cercano. Reafirma el gesto y también la dimensión mítica del personaje, que ha quedado patente desde el primer momento, cuando tras la panorámica que abre la película, la cámara se posa en Baptiste, que destapa el rostro cubierto por el pañuelo. La cámara se mueve ligeramente, libre de cualquier trípode, y se produce un corte a un primer plano, cercano, dando la impresión de haber sido rodado con una óptica angular, que permite dejar enfocado el fondo. Lo mismo sucede en el primer encuentro entre Max y ella, cuando Baptiste le reta moviéndose hábilmente con su pequeña moto. La rareza es sutil, pero suficiente para otorgar esa dimensión mítica a un personaje del cual no importa tanto lo que dice sino cómo se mueve: el cuerpo de Pascale Ogier, la karateca, se entrena en los espacios deshabitados como si en verdad danzase.

Antoine de Baecque escribía en su crónica sobre la cinefilia francesa que los géneros fueron las únicas estructuras que permanecieron del cine clásico, una vez derrumbado el edificio de aquel dorado Hollywood. Por encima de los códigos del género se sitúan las figuras de Jean-François Stévenin (otro actor que inició su andadura junto a algunos de los cineastas de la *nouvelle vague:* Truffaut y Rivette) y de Bulle Ogier, que resurgen del recuerdo y se convierten en la materia de un discurso, de una reflexión sobre los tiempos cambiantes. En su bello artículo sobre *Le Pont du Nord,* Daney, el brillante crítico francés y el que mejor supo comprender a Rivette, sostenía, por un lado, que esta no era una película sino muchas. Es un *western,* un musical, un film de artes marciales, un juego de la oca, un *film noir,* una cinta política, el retrato de dos generaciones encarnadas por sendas actrices que son madre e hija, y es una declaración de amor a una ciudad en plena transformación. La otra cosa que Daney apuntaba era que *Le Pont du Nord* suponía el segundo debut de Jacques Rivette; su segunda primera película tras *Paris nous appartient.*

Con motivo de su anterior película, *Merry-Go-Round,* y con ocasión de un especial dedicado al cine francés, Rivette había conversado con algunos de los críticos para *Cahiers du Cinéma.* En la entrevista, se refirió a las dificultades para rodar que había ido encontrando en los últimos años. Explicaba, también, las distintas etapas de la cinematografía francesa tal y como él la había vivido: por un lado, un periodo de convivencia entre los nuevos vientos, los de la *nouvelle vague,* y la consistencia del viejo panorama de producción y de distribución; por otro, la época posterior al mayo del 68, en el que se pudieron realizar películas complejas y arriesgadas —los casos paradigmáticos serían la mastodóntica *Out 1* y el proyecto inacabado de las «Escenas de la vida paralela»—; y, finalmente, una época en que tras la experimentación de los primeros setenta las puertas se cierran para los cineastas más radicales. *Le Pont du Nord* suponía el regreso del mejor Rivette tras aquella crisis, tras aquel agotamiento, personal en un principio, aunque también global. Vista ahora, es tanto el compendio de su obra hasta aquel momento como su punto y aparte.

En *Le Pont du Nord,* Rivette retomaba algunas de las ideas de una película en parte fallida pero a todas luces necesaria como lo fue *Merry-Go-Round,* siguiendo la vocación de deambular de aquella. Si *Merry-Go-Round* merodea por mansiones rurales deshabitadas, *Le Pont du Nord* lo hace por los escombros de un París en reconstrucción. Se sitúa en un escenario nuevo, en un París no solo en obras, sino desconocido. A lo largo de *Le Pont du Nord,* la cámara se desliza para ofrecer alguna panorámica de esta ciudad cambiante y, precisamente por esto, fascinante.

Rivette se reafirma en una manera de filmar singular, que hace del proceso creativo la materia misma con la cual las películas van encontrando su forma. Rivette rodó *Le Pont du Nord* sin apenas dinero, con un grupo reducido de actores, en unos exteriores donde la espontaneidad se filtra a través de las miradas a la cámara de algunos de los viandantes, y con luz natural. Hay planos muy bellos, como el del paseo de Julien y Marie por un muelle, con el Sol a sus espaldas, hinchando de luz blanca el plano.

Marie acaba de salir de prisión, pero esto no es lo que explica su claustrofobia. Es la necesidad y el deseo de filmar en los exteriores lo que determina al personaje. La trama o el guion son apenas una excusa para una película que se construye desde otro lugar. Se trata de revelar un París casi desértico, habitado por las máquinas, por los coches y las excavadoras, y por las estatuas con forma de león que observan a Baptiste. Así se abre la película, con una panorámica de una rotonda de Montreuil, por la que circulan los automóviles y la pequeña motocicleta de Baptiste. De fondo se observan las grúas torre, altas, rectas, metálicas. Y también con otra panorámica hacia los edificios en ruinas que se sitúan junto al puente del norte de París, donde Baptiste y Max se baten en un noble duelo, termina la película. No solo se trata de embalsamar los cambios del paisaje urbano, un momento de tránsito, sino que hay algo vivo en estas figuras inertes, como si las grúas y los edificios derruidos formasen parte de un organismo.

Hacia el final de *Le Pont du Nord,* cuando los personajes andan por los parajes de un Parc de la Villette en plena

[22] Baptiste contra los molinos de viento.

transformación, Baptiste decide separarse un momento de Marie para ir a luchar contra un gran dragón de metal y madera, una atracción que, a ojos de Baptiste, cobra la misma vida que los molinos manchegos ante el Quijote [**22**]. Rivette filma el encuentro entre la karateca de cazadora de cuero y auriculares blancos y el reptil de hojalata en un plano contraplano que se descubre hacia el fantástico: Baptiste lo reta a un duelo mientras se coloca en posición de guerrera, y el contraplano ofrece un dragón que responde con un rugido y derrochando fuego por la boca. El universo de la imaginación en el que había habitado Baptiste hasta el momento se materializa ante sus ojos y, claro está, ante los nuestros.

La figura del dragón, que echa llamas y saca humo, encarna ese organismo vivo al que me refería. Lo mismo sucede con la telaraña en la que uno de los perseguidores envuelve a Baptiste. De hecho, una de las conversaciones recurrentes entre las dos mujeres protagonistas gira en torno a la cuestión de si París es un dragón o una gran tela de araña. La respuesta es: ambas cosas. Una ciudad capaz de tomar la forma de un tablero del juego de la oca, un mapa con un acertijo, un animal mitológico o un arácnido que retiene a sus habitantes. Por ella transitan estas dos aventureras, la recién salida de prisión y la otra, cuya procedencia se ignora. Baptiste dice que viene de «ailleurs» (un lugar lejano), y Marie le pregunta con ironía si se trata de «Ailleurs-sur-Marne». El mapa, la geografía de París y de sus alrededores, está presente incluso en el humor juguetón de la película. La ciudad, en cualquier caso, se torna en ese ser vivo que tan bien describió Balzac en las primeras páginas de *Ferragus, jefe de los devorantes,* cuando escribía:

> Hay en París ciertas calles tan deshonradas como pueda estarlo un hombre culpable de infamia; hay también calles nobles, calles simplemente honestas, calles jóvenes sobre cuya moralidad el público no se ha formado todavía una opinión; calles asesinas, calles más viejas que la más vieja de las viudas viejas, calles dignas de aprecio, calles siempre limpias, calles siempre sucias, calles obreras, trabajadoras, mercantiles. Las calles de París, en fin, tienen cualidades humanas, y nos infunden con su fisonomía ciertas ideas contra las que no tenemos defensas[96].

El París de *Le Pont du Nord* está tan vivo que parece una ciudad del futuro. Si en *Paris nous appartient* la ciudad evocaba el flujo entre el realismo y la intriga del cine serial de Louis Feuillade, *Le Pont du Nord* se asemeja por momentos a una película de Fritz Lang, que a lo largo de

[96] Honoré de Balzac, *Ferragus, jefe de los devorantes...*, pág. 9.

su obra gestó precisamente la imagen de la urbe del futuro. En *Le Pont du Nord,* incluso el metro aéreo, tan recurrente en la filmografía de Rivette, parece propio de una ciudad de otra época. En *Spione (Spione,* 1982), en uno de los muros de las calles de la ciudad, se podía contemplar un cartel de *Metrópolis (Metropolis,* 1926), la película que Lang había rodado apenas un año antes y que seguramente se estaba exhibiendo en los cines de aquel momento. La ciudad moderna contenía así un elemento que la anclaba en el presente. En *Le Pont du Nord,* Baptiste se cruza con un anuncio de *Kagemusha, la sombra del guerrero (Kagemusha,* 1980), la película de Akira Kurosawa que se acababa de estrenar ese mismo año. Quizá, después de todo, sí que estamos en un París plenamente contemporáneo y real [**23**].

Le Pont du Nord se mueve libremente por los géneros. También lo hace entre la imaginación desbordante de Baptiste y la realidad de Marie, entre la generación de Pascale y la de Bulle, entre una joven sin pasado aparente pero con futuro por delante y una mujer que acarrea tanto las heridas de su propia historia como las de su época. El personaje de Marie sale de prisión porque la actriz Bulle Ogier acababa de rodar con Rainer Werner Fassbinder *Die dritte Generation* (1979), en la que encarnaba a una terrorista.

La exigua trama que se entreteje en el deambular de *Le Pont du Nord* tiene que ver precisamente con esto, con cierta melancolía de Marie, con un pesar o con las esperanzas rotas en referencia, tal vez, al mayo del 68. Estas emociones o percepciones, sin embargo, son solo un eco, una sugerencia bajo la superficie. Hay un gesto político mayor: el de la libertad de una película que se permite jugar con los géneros y con el paisaje, que se permite vagar, y rodar apenas con lo puesto. «Es necesario ver *Le Pont du Nord* como un deslice (nervioso) del dedo por un transistor para captar las

[23] Un París en plena transformación.

[24] El duelo de un final abierto.

radios libres», decía Daney, «libre, la película lo es, Rivette es la antena y nosotros el transistor»[97].

En la escena final de *Le Pont du Nord,* Max, el jefe de la organización criminal interpretado por Stévenin se enfrasca en una lucha con Baptiste [24]. En plena batalla de artes marciales —un nuevo género que añadir a la apasionante mezcolanza—, empieza a corregirla y a enseñarle trucos. La confrontación deviene una formación y resplandece otro clásico cinematográfico, el de las figuras del discípulo y el maestro, encarnados por dos generaciones distintas del cine francés. Rivette rueda esta escena con un plano largo y va intercalando imágenes rayadas. Como en *L'amour fou,* se

[97] Serge Daney, «*Le Pont du Nord*», *Libération,* 23 de marzo de 1982. Publicado en español en *Lumière,* http://www.elumiere.net/especiales/rivette/pontdunordaney.php.

establece una nueva dialéctica de texturas. Clémenti y Ogier se ríen mientras siguen practicando sus movimientos: han dejado de ser los personajes que interpretan y entre ambos fluye la complicidad propia de los actores. Como tantas veces había sucedido con Bulle en el cine de Rivette, en *Le Pont du Nord* Pascale viste su propia ropa e incorpora sus conocimientos de kárate al devenir de una película que corre, libre, como un riachuelo.

Tal como ocurre al final de *Vete a saber,* con los actores y los personajes ajenos al teatro unidos todos en el escenario, y como en el cierre de *Céline et Julie vont en bateau,* cuyas dos protagonistas se vuelven invisibles ante los fantasmas de la ficción que ha tenido lugar en la mansión, en *Le Pont du Nord* el director plantea un final en el cual el universo de la realidad y el de lo ficticio se han confundido por completo. La película abandona la ficción que ha ido insinuando en algunos detalles para instalarse definitivamente en la espontaneidad de lo real. De fondo, el cielo se tiñe de las tonalidades violáceas del crepúsculo. Se trata, sin duda, de uno de los finales más bellos de la historia del cine. Los personajes saludan, como guerreros tras una exhibición, y la cámara se gira para ofrecer una última panorámica sobre las ruinas de París. Rivette corta en ese punto, dejando el relato hermosamente abierto.

1984. L'amour par terre

> Aquella primera estancia en la villa del barón será para mí siempre un agradable y tranquilo recuerdo, pese a las bromas, al ruido, a las diversiones que me rodeaban y en las que yo apenas participaba (Arthur Schnitzler).

En el cine de Rivette, París se dibuja muchas veces a partir del movimiento de un metro aéreo, sostenido por estructuras metálicas. Se trata de uno de los iconos de la ciudad. No es extraño, pues, que *L'amour par terre* se abra con un movimiento de cámara que sigue la trayectoria de los vagones hasta posarse en la esquina de una calle; esta será una de las escasas imágenes del exterior urbano que veremos a lo largo de la película. *L'amour par terre* comienza con las vistas de un París casual, en una esquina cualquiera. Este inicio, esta pequeña muestra de la ciudad, aparece casi como una falsa pista, porque la urbe no será la protagonista, contrariamente a lo que sucede en tantas otras películas de Rivette. *L'amour par terre* pronto se encerrará entre las cuatro paredes de un apartamento para luego transcurrir en el interior de la mansión de un hombre misterioso, que invita a dos actrices a instalarse en ella con el propósito de ensayar una obra teatral que será interpretada en ese mismo caserón.

En esa esquina parisina cualquiera se da cita un grupo de hombres y mujeres que juntos se dirigen a un piso. El bullicio de la calle da pie a un extraño silencio. El misterio se acentúa: ¿quién es este grupo de gente que entra de puntillas en la casa? ¿Y quién es el hombre al que observan de forma aparentemente furtiva? Pronto, la intriga se resuelve: esas personas son espectadores y se disponen a ver una representación teatral que no tiene lugar en ningún teatro, sino en las habitaciones y pasillos de un apartamento. Allí, un hombre en pijama tiene que lidiar con dos mujeres. Una de ellas, la que parece ser su amante, estaba ya en el apartamento; la otra, su pareja, acaba de llegar a la casa. El protagonista de este enredo, el hombre en pijama, oculta a una de las mujeres en una habitación, en un juego del escondite donde siempre existe un *secreto tras la puerta*. Como apuntaba Fran Benavente en su comentario para la edición en DVD de Intermedio de *L'amour par terre*[98], la ficción que Rivette pone en escena en ese piso convertido en teatro parece sacada del cine de Lubitsch, amante de la elipsis, del fuera de campo y de esconder el gag tras las puertas.

No hay mejor síntesis de cómo Rivette concebía el teatro dentro del cine. El teatro, la ficción, se inserta en un lugar propio de la vida cotidiana, en un piso, en el apartamento, en el hogar común [25]. No se trata de una invención, sino de toda una tradición del teatro en habitaciones privadas que se remonta a Racine, quien hacia el final de su vida estrenó sus últimas piezas en estancias de Versalles y a quien Rivette admiraba, especialmente gracias a la lectura del libro *Sobre Racine* que le consagró Roland Barthes.

En esta escena de *L'amour par terre,* que en cierta manera contiene las esencias del cine de Rivette, el público, sigiloso, observa desde el marco de una puerta; y la cámara, espectadora también del espectáculo, se mueve por los estrechos pasillos. La escena resulta prodigiosa por su concepción de la puesta en escena, pues se plantea desde el seguimiento, desde el plano largo, desde la temporalidad dilatada. De fondo, resuenan los ecos de aquel film de Jean Renoir que transcurría, en parte, entre las cuatro paredes de un caserón y se entretenía con los vaivenes de los enredos amorosos, poniendo en escena el tea-

[98] Barcelona, Intermedio, 2005.

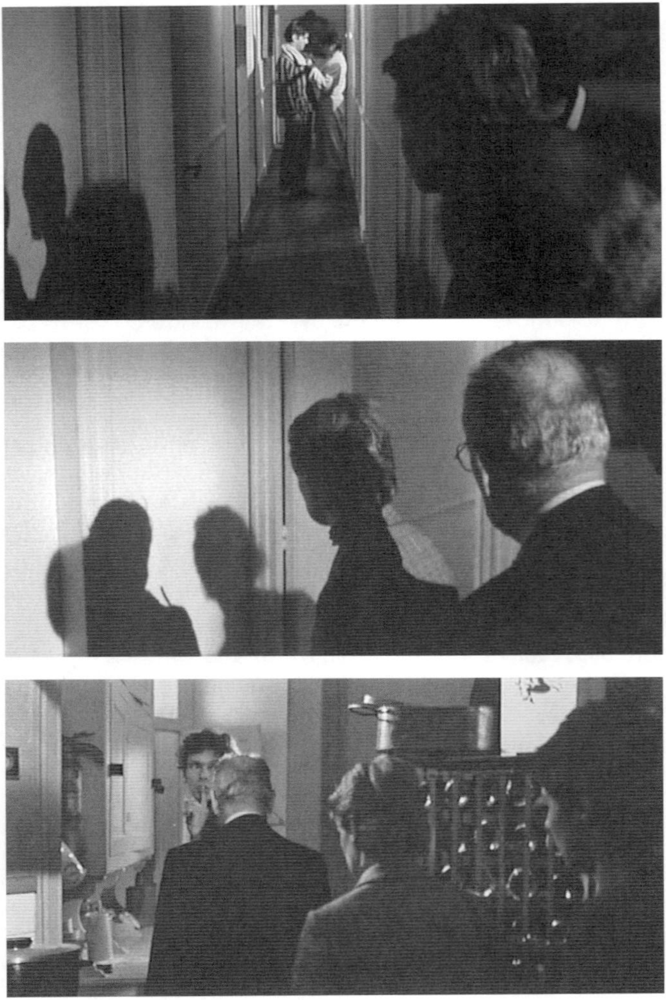

[25] El apartamento convertido en escenario de una pieza teatral.

tro para referirse a la propia representación. En *La regla del juego (La règle du jeu,* 1939), es precisamente en el caserón donde esa clase alta en decadencia, que intuye quizá la inminente guerra, se entretiene con una representación teatral que no tarda en trasladarse a los pasillos de la casa; entonces ya no importa lo que sucede sobre el escenario, la cámara abandona la escena para mostrar, con planos largos y profundidad de campo, el entramado sentimental de los personajes. Sin duda, debió dejar su poso en Rivette, quien además pone en boca de uno de sus personajes el título del film de Renoir, en una cita que puede situarse entre el divertimento y el juego de pistas.

Como comentaba al comienzo de este libro, en *L'amour par terre,* sobre los títulos de crédito impresos en blanco con un fondo negro, se intuye el sonido de unos instrumentos que se afinan. Se trata de los instantes previos al concierto, cuando la función todavía no ha comenzado y las cuerdas se ajustan: son los segundos antes de que empiece todo. Sin embargo, *L'amour par terre* no es un concierto y, aunque resuenan los violines, lo que viene a continuación no es una pieza musical, sino una ficción sobre el propio hecho de construir una ficción. ¿Pero qué son esos violines que se oyen de fondo, que se afinan como si la función todavía no hubiese comenzado? Es cuando lo que es todavía no es, cuando el espectáculo aún no ha comenzado y las cuerdas calientan. A menudo, Rivette filmó el teatro cuando la representación escénica está en su proceso de ensayo, cuando aún no está sobre las tablas, o, como en el caso de la escena fundamental de *L'amour par terre,* cuando hace discurrir la representación en el lugar más cotidiano posible. De ahí que Benavente, al referirse a *L'amour par terre,* lo haga definiéndola como una película programática, y que Daney, al escribir sobre ella en un bellísimo artículo, comience comentando que el inicio del film resulta «rivettisimiano». Si hubiese que presentar a nuestro autor con una película que revelase su amor por el teatro como puerta de entrada a los recovecos y misterios de la ficción, a su gusto por la intriga y por el divertimento, a su concepción de una puesta en escena de planos largos, la carta de presentación llevaría la estampa de *L'amour par terre.*

Charlotte y Emily, las protagonistas de *L'amour par terre,* no son hermanas como las Brontë, pero sí amigas. Tras sorprender a Charlotte besando al hombre a quien ella desea, Emily se lamenta, aludiendo al fuerte lazo existente entre ambas y recordándole que solía considerarla su hermana mayor. Una piensa, inevitablemente, en aquello que escribió Virginia Woolf sobre *Jane Eyre:* «Ser siempre una institutriz y estar siempre enamorada es una grave limitación en un mundo que está lleno, en realidad, de gente que ni es una cosa ni está en la otra»[99]. En *L'amour par terre,* el enamoramiento es el centro gravitatorio de un relato ligero que se abre hacia otras cuestiones, como, por ejemplo, los procesos de la creación artística o la incursión de lo fantástico en lo cotidiano. De hecho, Charlotte y Emily, interpretadas respectivamente por Geraldine Chaplin y Jane Birkin (ambas con acento inglés, como percibía Daney), se encuentran a medianoche en sus respectivas habitaciones comunicadas a través de un baño compartido, para discurrir sobre el amor. Alternativamente, una se cuela en el cuarto de la otra y se sincera sobre sus tribulaciones afectivas, mientras la amiga duerme.

Otra de las escenas de gran belleza de la película es la de la audición, cuando Roquemaure, el dueño de la casa, debe elegir entre Emily y Charlotte para que una de las dos encarne a Barbara, el personaje central de la obra de teatro. La del ensayo resulta una escena de apertura: la actriz se descubre, se abre, dejando que otra cosa —el personaje— emerja a la superficie. Mediante un plano largo, Rivette hace visible uno

---

99 Virginia Woolf, *Escritoras: retratos de mujeres,* Palma de Mallorca, El Barquero, 2017, págs. 76-77.

de los secretos mejor guardados de la creación artística, el de la interpretación. En *L'amour par terre,* el proceso de gestación de un personaje se enmarca en un relato de fantasmas, de la misma manera que sucedería, años después, en una de las películas que mejor ha reflejado el proceso creativo de la actriz. En *Viaje a Sils Maria (Sils Maria,* 2014), Olivier Assayas proponía también un juego de espejos y de pistas. Juliette Binoche interpreta a una actriz cuya trayectoria alude claramente a la trayectoria de la propia Binoche. A partir de la premisa de la confrontación de la estrella con la edad y de la penetración de la realidad en el relato de ficción, Assayas narra la evolución artística de la actriz, un progreso que culmina en una escena que bien podría pertenecer a un relato de fantasmas rivettiano. Dispuesta a contemplar un inusual fenómeno de la naturaleza llamado «la serpiente», consistente en un conjunto de nubes que atraviesa un valle alpino, la actriz encarnada por Binoche pierde de vista a su ayudante, una joven interpretada por Kristen Stewart, y de la que no sabemos si simplemente ha dado media vuelta o si quizá se ha evaporado. La escena tiene algo de espectral y anticipa una de las mejores películas de fantasmas de la era de lo virtual: *Personal Shopper (Personal Shopper,* 2016), obra en torno al estrellato y lo fantasmagórico y segunda colaboración de Assayas con Kristen Stewart.

En *L'amour par terre,* es finalmente Charlotte quien es elegida para interpretar a Barbara, personaje inspirado a su vez en Béatrice, antiguo amor del autor de la obra, una mujer que «no se fue, sino que desapareció», como dice en un momento de la película el ayudante de Roquemaure. Es decir, la actriz debe encarnar ni más ni menos que a un fantasma.

Al poco tiempo de que Charlotte y Emily entren en la mansión, la cámara acompaña la mirada de Charlotte, que observa algo extraño al otro lado de la estancia; se trata de una visión de ella misma bebiendo. «Pensé que era un espejo», dice ella. Lo que ha visto no es un espejo, pero sí un reflejo, la presencia y la manifestación del otro, que, sin embargo, no deja de ser ella misma, en otro momento, quién sabe si en otra dimensión, en el universo de fantasmas. En *El fantasma y la señora Muir (The Ghost and Mrs. Muir,* 1947), Joseph L. Mankiewicz filmaba la relación amorosa entre una mujer y un espectro. Aquella era una película que se abocaba al discurso metafísico, preguntándose cómo concretar el amor cuando uno de los dos es un fantasma, una presencia intangible. Se trata también de una cuestión estética, de un debate de representación en torno a cómo filmar entonces el cuerpo del espectro. La primera vez que la señora Lucy Muir ve el rostro del fallecido capitán Gregg es en un retrato. De hecho, la escena discurre de una manera similar a lo que Rivette plantea en *L'amour par terre,* cuando Charlotte ve algo que no sabe qué es, si un espejo u otra cosa. Lucy intuye una presencia, pero pronto se da cuenta de que no es más que un cuadro, un retrato, algo concreto y tangible y aparentemente banal, que insinúa, sin embargo, esa presencia misteriosa que será la del espectro. Lucy cree que lo que ha visto es un espectro, así como Charlotte piensa que está frente a un espejo. En cualquier caso, en ambas escenas se abren las puertas hacia la otredad y hacia otro mundo [**26**]. De la misma manera que Emily escucha el cantar de los pájaros tras una puerta o el rumor del mar. Tras la puerta hay un secreto, diría Fritz Lang. O quizá, sencillamente, se esconde el misterio del fantástico.

L'amour par terre supuso la primera colaboración entre Rivette y Pascal Bonitzer. El guionista señalaba que las visiones de Charlotte, inducidas por Paul, un prestidigitador que parece haber perdido algunos de sus dones tras la desaparición de Béatrice, surgieron de *La profecía,* un cuento breve de Arthur Schnitzler que Rivette había leído y que contiene algunos de los elementos centrales de la película. De entrada, en sus primeros pasajes, describe una suerte de encierro veraniego en una mansión a la que el protagonista ha sido invitado, como las dos actrices de *L'amour par terre*.

[26] Las visiones de Charlotte.

La elección del lugar no es arbitraria, pues es en el jardín del caserón donde se representará la obra teatral que ha escrito el protagonista y narrador del texto literario. El relato de Schnitzler es profundamente visual. Dispuesto a ver el estreno de la obra que ha escrito, el protagonista se dirige a la mansión. Ahí encuentra a un curioso personaje, que primero lo contempla con interés y luego le cuenta la siguiente historia personal: un tiempo atrás, un soldado le dijo que podía mostrarle una imagen de un momento concreto de su vida futura. Él decidió que le enseñase qué acontecería exactamente diez años más tarde. Lo que vio fue el final de la obra teatral que está a punto de tener lugar y que termina precisamente con el hombre tendido, como si estuviese muerto. En el fondo, se trata de un momento similar al de la visión de Charlotte en *L'amour par terre:* ella ha visto algo terrible, pero todavía no comprende qué es, ¿un presagio, una representación o una mera ilusión? Sin embargo, más allá del contenido, es interesante cómo Schnitzler describe esta visión. Primero, el soldado dice: «Puedo hacer que en el aire surja, como por arte de encantamiento, un cuadro que represente un momento de su futuro...». Y luego narra el instante en que el hombre contempla su futuro:

> De repente desapareció. Y no solo él. Desapareció también el cuartel, que hasta hacía un segundo había brillado bajo la luz de la luna... y desaparecieron las pobres cabañas de la aldea que se repartían por la llanura... y me vi a mí mismo cómo sería diez años después, en un sueño, con mi barba morena y una cicatriz en la frente, tumbado en una camilla, en medio del prado. Y a mi lado había alguien arrodillado, una mujer de cabellos rojos que se tapaba el rostro con la mano, un chico y una chica. Como fondo, la oscuridad de un bosque y, saliendo de este, dos cabezas con antorchas[100].

Rivette, que no precisa del texto, se sirve de otro recurso, de un ágil movimiento de cámara que va de Charlotte a la visión que está teniendo. Revela así esa desconexión entre la realidad del momento y aquello que se ve, aproximándose a la imagen que describía Schnitzler.

Más allá de la cuestión de la representación, resulta interesante cómo en *La profecía* ya se encuentra el elemento del

---

[100] Arthur Schnitzler, *La profecía y otros relatos,* Barcelona, Noguer, 1978, pág. 25.

teatro y cómo este se mezcla con la misma vida: «Desde que leí su obra me sentí como a cubierto de todo peligro siempre y cuando no se me escapara la posibilidad de realizar en el escenario lo que debía suceder en la realidad», dice el hombre que ha de protagonizar la obra de teatro, «yo esperaré echado en la camilla moribundo, la condesa Saima, con el pelo rojo y las manos ante el rostro, estará a mi lado, así como mis hijos... y todo será una ficción». En el cuento de Schnitzler, el hombre acaba muriendo, pero no a manos de un desconocido, sino a causa del espanto que le produce la posibilidad de que la profecía se cumpla, aterrado ante la presencia de un hombre calvo que no es otro que un maestro de escuela que acompaña la obra teatral con su flauta. Sin embargo, ese maestro que sale corriendo en busca de su peluca, que ha sido arrastrada por el viento, y que es quien verdaderamente provoca la muerte del hombre, tampoco vuelve a aparecer, dejando el relato de la manera más rivettiana posible, es decir, abierto.

En *L'amour par terre,* el procedimiento de Roquemaure consiste en plantear una obra cuyo desenlace se desconoce. En cierta medida, propone un final abierto que, de hecho, se corresponde con las maneras de trabajar del propio Rivette. El guionista Pascal Bonitzer explicaba sobre *L'amour par terre* (la que supuso su primera colaboración con Rivette) que desde el comienzo sabían qué iba suceder al final, pero que a medida que iban avanzando en la realización de la película ese final se antojaba imposible, generándose así una imposibilidad de cierre.

L'amour par terre no elude, pues, la querencia de Rivette por lo abierto, por lo fantástico y por el teatro, que impregna su obra con la misma sencillez con la que los fantasmas aparecen en escena, a partir de una simple panorámica. Los espectros no dejan de habitar entre mundos, y es en ese espacio donde Rivette sitúa el teatro en su cine: en el momento intermedio, entre la representación teatral y la vida, en los instantes de ensayo o entre bastidores.

1985. CUMBRES BORRASCOSAS
(Hurlevent)

> Mi amor por Heathcliff semeja las eternas rocas que están debajo (Emily Brontë).

Cumbres borrascosas, la particular adaptación que Jacques Rivette hizo del gran clásico del amor romántico, termina con una apertura. Roch (nombre que recibe el protagonista que en la novela de Emily Brontë se llamaba Heathcliff) observa una ventana. El viento sopla, y una rama golpea contra el vidrio, que se rompe. De este agujero, de esta ranura, surgen una mano y una voz que, como si fuese el canto de una sirena, llama al protagonista, que se acerca al fin a la ventana para meter su brazo por el hueco. *Cumbres borrascosas* se cierra así con esta apertura en el cristal y con dos planos que revelan sendas manos: la de una figura que bien podría ser el espectro de Catherine y la de Roch, que se estira como si pudiese tocar a su amor fallecido [27].

Los fantasmas, que atraviesan el cine de Rivette con su sutil presencia, aparecen también aquí, bajo el signo de la mano, de un cuerpo fragmentado, sin rostro, que se cuela no solo en la casa de Roch, sino en el estado emocional tanto del personaje como de la película. La escena resulta, sin duda, la más bella y poética de una película que encuentra la distancia justa con un texto, el de Brontë, que ha trascendido su propio relato. Lo fantasmagórico asoma así por la ventana, pero su presencia no es solo la de la mano —una podría pensar, también, en «la mano» como aquel pie desnudo que se percibía en un rincón del cuadro de *La obra maestra desconocida* de Balzac—, sino que es algo que

[27] La mano fantasmal.

atraviesa constantemente la película a partir de la representación de lo onírico.

Cumbres borrascosas se sitúa en un lugar entre el sueño y lo fantasmagórico y la fuerte presencia de la naturaleza, de la pureza de lo mineral y del esplendor de los campos verdes; entre el fulgor amoroso y las tonalidades realistas, propias del paisaje. De hecho, *Cumbres borrascosas* comienza con Guillaume Sévenier, el hermano de Catherine, que aparece sigilosa y lentamente desde detrás de unos arbustos —primero, vemos su mano, que, como en la escena final, surge de un hueco. Guillaume se mueve como un animal, hasta agazapado. Oculto, observa de lejos a Roch y Catherine, que están retozando amorosamente sobre las rocas grises. Guillaume observa, tras los arbustos, hasta que interrumpe a los amantes con un ruido; los chicos se van y a un lado Guillaume advierte la figura de un hombre que, esta vez, le observa a él. Cuando la escena termina, un audaz movimiento de cámara rodea a Guillaume, que está sentado ante una mesa y que se despierta de golpe de un sueño que no solo ha evocado las intrigas dramáticas que recorren la novela —el amor entre Roch y Catherine, el desprecio de Guillaume hacia este afecto, y la figura desaparecida del padre de los hermanos Sévenier—, sino que pone en escena este espíritu dual de *Cumbres borrascosas:* entre lo más matérico del paisaje, gris, verde, exterior, y lo inaprensible de los sueños.

Otro de los sueños de *Cumbres borrascosas* corresponde a Catherine, enferma, quién sabe si de amor o por haber vagado durante una noche tempestuosa por el páramo, en busca de Roch, o quién sabe si las dos cosas son una misma. Hélène acuesta y tapa a Catherine con una manta, para que se cuide de su resfriado, para que se recobre tras el golpe amoroso; la cámara se sitúa a la izquierda del cabezal y pronto hay un corte y el plano se posa sobre la mesita de noche que está a la derecha de la cama; un movimiento de cámara revela a Catherine, que se levanta para observar a Roch, de pie ante la puerta de la habitación, y que la saca de la cama y la conduce tapándole los ojos hasta una gran estancia. Es entonces cuando ella ve que sus manos están teñidas de rojo, y que la sangre brota de los brazos de Roch, que se desploma sobre el suelo. La escena resulta espléndida: por la manera en que el cambio de eje en la cama introduce un sueño que, en un primer momento, parece la continuación natural de la escena anterior; por los movimientos, gráciles, propios de la danza, entre los personajes y la cámara; por cómo el cineasta prescinde del corte para dejar primero a Catherine sola y para que luego descubra a Roch, herido; y porque al terminar la escena, cuando Catherine al fin despierta y confirmamos definitivamente que todo no ha sido más que un sueño, no solo se vuelve a la realidad, sino que han pasado unos años. Catherine está ahora casada con Olivier, el joven de buena familia al que conoció un día, y Roch sigue desaparecido, así que, a la luz del sueño y de su ausencia, cuando este reaparezca ante Catherine, lo hará como lo haría precisamente un fantasma. El sueño sirve así de elipsis, para mostrar no solo el transcurso del tiempo, sino también lo inalterable de las emociones.

Sobre la obra de las hermanas Brontë, Virginia Woolf escribía:

> Ese mismo ardor, que rechaza los tonos medios y otros obstáculos menores, pasa volando por el diario proceder de las personas ordinarias y se alía con sus pasiones más inarticuladas. Las hace poetas, o, si deciden escribir en prosa, intolerantes con las limitaciones de esta. Por eso es por lo que tanto Emily como Charlotte siempre están invocando la ayuda de la naturaleza[101].

En *Cumbres borrascosas,* la pasión amorosa se corresponde con la pasión por la naturaleza: si una manifiesta su fuerza a partir del tormento romántico, la otra se expresa a partir de la calidez del sol o del fulgor de un rayo. La mística de Heathcliff y Catherine se asemeja a la del lugar que retrata, la casa de los hermanos y el campo agreste que la separa de la casa de sus vecinos, que no solo serán compa-

[101] Virginia Woolf, *Escritoras: retratos de mujeres,* pág. 80.

ñeros de paisaje, sino razón de ser de un drama amoroso que recorre diversas generaciones. *Cumbres borrascosas* era, también, una novela sobre el entorno agreste. Escritas por Emily y Charlotte Brontë respectivamente, *Cumbres borrascosas* y *Jane Eyre* comparten un universo de familias desestructuradas, de protagonistas que acarrean las dificultades afectivas. La prosa de Emily en *Cumbres borrascosas* va un paso más allá: se envuelve en lo poético para infiltrarse en el terreno de la maldad, del rencor y del amor llevado al límite. Es el romance del salvaje Heathcliff con Catalina, la hija de la familia que lo acogió; es la historia de la venganza de este contra el hermano de ella, rivales desde niños; es la unión y el antagonismo entre dos familias... Y es también una historia de fantasmas, el de Catalina, que al poco de comenzar la novela despierta y aterroriza al narrador —el primero, pues más adelante será Elena, la cuidadora de la casa. En este sentido, no resulta nada extraño que Rivette, que situó insistentemente su cine a medio camino entre dos tierras, entre los vivos y los muertos, se fijara en esta historia para realizar *Cumbres borrascosas*.

El cine de Rivette no es ajeno a la literatura: *La bella mentirosa* y *Out 1* se inspiran en sendas obras de Balzac, un autor profundamente querido por el director; pero en aquellas películas, el texto no era más que un espectro, acaso una mano que se cuela por la ranura de una ventana. En *Cumbres borrascosas,* la presencia del texto es otra; distinta, a su vez, de la de *La religiosa,* su adaptación más «canónica» —me permito las comillas, pues cuesta apelar al canon para referirse a un cineasta esencialmente excepcional. Si *La religiosa* adapta con puntuales modificaciones el texto de Diderot, *Cumbres borrascosas* prescinde de los primeros capítulos de la novela de Brontë —la llegada del narrador al caserón llamado Cumbres borrascosas— y acaba más o menos en la mitad de la novela, en un gesto que entronca con el sentido de apertura que atraviesa la obra de Rivette:

la película termina cuando el libro apenas ha alcanzado su ecuador.

Cumbres borrascosas ha visto varias veces la luz de la gran pantalla. Desde Rivette hasta Luis Buñuel, pasando por la exagerada encarnación del amor prohibido de Heathcliff y Catalina por Ralph Fiennes y Juliette Binoche en los noventa o la pionera versión de finales de los años treinta. En esta última, dirigida por William Wyler, la narración avanza a paso ágil, sin que apenas quede rastro la poética arrebatada de Brontë: se pierden los juicios de Elena, las acciones con dobles intenciones de los personajes, la sugerencia de los espectros que pueblan *Cumbres borrascosas* e incluso una de las señas de identidad de la novela: el cambio en la narración, uno de los juegos más audaces de la escritora. Eso sí, la mejor escena de la película transcurre bajo el sonido del diálogo que define el espíritu romántico de la novela, cuando Catalina le confiesa a Elena su amor por Heathcliff, con una frase que define el *amour fou:* «Yo soy Heathcliff», expresa Catalina, antes de añadir: «él está siempre, siempre en mi mente; no como un placer, como yo no soy un placer para mí misma, sino como mi propio ser». Wyler acompaña esta declaración con un movimiento de cámara hacia el rostro de la mujer, iluminado por la luz de un estruendoso relámpago, que resume el estado de ánimo de los personajes, a la vez que ensalza la fuerza de las palabras.

En *Cumbres borrascosas* de Rivette, esta declaración, aquel «yo soy Heathcliff», aparece desnuda: la cámara se posa en Elena, que escucha a Catalina, que queda en fuera de campo, recortada por los límites del cuadro. Si el film de Wyler ensalza la vertiente fervorosa del texto, Rivette se aproxima al texto como si este fuese representado, teatralizado, leído, mientras los personajes se mueven como en una coreografía. Las palabras del texto de Brontë resuenan, sí, pero distanciadas, convertidas en un objeto que se suelta en su paisaje y su tiempo. En la película, el texto de Brontë, que comenzaba en los albores del siglo XIX, se traslada a los años treinta, década en la que Balthus firmó una serie de ilustraciones que acompañaban una edición de *Cumbres borrascosas*.

A finales de 1983, el Centro Pompidou consagró una exposición a Balthus. Una de las obras exhibidas es *El aseo de Cathy*, basada precisamente en la novela de Brontë, y en la que se observa a Catherine desnuda frente a un tocador, mientras la peinan —suponemos que Elena—, y Heathcliff permanece sentado, convertido a su vez en una suerte de autorretrato del pintor. Se trata de una pieza a color que se corresponde con una de las ilustraciones que el autor hizo en blanco y negro para la novela. Todas ellas muestran diversas escenas del libro, a partir de un trazo ágil que otorga viveza a los gestos. Las composiciones remiten a las del film de Rivette, que, con la convicción del autor, revela las pasiones amorosas a partir de planos largos, por los que los personajes circulan como bailarines. El amor se manifiesta a partir del lugar que cada personaje ocupa en el plano: como la conversación entre Catherine e Isabelle, cuando esta última ya ha mostrado su interés por Heathcliff: el momento discurre frente a un espejo que duplica la figura de Catherine, dejando a Isabelle en medio, atrapada.

El trazo, negro, con pluma, de las láminas de Balthus contiene también esta suerte de pureza, de las acciones, de las escenas, de los gestos y el entorno; algo que está presente asimismo en el film de Rivette. Las figuras que dibuja Balthus son jóvenes, situando ya en el centro de su obra la adolescencia, piedra angular de toda su pintura. En el cine de Rivette, en cambio, la adolescencia es pasajera, es puntual, y, sin embargo, su presencia se intensifica en *Cumbres borrascosas*, de la mano de Catherine, Olivier, Isabelle y Roch, todavía jóvenes, inocentes, todavía dispuestos a amar o a aprender qué es el amor.

En aquella exposición en Beaubourg también se podía contemplar una escena sencilla: la de una niña de espaldas, con vestido y sombrero, que trepa a un árbol con una escalera. El título de aquella pintura es *The Cherry Tree.* El verde del prado y de los árboles tiñe el cuadro; de una manera similar a una de las escenas más bellas de *Cumbres borrascosas,* cuando, hacia el principio de la película, Catherine y Roch, tan jóvenes e impetuosos, todavía inconscientes de las derivas y las heridas del amor, se escapan, corren por el prado, el tránsito entre los planos se produce mediante encadenados, y la música, una suerte de canto juvenil, les acompaña hasta un árbol, donde se declaran que siempre estarán ahí para el otro.

1989. La bande des quatre

Salía yo de un teatro donde todas las noches aparecía ante el escenario, en actitud suspirante (Gérard de Nerval).

La bande des quatre trata sobre la vida, desde el teatro. Sí, siempre, el teatro. Y también el misterio. Con esta película, Rivette regresaba a un lugar conocido, a un espacio no sé si seguro (porque su cine siempre fue audaz), pero sí cercano. Con un film que por momentos parece resumir su universo, Rivette cerraba una década, la de los ochenta, de cambio o, al menos, de búsqueda. Si *Le Pont du Nord* suponía una suerte de *tabula rasa, La bande des quatre* era la confirmación de que se podía volver a empezar, de una nueva etapa, distinta a aquel periodo de improvisación y de experimentación. No es extraño que, después de esta, viniera una de las películas más importantes de Rivette: *La bella mentirosa,* que curiosamente aparece esbozada en *La bande des quatre*.

«No son tus palabras, son las palabras de Marivaux», dice Constance, la profesora de teatro interpretada por Bulle Ogier. Este es su trabajo, enseñar, educar, acompañar a las alumnas que participan en sus talleres. ¿Por qué son solo chicas? Según dicen las alumnas, cuando Constance montó la escuela había chicos, pero estos ya no están. «Así podemos interpretar papeles de hombres», dice Claude, una de las estudiantes. Y dan vueltas en torno a este asunto, que resulta fundamental en una película en la que el único personaje masculino es el escurridizo Thomas, un tipo misterioso que algo quiere de ese grupo de estudiantes que comparten curso y casa.

[28] ¿Hacia dónde va Constance? ¿Dónde vive?

En *La bande des quatre,* el misterio está quizá también en los espacios [**28**]. El teatro donde da clases Constance es un espacio único, quizá uno de los más interesantes de Rivette. La puerta del fondo parece indicarnos que hay una vida fuera de aquel lugar, y cuando Constance la atraviesa para subir unas escaleras, resulta evidente que no sabremos necesariamente hacia dónde conducen. Constance vive y trabaja en el mismo lugar, *habita* su teatro. Las chicas o, al menos, algunas de ellas, comparten un caserón. Sí, hay vida fuera del teatro, igual que la hay fuera de la casa donde viven las pupilas; pero siempre hay en *La bande des quatre* una cierta sensación de clausura, la construcción de unos espacios que componen universos cerrados, habitados eminentemente por mujeres [**29**].

El espacio es a la vez muy plástico. El patio de butacas y las paredes color burdeos del lugar resultan muy especiales. Lo que más me fascina, sin embargo, es esa puerta al fondo de la platea y las escaleras que hay ahí. Son lugares intermedios, ese espacio predilecto del cine de Rivette, que recuerda asimismo al de Nicholas Ray, amante también de

[29] El teatro de Constance.

las escaleras como escenario cinematográfico: son lugares aparentemente de tránsito, pero que acaban convertidos en espacios donde suceden cosas [**30**].

El cine de Rivette se sitúa en el intersticio. En *La bande des quatre,* este se dibuja en todo aquello que sucede *entre* la escuela de Constance y la casa de las jóvenes, pues, como decía Gilles Deleuze, las actrices no hacen más que llevarse las experiencias de un lugar al otro. Es precisamente ese intersticio también el que busca Constance cuando recuerda a una de las estudiantes que el texto con el que trabaja no es suyo, sino de Marivaux: el trabajo de la actriz se encuentra en el punto entre el texto o la mirada de otro y su propia presencia y experiencia.

El intersticio es también el viaje, el tránsito de un espacio a otro. En *La bande des quatre* hay pocas imágenes más bellas que las vistas desde un tren en movimiento, que el cineasta utiliza a menudo a modo de transición. Como *Vete a saber, La bande des quatre* es una película eminentemente de interiores.

Es curioso cómo la década se abría con *Le Pont du Nord,* una película rodada en exteriores, y se cerraba con esta pie-

[30] La escalera, un interregno.

za que discurre sobre todo en dos espacios interiores: el teatro de Constance y la casa de las chicas. La directora de fotografía fue Caroline Champetier, discípula de William Lubtchansky. Ella me decía en una entrevista que se encargó de la imagen porque Lubtchansky no estaba disponible. Así que se encontraron con una mujer más en una película poblada de mujeres.

Cada una de las mujeres del grupo tiene su singularidad. Lucie, la joven portuguesa, es la más mística de todas, la que descubre la llave que desesperadamente busca Thomas, y la que transita por un mundo de fantasmas. Claude, por su parte, tiene nombre de chico y su apariencia es sumamente andrógina. Aunque ella también mantendrá una relación con Thomas, hay algo *queer* en su presencia. No le gusta interpretar roles de mujeres y sus compañeras dicen que tiene «problemas con los roles femeninos». Ella misma matiza a sus compañeras cuando hablan del amor y les dice que «morir de amor por un hombre o por una mujer es lo mismo». Claude tiene aires de *tomboy* y se presenta si no como lesbiana, al menos como bisexual. No es extraño en la filmografía de un cineasta que, sin hacer de las relaciones LGTB un tema, siempre mostró la voluntad de que sus personajes traspasaran la construcción rígida de los códigos heteropatriarcales.

Champetier dota la imagen de una interesante nocturnidad. Aunque la misma directora de fotografía definía a Lubtchansky como un maestro del claroscuro, el gusto por la noche y por la tonalidad negra de Champetier se apodera de la imagen. La escena en la que Thomas conduce a Anna desde la fiesta hasta su casa resulta prodigiosa en este sentido. Las calles apenas se ven y la oscuridad impregna el interior del coche, dejando levemente una parte de los rostros visible. El misterio es también esto.

Rivette realizó *La bande des quatre* a finales de los ochenta. A comienzos de los noventa realizaría una de las películas más importantes de su última etapa, *La bella mentirosa,* en la que el texto de Balzac dejaba de ser una nota al pie para pasar a ser la premisa de la película. Justo en el ecuador de *La bande des quatre* tiene lugar la escena más interesante de la película. Claude y Thomas se reúnen en lo alto del edificio. La escena comienza con las vistas de París, de sus tejados, bajo una luz blanca. «Todo el mundo cree conocer

París», le viene a decir Thomas a Claude. Pero ¿qué hay debajo de esas vistas, de las apariencias, de la postal? El secreto. En la cama, Thomas le dice a Claude que se parece a la «belle noiseuse», porque ella tiene el pie más hermoso de la historia de la pintura. ¿Es quizá un juego o el cineasta está probando ya lo que es el texto que serviría de base a *La bella mentirosa?*

A través de la cita de Balzac, emerge aquí la cuestión del complot, de la sociedad secreta. Irrumpe también, en boca de Thomas, el tema y la trama de *La obra maestra desconocida*. «¿Conoce a Frenhofer?», pregunta Thomas. Y entonces explica quién es: un pintor, de hace tres siglos, y cuya obra más importante es «La belle noiseuse», un cuadro robado. Thomas, dice, se dedica a recuperar cuadros robados. ¿Es ese su secreto? Él busca «La belle noiseuse», como años después el personaje de Sergio Castellito en *Vete a saber* buscará un manuscrito perdido. El complot, pues, gira alrededor de la literatura, de la pintura, del arte, en definitiva.

Serge Daney decía que quizá el tema de la película fuera la curiosidad, una curiosidad que se activa en el momento en que Cécile, la pupila de Constance interpretada por Nathalie Richard, deja la casa donde vive con sus compañeras. Lo que le sucede es una incógnita, sobre todo para sus amigas. *La bande des quatre* bascula entre la intriga encarnada en Thomas y el teatro de Constance. Ante la interpretación más conmovedora de Cécile, Constance habla con ella, primero, de la actuación y luego... luego no sabemos qué le dice, pero algo tendrá que ver con el misterio, porque al final, esas dos esferas, aparentemente separadas entre sí, terminarán encontrándose. Hasta llegar a ese punto, van discurriendo las pistas: unas llaves, un cuadro, un hombre de identidad desconocida, una carta... La película se va moviendo alrededor de este misterio, alrededor de esta banda de mujeres que intentan, entre secreto y secreto, realizar un montaje de Marivaux. Alrededor de esas dos fuerzas, la de la intriga y la del teatro, revolotea un grupo de actrices jóvenes, que en la mayoría de los casos, si no debutaban, hacían su primer papel principal.

De Constance, dicen que vive en el mismo teatro. Y que nunca sale. Y mientras comentan todo esto, Cécile, el personaje interpretado por Richard, dice: «Un misterio no se explica, o se tiene o no se tiene». La frase bien podría servir para explicar no solo a Constance, sino también el cine de Rivette y, sobre todo, su concepción del complot.

Este grupo de jóvenes actrices pivota alrededor de Constance, interpretada por Bulle Ogier, la actriz rivettiana por excelencia, y que aquí es el faro de la madurez. Ella es aquí la maestra, la directora: indica a sus actrices la posición en la escena, las inquiere sobre una modulación determinada en la voz, etc. «Gritas y no escuchamos nada», le dice a una de las estudiantes. No es suave, sino implacable, pero en su dureza, que ella misma reconoce, tiene una extraña vocación pedagógica. La cámara no se pasea únicamente por el escenario, sino también por la platea, acompañando las palabras y las indicaciones de la profesora. El público aquí no es la audiencia de un espectáculo, sino las alumnas que escuchan a Constance.

Y en toda esta trama, que gira en torno a dos polos, el del enigmático Thomas y el de las jóvenes estudiantes de teatro, y se desarrolla en dos escenarios, el de la escuela y el de la casa de ellas, hay un cabo que parece estar suelto, un verso libre. Es Constance, la profesora que parece más preocupada por el matiz en el gesto o por la manera de citar el texto que por una trama detectivesca que le es ajena. Al menos, hasta el final de la película, cuando irrumpen en su teatro para llevársela, ante la mirada atónita de sus pupilas. No es otro que Pascal Bonitzer quien se lleva a Constance, evidenciando quizá otro tránsito, entre la ficción y sus demiurgos.

En el centro, está el teatro. Y como en *L'amour fou,* y más adelante en *Vete a saber,* lo que se ve es el ensayo, la prueba, el preparativo. El montaje final quedará en fuera de campo, vendrá después, una vez la película termine. Y aunque en *La bande des quatre* se adentra en el teatro de esta manera tan rivettiana, aquí hay algo nuevo: el ensayo no es el de un grupo profesional, ni siquiera el de los ejercicios de improvisación de la *troupe* de *Out 1,* sino que son los ejercicios de un curso de teatro. Entonces, quizá, el rol de Constance Dumas es más central de lo que parece a simple vista o de lo que el grueso de la película nos va revelando. Es ella alrededor de quien giran esas jóvenes actrices. Y alrededor de ella se construyó el proyecto. Rivette había concebido *La bande des quatre* con Jeanne Moreau en mente. Ella debía interpretar a la protagonista, una profesora de actuación. Sin embargo, unas semanas antes del rodaje, Moreau se esfumó. Rivette le comentaba a Daney en un programa de radio que no supo qué había pasado, si acaso se había enfadado por alguna cosa. La película comenzó entonces a tomar otra forma, menos centrípeta y más centrífuga, dejó de organizarse alrededor de la profesora y comenzó a hacerlo en torno a las alumnas.

Fuera cual fuera la razón, Moreau desapareció, como si de un misterio rivettiano se tratara; y emergió otra opción, que nunca llegó a estar cerca de materializarse, la de Hanna Schygulla, una actriz fassbinderiana, ligada por tanto también al teatro. Ella, sin embargo, la rechaza, y esta decisión hace que se anule el rodaje. Es entonces cuando Rivette propone el papel a Bulle Ogier, pero esta se sentía tremendamente insegura ante la idea de interpretar a una maestra de teatro. Al final, entre el cineasta y la productora, Martine Marignac, la convencieron. En sus memorias, Ogier decía que hizo falta mucha diplomacia para persuadirla. Valió la pena, porque incluso si la película nació bajo el influjo de Jeanne Moreau, la presencia de Ogier resulta no solo poética, sino consecuente con el lugar que esta ocupa en el cine de Rivette. Hasta aquel momento, habían hecho cinco películas juntos. Es más, Ogier está presente en lo que sería el núcleo duro de la filmografía rivettiana.

La última colaboración entre ambos había sido *Le Pont du Nord,* una suerte de punto y aparte en el cine de Rivette y la única película en la que Bulle compartiría pantalla con su hija Pascale. *La bande des quatre* supuso el reencuentro entre la actriz y el director, y la primera película que realizaban juntos desde la muerte de Pascale Ogier, en 1984. Como en *Le Pont du Nord,* en *La bande des quatre* se establece una relación intergeneracional. Daney decía que era la primera película en la que veía a Ogier interpretar a una mujer propiamente de su edad y que los cineastas de la *nouvelle vague* se habían asimilado, históricamente, a la juventud. A medida que los directores envejecían, la juventud permanecía en la pantalla. En *La bande des quatre,* en cambio, la figura de Ogier, esa actriz madura, precipita al más misterioso de los cineastas de la *nouvelle vague* a la edad adulta, mientras a su alrededor revolotea ese grupo de actrices en formación. Ogier decía que durante algunos segundos se permitía entrever la figura de Pascale entre las alumnas. Un tiempo después, supo que Rivette había pensado lo mismo durante todo el tiempo. Nunca hablaron de ello.

Ogier habita únicamente el teatro, nunca la vemos fuera de ese espacio, en contacto con todo aquello que permanece constantemente en *off,* y que forma parte de la realidad, del contexto, de lo sociopolítico, que es el terrorismo, las maquinaciones policiales, etc. Al final de *La bande des quatre,* la *troupe* de Constance sigue actuando sin ella, que antes de irse con la policía les anuncia que no siempre estará ahí, para enseñarles, para guiarlas, para dirigirlas, añadiría yo. Es la transmisión definitiva: la vida y el teatro siguen su curso, la juventud se abre paso.

1991. La bella mentirosa *(La belle noiseuse)*

> La desnudez es materia de trabajo, porque giran en su interior la representación del cuerpo... (Georges Didi-Huberman).

Era 1990, y en *Jacques Rivette. Le veilleur,* el director les decía a Serge Daney y a Claire Denis:

> Tengo ganas desde hace un tiempo, quizás no lo haré nunca, de hacer una película sobre el acercamiento a los cuerpos, las miradas sobre el cuerpo, pero tengo mucho miedo de hacerlo porque es muy difícil y no he encontrado el método que permita hacerlo de una manera que parezca justa.

Se trataba de una premisa puramente reflexiva, una propuesta con un marcado acento teórico que se traducía en la siguiente pregunta: ¿cómo debe filmarse el cuerpo desnudo? ¿Cómo abordar lo impúdico del desnudo púdicamente? Aquel mismo año y el siguiente, Rivette filmó una película que versa justamente sobre esto.

A partir de un texto de Balzac en torno a la obsesión de un pintor por un cuadro inacabado, Rivette ahonda en aquella preocupación. En la película, el pintor interpretado por Michel Piccoli pinta a una modelo, desnuda; pero el tema quizá no sea este, sino cómo el cineasta Jacques Rivette filma a una actriz, Emmanuelle Béart, que permanece durante largas escenas desnuda.

En el segundo episodio de *Ways of Seeing,* John Berger hablaba de cómo, en la cultura europea, la mujer había sido eminentemente un espectáculo para ser mirado. Era 1972, más o menos en la misma época en la que Laura Mulvey publicó en *Screen* la piedra de toque de la teoría fílmica feminista, «Placer visual y cine narrativo», en la que desarrollaba el concepto de la mirada masculina y el de la mujer para ser mirada. Es decir, el episodio de Berger y el artículo de Mulvey estaban claramente en sintonía. A partir de aquí, Berger se adentra en la historia de la pintura al óleo europea. Había retratos de hombres y de mujeres, dice Berger, pero hay una categoría en la pintura en la que la mujer es el principal sujeto, y esta es la del desnudo. Berger se refiere al libro de Kenneth Clark sobre el desnudo, en el que define que «estar desnudo» es sencillamente estar sin ropa, pero que «el desnudo» es una forma de arte. Berger matiza esta apreciación y dice que estar simplemente sin ropa es ser uno mismo, y que el desnudo es ser visto sin ropa por otros y, sin embargo, no ser reconocido como uno mismo. El desnudo, añade, tiene que ser visto como un objeto. El desnudo, así, solo puede entenderse a partir de la mirada del otro y de la conciencia de ser miradas.

¿Cómo elabora Rivette todo esto en *La bella mentirosa*? ¿Cómo desarticula el jeroglífico del pudor de lo impúdico? A partir de dos decisiones que la película asume como esenciales: primero, se arroja un rol activo a la modelo, que participa decisivamente en la tarea creativa; segundo, la puesta en escena prescinde completamente de una mirada cosificadora o sexualizante, en favor de una constante voluntad de revelar con frialdad analítica el proceso creativo.

La bella mentirosa se basa, libremente, en *La obra maestra desconocida,* de Balzac. Y digo libremente porque la novelita de Balzac ni siquiera llega a las cien páginas, mientras que la película de Rivette, como es habitual, se extiende a lo largo de más de tres horas. La obra de Balzac, que transcurre en su tiempo, el del siglo XIX, se traslada a la época moderna, en la campiña alrededor de Montpellier, cerca del Pic Saint-Loup.

Balzac atraviesa el cine de Rivette, pero esta fue la primera vez que una novela del escritor francés servía de esqueleto de una de sus películas, aunque en ningún caso podamos hablar de una adaptación *al uso. La obra maestra desconocida* reúne algunas señas del universo del propio Rivette: por su construcción episódica y por su hibridación entre la novela y el ensayo sobre la propia creación artística. La novelita se divide en dos episodios, que llevan por título el nombre de las dos modelos con las que trabajó el pintor Frenhofer para hacer su «obra maestra»: Gillette y Catherine Lescault.

Como cineasta, Rivette nunca abandonó la mirada del crítico, de ahí que muchas de sus películas en torno al teatro propongan reflexiones sobre el propio cine. En *La bella mentirosa,* Rivette volvía a una cuestión crucial en su trayectoria como crítico, la que exploró en «De la abyección», que comenzaba apelando a la necesidad de que, antes de realizar películas sobre ciertos temas, los cineastas se planteen previamente algunas cuestiones. En *La bella mentirosa* resulta evidente que Rivette ha hecho exactamente esto: pensar en cómo resolver un escollo, el de realizar una película en la que el desnudo y la mirada ajena sobre el cuerpo desnudo de una mujer es uno de sus temas centrales.

La obra maestra desconocida parte de una obra inacabada —el cuadro de la «belle noiseuse» a la que se refiere el título— y combina dos esferas, la del amor con la de la creación artística —adornada mediante frases como «mi vocación es amarte. Ya no soy pintor, soy enamorado»[102].

Santiago Fillol escribió que *La bella mentirosa* era la respuesta de Rivette a los postulados de Godard sobre el cuer-

---

[102] Honoré de Balzac, *La obra maestra desconocida,* pág. 42.

po en el cine. Fillol cita una escena de *El desprecio (Le mépris,* 1963) entre Michel Piccoli y Brigitte Bardot en la que ella, desnuda, le pregunta incesantemente si a él le gustan las distintas partes de su cuerpo: los pies, los tobillos, las rodillas, los muslos, las nalgas, los senos, las orejas, etc. Fillol describe cómo en aquella secuencia «solo la mutilación era capaz de alumbrar un cuerpo»[103] y cómo en *La bella mentirosa* Rivette le responde filmando el cuerpo entero y reafirmando su discurso en el diálogo.

> Entre el «no me importan tus pechos y tus nalgas» de Rivette y el «¿te gustan mis pechos y mis nalgas de...?» de Godard se expone la diferencia radical de dos de las concepciones más intensas sobre el cuerpo de la modernidad cinematográfica.

En el documental de Daney y Denis, Rivette ya hablaba en estos términos, hacía alusión a su fijación por el cuerpo entero en contraposición al cuerpo troceado del cine de Godard. Poco tiempo después, con *La bella mentirosa,* Rivette volvió a la crítica de choque que había ejercido años antes en *Cahiers du Cinéma*. Respondió a Godard, y también a Balzac.

Al comienzo de *La obra maestra desconocida,* Balzac se refiere a una parte del cuerpo: «Una mano, puesto que he tomado ese ejemplo, una mano solo tiene relación con el cuerpo, expresa y continúa un pensamiento que es necesario captar y plasmar»[104]. Más adelante en la *nouvelle,* presenta el cuadro de la bella mentirosa, ya acabado, a través de una única parte del cuerpo: «Al acercarse percibieron en una esquina del lienzo la punta de un pie desnudo que salía de ese caos de colores,

---

[103] Santiago Fillol, «La imagen buscada», en *La bella mentirosa* (DVD), Barcelona, Intermedio, 2005.

[104] Honoré de Balzac, *La obra maestra desconocida,* pág. 22.

de tonalidades, de matices indecisos, de esa especie de bruma sin forma; pero un pie delicioso, ¡un pie vivo!»[105].

Rivette filma el cuerpo entero, como un absoluto, en planos largos y anchos. Sin embargo, descompone el proceso creativo que recoge la figura de Emmanuelle Béart en posturas dispares. El artista interpretado por Michel Piccoli retuerce a su modelo para que brote «lo invisible». Rivette teoriza sobre el proceso creativo. «Esta mujer no es una criatura, es una creación»[106], escribió Balzac. El planteamiento de Rivette es esencialmente crítico, pues quería filmar «la relación del *metteur en scène* y del modelo, en un sentido bressoniano»[107]; pero aquí Rivette ya no es un crítico cinematográfico, no escribe sobre Bresson, no teoriza en torno a esta cuestión sobre el papel, sino que hace una película. Bajo el signo de la pregunta de cómo filmar el cuerpo, Rivette volvió a las raíces de su pensamiento crítico. En definitiva, *La bella mentirosa* se interroga sobre cómo poner en escena el cuerpo en el espacio, una cuestión que se encontraba ya en el corazón de la obra crítica de Rivette.

Pero, como decíamos, esto ya no es únicamente un objeto de estudio, un corpus teórico, sino una película, con un cuerpo de verdad. Y este es el de Emmanuelle Béart. Si normalmente en el cine de Rivette se produce una correspondencia entre el cine y el teatro, aquí lo es entre la pintura y el cine. Es decir, que mientras Frenhofer observa a Marianne para hacer su retrato, Rivette observa a Béart. Las tensiones de la musa en la ficción lo son también de la actriz durante el rodaje, y esto transpira en la película.

Béart había estado anteriormente en la órbita de Rivette. La actriz estuvo a punto de protagonizar *Cumbres borrasco-*

---

105 *Ibíd.,* pág. 56.
106 *Ibíd.,* pág. 42.
107 Hélène Frappat, *Jacques Rivette, secret compris,* pág. 162.

sas, curiosamente junto a David Bursztein, quien encarna a su pareja en *La bella mentirosa;* pero ni uno ni otro se quedaron con unos papeles que finalmente recayeron en Lucas Belvaux y Fabienne Babe. «Creo que a Rivette le parecíamos demasiado románticos»[108], decía Béart en la entrevista que le hizo Antoine de Baecque con motivo del estreno de *La bella mentirosa*. La actriz también rondó otro proyecto, aquel con Jeanne Moreau sobre el teatro que luego desembocaría en *La bande des quatre*. Fue finalmente a comienzos de los noventa, y en una película exigente para la protagonista, donde la colaboración entre intérprete y cineasta terminaría cuajando.

No sé si fue en la entrevista de De Baecque o en otra revista donde hace años leí unas declaraciones de Béart que se me quedaron grabadas. En ellas, la actriz comentaba las dificultades de un rodaje en el que permanecía buena parte del tiempo sin ropa, y recordaba un momento en el que Rivette se acercó a ella, que se había escondido afligida, y le dijo que era muy bella. Ella añadía que era algo que le habían dicho muchas veces, pero nunca de aquella manera. Ahí, en ese gesto, en ese tono, se encuentra también lo púdico. En la entrevista de De Baecque, Béart cuenta precisamente que Rivette era una persona muy púdica, y cómo no la lanzó en la película, sino que la hizo aterrizar en ella. Habla también de sus momentos de rebeldía y de cómo esto se deja entrever en el personaje y cómo Rivette sintió esos momentos y siempre fue hacia ella «cuando tenía que hacerlo».

En *La bella mentirosa* vuelve a haber una suerte de geometría a la hora de disponer los personajes, algo habitual en el cine de Rivette y, sobre todo, en las películas en colabo-

---

[108] Antoine de Baecque, «Entrevista a Emmanuelle Béart», *Cahiers du Cinéma,* núm. 447, septiembre de 1991. Publicado en español en *Intermedio,* https://intermediodvd.wordpress.com/2012/09/03/entrevista-a-emmanuelle-beart-sobre-la-belle-noiseuse-1/.

ración con el guionista Pascal Bonitzer. Marianne y el joven pintor Nicolas son pareja. Frenhofer está casado con Liz, que fue la primera modelo para «La belle noiseuse». Así, Marianne sería la Gillette de la novelita de Balzac, y Liz, Catherine Lescault. Hay otro personaje importante: el marchante Porbus, que gravita alrededor de ellos. Nicolas «vende» el cuerpo de Marianne en nombre del arte. En este sentido, Rivette se muestra directo a la hora de reflejar cómo se desarrolla la negociación, en un encuentro entre los tres hombres, el artista, el marchante y el novio. La transacción se revela así lejos de cualquier complacencia. Se trata, en el fondo, de una forma de violencia, sobre la que Marianne se irá rebelando, hasta llegar al final de la película. La escena en la que Marianne se desnuda por primera vez resulta implacable, tanto en la interpretación como en la construcción de la puesta en escena, de la distancia de la cámara respecto al cuerpo, al comienzo, con un primer plano y, finalmente, con uno general que muestra el cuerpo entero.

> El cine documenta entonces aquello que el texto solo podía idealizar: los trazos de los bosquejos que pacientemente se apoderan de lo real. Ese es el soberano logro de la película, en su tercio central: haberse dado los medios para hacer del discurso del Frenhofer de Balzac una crónica material[109].

En el momento en que la criatura (Marianne) se convierte en creación, Rivette lleva también a la vida la obra de Balzac.

Hay algo fantasmal en una película que, a diferencia de otras obras de Rivette, no tiene nada propiamente fantásti-

---

[109] Arnaud Macé, «Que l'esprit est un corps», *Cahiers du Cinéma,* núm. 621, marzo de 2007, pág. 16.

co. El tratamiento del proyecto deja entrever de manera más clara estas extrañezas o un cierto flirteo con formas propias del terror, como el vampirismo. En un fragmento del tratamiento, se dice que cualquiera que se acerque al personaje «perverso» de Frenhofer «está en peligro». Y se añade que Marianne está «poseída» por Frenhofer. Más adelante se habla de que la casa vacacional donde se encuentran todos esos personajes está «encantada por el cuadro», como si de repente la novelita de Balzac se acercara a los dominios fantásticos de *El retrato de Dorian Gray* de Oscar Wilde.

Se trata de una nueva historia de *revenants* narrada a través del cuerpo, puesto en escena. Ángel Quintana afirmó que los tres pilares sobre los que la modernidad abordó el tema de cómo filmar el cuerpo fueron John Cassavetes, Jean Renoir y Jacques Rivette. Thierry Jousse se refirió de la siguiente manera al cuerpo según Cassavetes: «En apariencia no hay nada más que ver; solo el propio cuerpo; no hay trascendencia posible, ni elaboración imaginaria. Sin embargo este cuerpo es presa de fuerzas que lo retuercen, lo electrizan, lo histerizan»[110]. Jousse se refiere a que «no hay nada más que ver» y a las «*fuerzas* que lo retuercen», en referencia a algo invisible, una belleza cargada de misterio. En *La bella mentirosa,* Rivette buscó resolver este misterio haciendo una película sobre el proceso creativo, filmando a Michel Piccoli retorciendo el cuerpo de Béart hasta convertirla en modelo, alcanzando algo más, reflexionando sobre cómo poner en escena el cuerpo en el espacio.

La bella mentirosa es una película sobre el cuerpo, pero también sobre las manos, las del pintor, que primero bosqueja, que va tanteando la forma del rostro, de la expresión, del contorno, del cuerpo y de la carne. Si Béart pone el cuerpo y Rivette y Piccoli, la mirada, es el pintor Bernard

---

[110] Thierry Jousse, *John Cassavetes,* Madrid, Cátedra, 1992, pág. 106.

Dufour quien hace lo propio con las manos. En los planos cortos de los gestos de bosquejar o de plasmar el retrato sobre el lienzo, Rivette contó con Dufour como doble de manos de Piccoli. En la presentación del proyecto, se citan una serie de pintores para describir la obra del Frenhofer de la película: De Kooning, Fautrier y Bacon. Estos dos últimos, artistas que, a través del óleo y de la textura, logran elaborar pictóricamente la carnalidad. Fautrier, de hecho, fue un pintor *muy querido* por Rivette: es precisamente en una exposición de Fautrier donde Serge Daney pasea con Rivette al comienzo de *Le veilleur,* el documental que el joven crítico realiza junto a Claire Denis en 1990. Y es justamente Fautrier el pintor con quien Rivette quiere reunirse a mediados de los sesenta, cuando inicia para *Cahiers du Cinéma* una serie de entrevistas con figuras relevantes de la intelectualidad y el arte de la época. Fautrier murió en julio de 1964, unas semanas antes del encuentro programado para la entrevista de *Cahiers*[111].

En *La bella mentirosa,* cuando el pintor logra finalizar el cuadro, lo esconde y lo sepulta en la pared, pues lo impúdico no es mostrar el cuerpo desnudo de la criatura, sino el resultado de la creación artística, su materialización. Rivette capturó uno de los grandes misterios del arte: el de la creación. Guardó entonces su rostro, escondiendo el cuadro del espectador, sin mostrarlo en ningún momento. Ahora bien, dejó entrever brevemente un pie, *el pie,* esa pequeña parte del cuerpo que, en la novelita de Balzac, era motivo de elogio por parte de aquellos que observaban con desdén el cuadro de Frenhofer. Mientras la asistenta del pintor Frenhofer le ayuda a enterrar el cuadro en la pared, la chica agarra la tela que lo cubre y sin querer levanta el paño y deja entrever ese detalle de una pintura que nadie verá. En

[111] Antoine de Baecque, *La cinéphilie,* pág. 325.

Rivette, siempre hay algo juguetón, respecto a su propio cine o respecto al arte.

En la presentación y las anotaciones sobre el proyecto que se encuentran en el archivo de Jacques Rivette recogido en la Cinémathèque Française, se planteaba una dificultad a la hora de adaptar el texto de Balzac: «Si ese cuadro, *La belle noiseuse,* puede ser evocado con palabras, es verdaderamente inmostrable, literalmente irrepresentable». Ahora bien, es precisamente esa imposibilidad lo que seducía a Rivette y a su equipo, porque ¿se puede revelar el más profundo de los secretos del arte? Lo irrepresentable aquí no es el cuadro, sino el misterio del proceso creativo. Rivette lo revela no solo a través de los gestos, de la mano del pintor, de la mirada de Piccoli o del cuerpo de Béart, sino del tiempo. La versión extendida de *La bella mentirosa* reposa, se extiende precisamente en todos estos gestos, como *Out 1* lo hacía sobre las sesiones de ensayo de las compañías de teatro. Lo que importa no es el resultado, el cuadro, el final: lo que importa es el tiempo, las sesiones inagotables, tanto del retrato que Frenhofer hace de Marianne como del que Rivette hace de ellos dos. ¿Cómo filmar entonces el cuerpo? ¿Cómo abordarlo desde el pudor? Quizá, entre otras cosas, a través del tiempo. Es cuando el artista se pone a bosquejar y la modelo a posar cuando emerge la duración. El gesto de las manos sobre el papel primero y luego sobre el lienzo se extiende, se toma su tiempo. Y sucede lo mismo con la figura de la modelo, que permanece ahí, en medio del taller del pintor, desnuda, a veces parada y otras, en posturas de lo más incómodas, con el cuerpo contorsionado.

1994. JEANNE LA PUCELLE

> Después de que su ropa fue quemada y se dio por muerta a Juana, un observador escribió: «Luego se apartó el fuego y se mostró a toda la gente su cuerpo desnudo y todos los secretos que podrían o deberían pertenecer a una mujer, para disipar cualquier duda de la mente de la gente» (Leslie Feinberg).

A mediados de los años noventa, Rivette estrenaba una película sobre Juana de Arco. El tema era curioso: uno de los mayores símbolos de la historia de Francia, al que el cine se había acercado en diversas ocasiones. Cuando Rivette realiza *Jeanne la Pucelle,* habían pasado unas seis décadas de *La pasión de Juana de Arco (La passion de Jean d'Arc,* 1928), de Dreyer, y unas tres de las películas de Bresson y Preminger sobre la mística heroína francesa.

La figura poliédrica de Juana ofrece a menudo lecturas encontradas, tanto desde una perspectiva política como cultural. De hecho, el cine ha contado de manera sumamente diversa la historia de Juana, que en la pantalla ha sido la santa, la guerrera, la mártir, la campesina o todas estas cosas a la vez. Rivette se adentraba así en un terreno ya explotado pero todavía fértil: es más, él mismo había escrito un breve artículo en *Cahiers du Cinéma* con motivo de la película de Bresson, titulado «Note sur l'insuccès commercial»[112]. ¿Qué podría interesarle al director de *La bella mentirosa* de esta figura tan compleja e inabarcable? ¿Por qué volver al símbolo?

112 *Cahiers du Cinéma,* núm. 143, mayo de 1963.

En *Jeanne La Pucelle,* Rivette narra la historia de Juana en dos partes de unas tres horas cada una, tituladas cada una de ellas «Las batallas» y «Las prisiones». El relato es cronológico: desde que Juana emprende la búsqueda del delfín Charles desde Vaucouleurs hasta que es ejecutada en Rouen. Quién sabe, quizá este no sea un detalle menor: Rivette nació y creció en Rouen, aquel lugar donde Juana ardió en la hoguera.

Rivette volvía entonces a una suerte de origen, no solo por el lugar, sino porque, como escribía Jonathan Romney en su artículo para *Sight and Sound,* hay una relación entre *Jeanne la Pucelle* y *La religiosa,* entre una película realizada en un periodo de madurez y otra hecha en los albores de su filmografía. Sí, hay un vínculo entre Juana, la mística que se enfrenta a un país, y Suzanne Simonin, la monja que se rebela contra el estamento religioso. Ambas chocan con los corsés de las estructuras de poder. Romney las describía como mujeres mártires, pero además como figuras que chocaban con la identidad sexual y social que se les había impuesto.

Entre los múltiples caminos que abre la figura de Juana de Arco, está el de su expresión de género. Juzgada en Rouen por un tribunal eclesiástico, Juana ha sido un símbolo relevante también para la cultura *queer.* Leslie Feinberg, por ejemplo, escribía sobre ella en su libro *Transgender Warriors: Making History from Joan of Arc to Dennis Rodman,* donde pone énfasis en la decisión de Juana de vestir ropa de hombre, «el crimen por el que finalmente fue ejecutada»[113]. Lo que interesa a Feinberg es, por un lado, cómo para la audiencia que la juzgó las ropas de Juana eran motivo de condena, mientras que para los campesinos que

---

113 Leslie Feinberg, *Transgender Warriors: Making History from Joan of Arc to Dennis Rodman,* Boston, Beacon Press, 1996, pág. 34.

la glorificaron era un atuendo sacro. En Juana hay, pues, no solo un discurso de género, sino también de clase. Feinberg señala también cómo lo que enfureció a los jueces no fue únicamente su «travestismo», sino su «expresión transgénero en global». Finalmente, concluye, ese travestismo estaba profundamente arraigado en su identidad.

Rivette no llega necesariamente a estas conclusiones, pero sí que insiste en el encaje de Juana en un mundo eminentemente masculino, un prisma que el cine ya había ofrecido en diversas ocasiones, y, sobre todo, presta especial atención a la cuestión del atuendo. *Jeanne la Pucelle* hace hincapié en la expresión de género de Juana a partir de una cierta conciencia del género como construcción.

Ya en prisión, una mujer le acerca un espejo y unas tijeras, para que pueda cortarse el pelo. Esta le pregunta si es algo que hace a menudo, a lo que Juana, observando su reflejo, responde: «Cuando parezco demasiado una chica». La primera vez que Juana se corta el pelo es antes de partir para Chinon para encontrar al delfín Charles. Requerida por una monja, le dice que debe «ser un chico». No dice que debe «parecer» un hombre, sino que debe serlo. La religiosa, a su lado, decide ayudarla. Y Juana se observa, orgullosa, con media sonrisa, en el reflejo de la armadura que tiene entre las manos: se está encontrando a sí misma. *Jeanne la Pucelle* no es necesariamente una película sobre el símbolo místico, político o bélico, sino que es la historia de una búsqueda, algo que entronca enormemente con la manera de entender el cine de un director que hizo de la búsqueda un método.

Hay otro momento, diminuto pero sublime, que refuerza la relevancia de la expresión de género de Juana. Cuando, demacrada tras días de encarcelamiento, ella se enfrenta a una primera sentencia en la que la acusan de odiar su género, la hacen jurar que nunca más llevará ropa de hombre. Ella repite la frase, la hace suya, pero esboza entonces

[31] La sonrisa de Juana.

una sonrisa, extrañamente suave y cálida en un entorno hostil y frío [**31**]. Ese gesto sutil revela la conciencia de ella, la estima que le tiene a su atuendo, a su pelo a lo *garçon,* a la posibilidad no solo de estar entre los hombres y *parecerse* a ellos, sino de *ser* entre ellos. Creo que este gesto no habría sido posible sin la actuación de Sandrine Bonnaire. La actriz, que entonces ya podía ser considerada una estrella, contaba con una buena retahíla de títulos a sus espaldas, sobre todo en colaboración con Maurice Pialat. Ya en *A nuestros amores (À nos amours,* 1983), y cuando solo tenía diecisiete años, Bonnaire hacía de la sonrisa, a menudo amplia, generosa, iluminada, un gesto esencial en su interpretación. En *Jeanne la Pucelle,* hay algo en ella y en ese gesto entre la dignidad y la inocencia.

Tras afirmar, bajo amenaza de muerte, que nunca volverá a tener el aspecto de un hombre, Juana se ve obligada a ponerse un vestido. El cambio de indumentaria acarrea un trato diferente por parte de los hombres que la rodean, que intentan violarla. Al comienzo de la película, cuando viaja de Vaucouleurs a Chinon, dos hombres que van con ella discuten sobre su sexualidad y comentan que, antes de llegar a su destino, virgen o no, se habrán acostado con ella, aprovechando que dormirán juntos, «entre caballeros». Por la noche, en un pajar, con Juana tumbada entre ambos, los dos la observan y reconocen que es «un ángel». Ella se despierta y les sonríe. La valentía y la pureza de Juana les ha desarmado. Y, quizá, su atuendo la ha protegido, cosa que el vestido *de mujer* que lleva en prisión poco antes de su muerte no puede hacer. Después de que, en prisión, intenten abusar de ella, Juana se viste otra vez de hombre y acepta así su condena a la hoguera.

A lo largo de la película, mientras Juana va avanzando en su gesta, guiada por directrices divinas, se van intercalando testimonios de diversos personajes. Se basan en las declaraciones que, años después de su ejecución, contribuyeron a la rehabilitación de la figura de Juana. Estos aparecen mirando a cámara, como si declarasen ahora, reforzando su condición de testigos. La película se sitúa exactamente ahí, no tanto en la gestación del mito como en el devenir de la historia.

En *Jeanne la Pucelle* hay un respeto constante no por los planos detalle, que resultan casi inexistentes, sino por los pormenores tanto de la trayectoria de Juana de Arco como de los rituales en los que participa. Resulta especialmente notoria la escena, de quince minutos, de la coronación de Charles, en Rheims [**32**]. Los gestos, los objetos, el lugar de los eclesiásticos, el de los hombres, el de las mujeres: todo se define con atención, como si no importara tanto el resultado (Charles ya es rey) como el proceso, el ritual. En la liturgia, Charles se tumba en el suelo, boca abajo, rodeado de los distintos estamentos del poder. En el centro, como espectadora, está Juana, con su pelo corto, su armadura y su gesto humilde. No es un lugar para las mujeres, como queda claro cuando, al final de la ceremonia, la cámara avanza hacia la muchedumbre, donde chicas y religiosas se agolpan para intentar ver algo, contenidas por una barrera

[32] El ritual.

de guardas que deja clara la diferencia entre el pueblo y la autoridad.

Como en *La religiosa,* la puesta en escena es muy coreográfica. La música, de hecho, desempeña un papel muy importante en la película y, sobre todo, en la escena de la coronación, donde los coros resuenan con determinación. La partitura fue compuesta por Jordi Savall, uno de los mayores contribuidores a la preservación y la recuperación de la música antigua. Como explica Isabelle Ragnard en un interesante artículo sobre la banda sonora de *Jeanne la Pucelle,* Savall realizó una investigación documental de la música de aquella época y consultó diversas obras: «Realiza arreglos de obras medievales y finalmente compone nuevas piezas inspiradas en el lenguaje contrapuntístico del siglo XV»[114]. Entre los temas que incorpora Savall está el de «El hombre armado», que Ragnard analiza en profundidad en su artículo, y que ya había sido utilizado en *Juana de*

[114] Isabelle Ragnard, «Le thème de *L'Homme armé* dans le film *Jeanne la Pucelle* de Jacques Rivette», *Le Paon d'Héra,* núm. 8, 2012, págs. 23-34.

Arco (1948), de Victor Fleming, con Ingrid Bergman interpretando el papel principal. Para Ragnard, Juana es ese «hombre armado» al que se refiere el motivo musical.

En «Las batallas», la primera parte de la película, Juana aparece a menudo rodeada de hombres, en espacios reservados precisamente a los varones, como la batalla o los cónclaves de palacio. Si Dreyer hizo del rostro y de la palabra el eje central de su puesta en escena para *La pasión de Juana de Arco* y Bresson hizo lo propio con el gesto, Rivette plantea una puesta en escena sobre el espacio y los movimientos de los actores en él. Son a menudo planos generales, tomas largas, en espacios abiertos.

La historia de Juana, la campesina a quien la voz divina guía en la guerra contra los ingleses, lleva a Rivette a un lugar inexplorado. El cineasta, que había trabajado sobre los cuerpos en la acción teatral o pictórica, filmaba por primera vez escenas de batalla. De nuevo, emerge el «método». La productora, Martine Marignac, aseguraba que Rivette no quería filmar la guerra, sino «una idea de batalla»[115], y que entre otras cosas era porque no tenían el dinero para rodar diversas escenas. *Jeanne la Pucelle* es una película de seis horas sobre un símbolo de la historia francesa, pero escapa de todo lo que se podría suponer de una premisa así: está hecha fuera de los ambages de un sistema clásico, y se fija antes en los momentos de tránsito y en los tiempos muertos que en la pirotecnia de la contienda. Y donde antes hubo una preponderancia de la palabra, aquí hay momentos para la palabra hablada, pero también para el silencio.

Ahora bien, Rivette es fiel al personaje, y Juana es también una guerrera. Al final de la primera parte, se pone en escena con brevedad el asalto de Orléans, en una suerte de elogio de la serie B: planos generales pero cerrados que per-

---

[115] Hélène Frappat, *Jacques Rivette, secret compris,* pág. 172.

miten que se realice con pocos figurantes, lejos de las masas del cine bélico o épico; y la humareda de la contienda para permitirse, a ratos, sugerir más que mostrar, elaborar una «idea de batalla». El final de «Las batallas», el primer segmento de la película, transcurre bajo el humo del fuego de la guerra; «Las prisiones», la segunda parte de la película, se cierra con otra imagen que se emborrona, otra vez por el humo, esta vez de la hoguera que condena a Juana. En este último instante, y como se señala en la crítica de *Le Monde* publicada el mismo año del estreno de la película, Rivette aguanta el plano sobre el rostro de Juana. Si en otros casos la cámara se alzaba hacia el cielo, reforzando la idea del milagro, de la santidad, de lo místico, Rivette se mantiene con los pies en el suelo, como en cierta manera ha hecho a lo largo de la película.

Resultan reveladoras las palabras de la guionista Christine Laurent, que en el libro de Frappat explica cómo Rivette había contactado con un cura para que les asesorara en relación con los gestos de los rituales litúrgicos. Finalmente, le propuso al cura que encarnara al consejero de Juana. Este accedió, pero en el rodaje le dio pánico y se echó atrás. Rivette terminaría asumiendo él mismo el papel de consejero. Así que ahí está él, con hábito de monje, en un paisaje nevado, frente a Juana, antes de que esta inicie su viaje en búsqueda del delfín Charles en Chinon. Las dos escenas en las que Rivette aparece resultan espléndidas, sin duda, porque no es lo mismo que quien confiesa a Juana antes de su epopeya sea un monje o un actor que lo haga el director de la película. Lo que dice Laurent a partir de aquí es genial: «Jacques-el-confesor parece también preparar a Sandrine-la-actriz para Jeanne... Esta capacidad de invención frente a la necesidad o la adversidad surge de su método»[116]. Una

116 *Ibíd.*

vez más, la puesta en escena de Rivette se presta a la irrupción del accidente, a la apertura. Ya no estamos en los tiempos de *Out 1,* cuando la improvisación es la principal partitura, pero el impulso permanece; y donde antes había improvisación, ahora hay una apertura que invita al imprevisto.

Las voces de Juana no se materializan, no las escuchamos. La espiritualidad no está en una dimensión fantástica, sino en los hechos, en lo material, en la dignidad de Juana, en su búsqueda de su lugar y de su identidad. Guiada por sus voces, al comienzo de la película ella dice saber qué hacer. Las voces son, así, una especie de guion que la heroína sigue, pero que en un momento dado desaparece. Aquí, la película de época, sobre el gran símbolo francés, entra en un terreno propiamente rivettiano, el de la búsqueda. En el libro de Frappat, esta recogía las palabras del director, que en una entrevista decía: «Me gustaría tener voces, para que me dijeran: ¡Rivette, ahora tienes que hacer esto! Es felizmente práctico tener voces como las de Juana de Arco»[117]. Pero Rivette no solo no escucha esas voces, sino que hace de lo inesperado un método.

---

[117] *Ibíd.*

1995. ALTO BAJO FRÁGIL
(Haut bas fragile)

> Las grandes ideas de puesta en escena son coreografías (José Luis Guarner).

Rivette entendió el musical como epítome del cine moderno[118]. Quizá por esto era solo cuestión de tiempo que Rivette realizara un musical. Iba a hacerlo en los setenta, cuando tenía previsto completar aquella tetralogía truncada titulada «Escenas de la vida paralela». La última entrega de la serie iba a ser un musical. Quizá, algo de aquel proyecto traspasó a *Alto bajo frágil;* por ejemplo, en el método creativo. Con *Alto bajo frágil,* Rivette volvía a los procesos de trabajo de aquel periodo, el de los setenta, cuando les pedía a las actrices que participaran en la creación de sus personajes.

Alto bajo frágil nace de un «fracaso»[119], el de *Jeanne la Pucelle,* una película magnífica que por sus dimensiones y, quizá, expectativas, no alcanzaría el resultado esperado, al menos en términos de recepción y de producción. Rivette decía que *Alto bajo frágil* había surgido de un sueño, el del coproductor Maurice Tinchant, que mientras dormía había visualizado que el director filmaba a Brigitte Bardot en pleno verano. La productora habitual de Rivette, Martine Marignac, le propone en-

[118] En una idea que más adelante recogería José Luis Guarner en «El musical: introducción al cine moderno».

[119] En *Libération,* Rivette diría que «*Jeanne* es un fracaso para todos». Gérard Lefort y Marcus Rothe, «Jacques Rivette: "J'aime les films inégaux"», *Libération,* 12 de abril de 1995.

tonces a Rivette hacer una película a partir de esa premisa.

La película surge del impulso de olvidar el sabor de boca que había dejado el estreno de *Jeanne la Pucelle;* sin embargo, *Alto bajo frágil* se explica, entre otras cosas, a partir de sus parecidos con las dos películas anteriores de Rivette: *Jeanne* y *La bella mentirosa*. Las tres se suceden rápidamente y todas ellas son exploraciones del cuerpo. «Quiero filmar a los actores de arriba a abajo, es como en las casas: los pies son tan importantes como la cabeza. ¡Se podría decir que me gusta filmar con los pies!»[120], decía Rivette. El cuerpo entero, ese era el tema de *La bella mentirosa,* y así se lo había expresado Rivette a Daney en el documental que ambos realizaron junto a Denis para *Cinéma de notre temps*. El musical permite precisamente esto: explorar el movimiento, el cuerpo en su totalidad, de la cabeza a los pies, que se mueven, que determinan el ritmo.

Nathalie Richard, quien encarna a Ninon en *Alto bajo frágil,* explicaba cómo en 1994 Rivette se encontró con ella y le propuso hacer una película en la que participase en la realización del guion y para la que apenas existían ciertas premisas: el baile y la danza, la importancia del cuerpo y París en verano. El hilo conductor iba a ser la mujer interpretada por Richard y otro personaje, Louise, encarnada por Marianne Denicourt. La simetría que genera el número dos se vería *perturbada* por la irrupción de una tercera actriz: Laurence Côte, que, deseosa de volver a trabajar con Rivette después de *La bande des quatre,* se reencuentra con el director y termina encarnando a Ida. Cada una de ellas huye o busca alguna cosa: Ninon ha escapado del entorno criminal en el que habitaba y de la escena de un homicidio, Louise ha despertado recientemente de un coma e Ida es

---

120 *Ibíd.*

una bibliotecaria (¡como Julie!) que fue adoptada y que desea conocer a su madre biológica. En cierta manera, las tres están en un proceso de desvinculación de las figuras patriarcales: el padre de Louise, que la llama insistentemente, los padres adoptivos de Ida y el novio de Ninon.

Las tres van y vienen, alguna se encuentra con otra, y a su alrededor gravitan otros personajes, como Roland, el dueño de un negocio de decorados; Lucien, quien espía a Louise, o Sarah, la cantante interpretada por Anna Karina con la que Ida irá a vivir al final y que podría ser su buscada madre biológica. El deambular por el paisaje parisino se resume en un gesto, el de Nathalie Richard en moto [**33**]. Su personaje, Ninon, ha escapado de un entorno criminal e inicia una nueva vida como repartidora. El oficio la lleva a recorrer París, con su casco y su *scooter* roja, distribuyendo paquetes. La figura de Richard recuerda a la de Pascale Ogier en *Le Pont du Nord,* la más parisina de las películas de un cineasta sumamente parisino; y se proyecta también hacia el futuro, hacia la figura de Kristen Stewart en *Personal Shopper.* En la película de Olivier Assayas, Stewart se dedica a comprar ropa para una famosa, y se desplaza por París también en moto. Es más, Assayas había trabajado también con Richard, apenas un año después de que la actriz filmase *Alto bajo frágil,* en *Irma Vep,* en la que la actriz interpretaba a la trabajadora del equipo de rodaje de una película, que se enamoraba de la protagonista, la estrella de Hong Kong Maggie Cheung, a quien se llevaba a pasear por París de noche... en moto. En un momento de *Irma Vep,* las dos visitan a una amiga de Ninon, interpretada por la más rivettiana de las actrices, Bulle Ogier. El círculo se cierra y el viaje en motocicleta cobra sentido. Rivette hizo del paseo un motivo visual y narrativo y Assayas recogió el testigo.

El vaivén es muy propio del cine de Rivette, que revolotea al ritmo del encuentro y del divertimento de lo azaroso.

[33] Ninon en tránsito.

Es París y es verano: un escenario propicio para los paseos, para el deambular por las calles y para el encuentro en parques y plazas, uno de los escenarios más queridos del cineasta. Décadas atrás, la bibliotecaria Julie y la prestidigitadora Céline se topan la una con la otra precisamente en un parque, bajo el sol, entre los árboles verdes. En *Alto bajo frágil,* uno de los escenarios más simpáticos de la película es un pequeño puesto de crepes y salchichas. Quien lo regenta está interpretada por Martine Marignac, y uno de sus clientes es Jacques Rivette, que debió cogerle gusto a eso de aparecer en sus películas después de encarnar al religioso de *Jeanne la Pucelle.* El personaje de Rivette observa a Ida y dice haberla visto antes[121].

Mientras los personajes se buscan a sí mismos, mientras se encuentran por casualidad, mientras deambulan por la ciudad, la película emprende también un tanteo respecto a un género como el musical. *Haut, bas, fragile* es un musical en el que los números de canto y baile no se dan hasta pasada una hora de película. Rivette pone su gusto por los tiempos dilatados al servicio del género, que vuelve como un calcetín. Si el musical es danza y balada, aquí habrá que esperar. La dilación, sin embargo, tiene que ver con la búsqueda: esa primera hora no es una negación del musical, sino precisamente su búsqueda. En esa primera hora, Ninon baila en una discoteca. Vemos el cuerpo de Nathalie Richard danzar, de forma tremendamente expresiva y libre, justo antes de que comience su huida.

A diferencia del musical de carácter más canónico, en el que la música y el baile irrumpen de repente, *perturbando* la realidad narrativa, *Alto bajo frágil* se toma su tiempo a la hora de adentrarse en el género. La canción y la danza van apareciendo suavemente, como en un paciente cortejo. Ninon baila en un bar. Ida tararea una canción de la que apenas sabe un pedacito. Y Ninon juega con la sonoridad de la palabra «perturbé» mientras habla con Roland. La musicalidad está ya ahí, en el entorno casual de un bar o una discoteca, en las palabras y las melodías; el género va asoman-

[121] La actriz, Laurence Côte, explicaba en una entrevista en *Le Monde* que tras *La bande des quatre* tenía el deseo de volver a trabajar con Rivette. Se encontró con él y ella le contó una idea que tenía. De aquella sinopsis, el cineasta se queda sobre todo con una idea: la de alguien que dice conocer a una chica sin recordar de qué.

[34] Comienza el baile.

do tímidamente, como si Rivette, en vez de abocarnos violentamente a la fantasía del musical, quisiera llevarnos de la mano, suavemente, hacia ahí. Es más, cuando el género al fin se manifiesta, la película se instala en él por un buen rato, para finalmente retirarse de nuevo poco a poco de allí.

Las actrices y los actores no son profesionales de la danza, y su gesto y entonación destacan precisamente por el encanto de un cierto amateurismo. Y, sin embargo, hay escenas de baile de una gran belleza. Una de ellas es el primer número musical, cuando Ninon y Roland se encuentran en el taller de este último [**34**]. Es un lugar amplio, lleno de maderas y de telones pintados. Es el espacio en el que se revela el truco tras la magia de la ficción. Roland regenta un negocio de decorados y ahí, en aquel lugar, es donde la película abraza definitivamente el musical. Podemos pensar en Guarner, quien, siguiendo la estela precisamente de Rivette, veía en el musical los indicios de un cine moderno. Guarner decía que Resnais no habría hecho *Hiroshima mon amour (Hiroshima mon amour,* 1959) de no haber sido por *Cantando bajo la lluvia (Singing in the Rain,* 1952). Y, de nuevo, es en *Cantando bajo la lluvia* en lo que pensamos cuando vemos el primer baile de *Alto bajo frágil.* La película de Stanley Donen y Gene Kelly transcurría sobre todo entre las bambalinas de un estudio cinematográfico, pues se sitúa en el Hollywood que transita del mudo al sonoro. De repente, el espacio que nunca vemos, el que evidencia que el cine es un artificio, queda a la vista. Esa exposición de los propios mecanismos creativos resulta sumamente moderna, y se daba en el marco de un género, como el musical, que parte de una premisa que pone contra las cuerdas la relación realidad-artificio a través de la irrupción de la danza y la canción. El primer número de *Alto bajo frágil* apela a todo esto.

La otra gran actuación de canto y baile es el cénit de la película en su faceta musical: cuando Louise y el detective que la sigue bailan juntos bajo la glorieta de un parque. Decíamos al comienzo que una de las premisas de *Alto bajo frágil* era París en verano. Pues esto es exactamente la ciudad francesa bajo el esplendor veraniego: es el rumor de los niños jugando, el vestido rojo de Louise y los árboles y el estanque verde. Esta es, también, una bella historia de amor, cuya búsqueda es una nota que se escucha de fondo a lo largo de la película. Ninon, con Roland. Louise y su detective. E Ida... ella será un verso suelto, pues en el cine de Rivette siempre los hay; aunque al final encuentre la compañía de una figura maternal, la de Sarah.

En 1955, Rivette ensalzaba la figura de Hawks señalando que se trataba del director que había realizado las mejores comedias, el mejor *western,* etc. Rivette destacaba especialmente un detalle: la capacidad de Hawks de ir a la esencia del género; pero, por encima de eso, de introducir en ella sus propios temas. Se trataba de elogiar la singularidad por encima de lo general, de lo genérico. Años más tarde, Jonathan Rosenbaum escribió con motivo de *Alto bajo frágil* que Rivette no expresa su conocimiento sobre el cine —y, por extensión, sobre el género— mediante homenajes concretos. Rosenbaum toma prestadas las palabras de Godard sobre *Une femme est une femme* (1961) según las cuales «no era un musical sino la idea de un musical», y apunta: *«Alto bajo frágil,* que deriva de la misma idea, *es* un musical; lo es, sin embargo, porque en última instancia pone en práctica lo que el film de Godard solo predica»[122]. En cierta manera, se podría decir que Rivette sabe qué teclas tocar para que suene la melodía de la comedia, del musical, del *western* o del suspense, sin que por ello se reproduzca nota por nota.

En *Alto bajo frágil* resume la esencia del musical; sin embargo, está desprovisto de algunas señas de identidad del género. La esencia está en la aparición de la música y el baile en medio de la cotidianidad. Rosenbaum lo llamaba la dialéctica entre la realidad y la fantasía. De hecho, el musical ejemplifica a su vez la idea de lo fantástico, pues es por las leyes propias de la película y no las externas —las de lo real, por ejemplo— que la música se integra como algo natural. En *Alto bajo frágil,* los decorados de cartón se convierten en un elemento realista, justificado por la profesión de uno de los personajes. Las paredes pintadas ya no aparecen como un truco para la ficción, sino integradas en la vida, dejando el truco cinematográfico al descubierto. La película se aleja de algunas señas del musical: los números bailados no comienzan hasta pasada una hora de metraje y los medios resultan precarios en comparación con los grandes musicales de la Metro Goldwyn Mayer, tal y como señala Rosenbaum.

---

[122] Jonathan Rosenbaum, «Ragged But Right», *Chicago Reader,* 26 de julio de 1996. Publicado también en: https://jonathanrosenbaum.net/2023/05/up-down-fragile-directed-by-jacques-rivette/.

Sin embargo, «todo el mundo es tentado por la comedia musical, excepto Bresson, quizá»..., eso decía el mismo Rivette, que contó con las composiciones de Enzo Enzo y con las coreografías de Caroline Marcadé. De fondo, retumbaba el recuerdo de las pequeñas películas de la Metro, en las que se aprovechaban los decorados. Rivette, decía, tenía en mente sobre todo un título de Stanley Donen, *Give the Girl a Break*. En *Alto bajo frágil,* la cinefilia no se inscribe en una nota al pie, en un guiño, en una referencia explícita, en un homenaje. La cinefilia está implícita en algunos de los gestos del cineasta, cuando decide realizar (¡al fin!) un musical.

Rivette remueve las bases del género, sobre todo a partir de uno de los principios del musical. Siempre pensé que se trataba de un género cercano a lo fantástico: la irrupción del canto y del baile implica un desafío a la lógica de nuestra realidad. No hay nada más *fantástico* que, de repente, de la nada, alguien se ponga a danzar o cantar. Así, el musical se explica a partir de su relación con la realidad. Y aquí es donde Rivette da la vuelta de tuerca definitiva al género, planteando una transición suave hasta el musical. Hay directores de musical que nunca hicieron una película que perteneciera plenamente al género. Para mí, David Lynch es uno de ellos. Los parecidos entre la obra del director de Montana y la de Rivette son varios. Cuando vemos a Anna Karina interpretar a Sarah, sobre el escenario, en ese local donde los distintos personajes se encuentran, resulta difícil no pensar en el cine de Lynch, en sus misteriosas salas de concierto o en el bar de Twin Peaks donde todos los personajes se reúnen frente a una actuación musical.

A mediados de los noventa, hacía tiempo que el cine de Rivette era un juego de variaciones en el que una película se miraba en el espejo de otras. *Alto bajo frágil* se reencuentra con *Céline et Julie vont en bateau,* pero asimismo con *La bande des quatre,* la película que hizo también con Nathalie Richard y Laurence Côte y en la que en el núcleo había un grupo de mujeres, alrededor de las cuales se movían personajes satélite. A la vez, el personaje de Bruno Todeschini que persigue a Louise proyecta el personaje que hará lo propio con una de las protagonistas de *Vete a saber*. Por último, en *Alto bajo frágil* resuenan incluso los ecos de aquella película fantasma que no se llegó a hacer, y que tenía que ser un musical.

1998. Secret défense

¡Que al vivo lo matan los muertos, te digo! (Esquilo).

La escena: línea naranja del metro de París, en el trayecto que va de Gare d'Austerlitz a Quai de la Rapée. Sylvie Rousseau decide dar media vuelta. Sale del vagón, cambia de andén y regresa al laboratorio en el que trabaja y donde coge algo a escondidas. Se dirige a la estación de trenes y compra un par de gafas oscuras, que se prueba, como si quisiera corroborar que así su rostro parece el de otra persona, como si en vez de unos anteojos se tratara de una máscara. Emprende entonces un viaje en tren: de París a Chagny, con escala en Dijon. El tiempo se dilata, dando a entender que lo importante no es el destino, sino el trayecto, el rato en el que Sylvie viaja, piensa, mira por la ventanilla y se observa en el espejo del pequeño baño, como si en el reflejo quisiera reconocer a otra persona. En el transbordo en Dijon, vemos cómo ha atardecido; cuando Sylvie llega a Chagny, ya es noche cerrada. ¿Qué hay detrás de este tiempo, de esta espera, de este prolongado trayecto que se materializa pacientemente y que supone, sin duda alguna, la mejor escena de *Secret défense?* Acaso, la mera materialización del tiempo o, como en el cine de Hitchcock, el suspense, tras el cual se esconden los mecanismos de ese fantasma, escurridizo y hondo, llamado culpa.

«No importa de quién es la culpa», dice en un momento Sylvie, en una frase que podría salir de la boca de un personaje de Hitchcock; por ejemplo, del tenista encarnado por Farley Granger en *Extraños en un tren (Strangers on a Train,* 1951), que aunque no llega a concretar ningún crimen, resulta igualmente cómplice en el asesinato cometido por Bruno, el desconocido con quien se encuentra precisamente en un tren y que le sugiere un intercambio de víctimas. Tanto en *Secret défense* como en aquella película, «no importa de quién es la culpa», pues Sylvie va a cargar con esta de todos modos, a lo largo de su trayectoria, cuando impide que su hermano cometa un crimen, cuando venga a su padre y cuando debe lidiar con las responsabilidades de un homicidio que ella misma comete por accidente. Desde que, al principio de la película, Sylvie escucha a su hermano, que se ha colado en su trabajo, quedará atrapada en una red de la cual, siguiendo el más trágico de los fatalismos, no podrá escapar. Su sino, como el de Electra, la figura mítica con la que se ha comparado reiteradamente *Secret défense,* es la tragedia; su trayecto, que se evidencia de manera sutil, mientras el tiempo se dilata en el recorrido que va de París a Chagny, es hacia un destino terrible.

Al hablar sobre *Secret défense* se suele resaltar su parentesco con *La Orestíada* y con las posteriores tragedias en torno a la figura de Electra. En la trilogía de Esquilo, Clitemnestra y su amante Egisto planean y ejecutan el asesinato de Agamenón, marido de Clitemnestra y responsable último de la muerte de Ifigenia, la hija de ambos. Orestes y Electra, también hijos de ambos, se reunirán ante la tumba de su padre, donde tramarán su propia venganza. Rivette traslada esta trama al París contemporáneo e insiste en dos constantes de aquella tragedia griega, la de la culpa y la de un destino ineludible. Existe algo más allá de la venganza, más allá del camino inexorable que va de una muerte inocente a otra; el mito de Electra permite explorar una idea esencialmente rivettiana, la de lo fantasmagórico. En *La Orestíada,* los fantasmas no se personan ante los vivos; pero los muertos parecen determinar la existencia de los vivos o, como escribe el propio Esquilo: «Aun estando muerto, no has muerto, porque los hijos son la fama que preserva a un hombre muerto, y, como los corchos, sostienen la red salvando del abismo la malla de lino».

En *La Orestíada* hay diversos fueras de campo —los asesinatos transcurren tras las puertas, se evidencian mediante ruidos y gritos, como el de Agamenón clamando que le han asestado un golpe—; pero ninguno de ellos es tan relevante como el que se sitúa en el origen de la tragedia: el sacrificio de Ifigenia, que Agamenón perpetra para lograr así el beneficio de los dioses. En *Secret défense,* Paul, el hermano de la protagonista, le enseña a esta una foto de Walser que parece probar que fue este quien asesinó al padre del mismo Paul y de Sylvie; este detalle sugiere que hay un relato pasado, un hecho anterior, la muerte del progenitor, que abocará a los hijos a la venganza. Este momento de la trama, escondido en el pasado, se corresponde con lo que, en la trilogía de Esquilo, representa la parte sobre Agamenón. En *Secret défense,* como en *La Orestíada,* hay un fuera de campo mayor, un «secreto» todavía más determinante: así como Agamenón sacrificó a Ifigenia, condenando con ese acto a todo un linaje a una serie de terribles desdichas y muertes, el padre de Sylvie y Paul sacrificó a su vez a su otra hija. Es esto lo que la madre le cuenta a su hija Sylvie en una de las escenas finales, cuando le explica el porqué de los actos de Walser. Sucede, cómo no, en un vagón, mientras por la ventanilla se observa el movimiento del tren, el paisaje cambiante y se evidencia el trayecto.

Cabe volver aquí a la cuestión de la culpa, que en la tragedia de Esquilo deviene el tema central, cuando Orestes, tras matar a Egisto y a su madre Clitemnestra, se somete a un juicio para dilucidar si merece el tormento de las Erinias. La última parte de la trilogía de Esquilo versa, esencialmente, sobre los mecanismos de la culpa. Podemos distinguir que allí donde la culpa de Electra y de su hermano Orestes emerge mediante la palabra, en *Secret défense* la culpa se hace tangible de forma callada. Si en la obra de Esquilo la presencia de Electra es residual, limitándose apenas a la escena central, que discurre en el discurso plañidero y enfurecido de los dos hermanos, en la versión de Sófocles, ella es el personaje central, es ella la que impulsa a Orestes a cometer los asesinatos, la que no acepta los intentos de conciliación de Clitemnestra, la que quiere devenir culpable y por tanto plenamente humana. De alguna manera Electra se incorpora al mundo de la acción y de la consiguiente culpa representado por Orestes. En *Secret défense,* Sylvie es sin lugar a dudas la protagonista de la tragedia que se dibuja de manera inexorable; pero dista mucho de ser un personaje implacable, sino que, desde el silencio, desde la presencia etérea y llena de matices de la actriz Sandrine Bonnaire, imprime una humanidad irrefutable a este relato. Una Sylvie de sonrisa tímida, encarnada por Bonnaire, que, cuando un antiguo amante se planta insistentemente en su casa, en su trabajo o donde sea que esté, declina cualquier relación amorosa y cierra esa puerta que podría significar una vida lejos del trágico destino familiar. Esa misma sonrisa era la que dotaba a la Juana de Bonnaire de *Jeanne la Pucelle* de una calidez y dignidad que la sostiene incluso cuando su vida está por terminar. Rivette solía repetir a la hora de trabajar con las actrices: con Ogier, con Berto, con Béart, Birkin, Richard, Balibar y también Bonnaire.

Hay algo placentero en la manera con que Rivette y sus compañeros de guion (Pascal Bonitzer y Emmanuelle Cuau) traman el relato, con escuadra y cartabón, pero también hay una pasión por la cultura de lo trágico. Paul, el hermano pequeño de Sylvie, le sugiere al principio de la película que su padre no murió en un accidente, que no cayó del vagón en el que viajaba (de nuevo, el tren, el trayecto), sino que fue empujado por su socio, un hombre llamado Walser al que Sylvie enseguida interroga. A partir de aquí, comienzan las pesquisas, se reafirma el misterio, sobre todo cuando Paul desaparece para luego, desde el hospital, decirle a Sylvie que ha decidido matar él mismo a Walser. Es entonces cuando la hermana mayor toma la determinación de ser ella quien empuñe la pistola. A partir de este momento, *Secret défense,* que hasta entonces se había movido tímidamente en lo trágico, ya no solo avanza hacia delante, sino también hacia dentro, hacia lo más profundo. Es aquí donde tienen lugar los más de veinte minutos que discurren entre metros, trenes y andenes; es aquí donde emerge no lo que Paul hace, no lo que Walser dice, sino lo que Sylvie piensa. A partir de este punto se precipitan los acontecimientos: Sylvie se dispone a asesinar a Walser, pero justo entonces aparece Véronique, la secretaria y amante de este, y Sylvie termina disparándole a ella en un forcejeo. Si en el inicio de la película está el secreto familiar, en su ecuador se produce otro crimen, que será enterrado también, en un pacto de silencio entre Walser y la neófita Sylvie.

Secret défense es un espejo, es uno y su doble: la protagonista que busca justicia acaba ocupando un lugar en la historia similar al de Walser; finalmente, Ludivine, hermana de Véronique, matará por error a Sylvie. La figura del doble persiste: Sylvie tuvo una hermana parecida a ella, cuya muerte se revela como la llave del misterio que la protagonista ha insistido en resolver. En el apartamento de Sylvie, Véronique cree haber visto un retrato de la protagonista, pero enseguida esta le aclara que la de la imagen no es ella, sino su hermana. Como en aquella «obra maestra desconocida» de Balzac, el retrato permanece en fuera de campo, insinuando algo, si cabe, más poderoso que cualquier trazo explícito: el parecido incuestionable entre ambas hermanas, la sugerencia de que la fotografía que ha atisbado Véronique tiene el halo propio de una figura espectral, ahonda una vez más en el poder invisible de unos muertos cuya presencia planea en el devenir de los vivos.

Véronique, que muere por el disparo de Sylvie, tiene a su vez esa gemela que se presenta para interrogar sobre la ausencia repentina de Véronique, escena que nos recuerda lo que hizo la hermana de Marion Crane en *Psicosis (Psycho,* 1960) y el poder perturbador de la prima de Laura Palmer en *Twin Peaks.* En el serial de David Lynch, el parecido entre ambas es tal que los demás personajes creen ver un fantasma en la figura de Maddy, morena en vez de rubia y con gafas. Como las gemelas de *Secret défense,* aquellos dos personajes estaban interpretados por la misma actriz.

Si la escena más importante de *Secret défense* transcurre en el ecuador de la película, se mece en la espera de aquel trayecto en tren que va de París a Chagny (quizá valdría la pena no pasar por alto que el viaje de regreso será sin duda más breve y elíptico), su instante más poético se produce con la fugacidad de un parpadeo. La muerte de Sylvie, que cierra la película, se revela dos veces, con el *impasse* sugerente de un fundido a negro. Primero vemos a Ludivine de pie, disparando a Walser e hiriendo finalmente a Sylvie; el fatalismo se evidencia con el estruendo de un disparo. La cámara se acerca a Sylvie, que cae y muere en los brazos de Walser. Rivette da paso entonces a un fundido a negro, tras el cual la cámara realiza un movimiento inverso: si antes se acercó suavemente, ahora se distancia del cuerpo inerte de Sylvie, para encuadrar de nuevo a Ludivine y a Walser sosteniendo a la mujer que acaba de caer sobre sus brazos. Sobre él, la barandilla de la escalera dibuja una «equis»; la sombra cubre el ambiente, y Ludivine se refugia en la penumbra. He aquí la imagen de la tragedia y del fatalismo que ha recorrido la trama, acompañando pacientemente a Sylvie, quien quiso vengar a su padre y terminó de la misma forma que él. En una película tan bien tramada, el final resulta sin duda representativo. El fundido a negro impregna el final de la esencia dual de toda la película, como si Sylvie cayese dos veces, como si la suya fuese una muerte doble.

Cuando comienza la película es viernes, 9 de mayo, sobre las diez de la noche. Las estancias del laboratorio parecen vacías. Una compañera de trabajo le propone a Sylvie ir a cenar a un restaurante chino. De la colega, apenas sentimos la voz, en *off.* Cuando Sylvie declina la invitación, se queda sola en el laboratorio y enseguida escucha unos ruidos. ¿Quién es? ¿Qué quiere? Y, sobre todo, ¿de dónde surgen esos sonidos que llegan a Sylvie a través de los pasillos de un laboratorio a esas horas? Del fuera de campo, la más sugerente de las herramientas para la insinuación. Como un canto de sirena, como el llanto que se escucha desde detrás de una puerta al principio de *Paris nous appartient,* el ruido de *Secret défense* es una incitación a un misterio que se sugiere cuando la película no ha hecho más que arrancar. Las respuestas a la intriga tampoco tardan en llegar: se trata del hermano de Sylvie, que se ha colado en el laboratorio para revelarle un secreto, para despertar, en cierta medida, los fantasmas del pasado. Ella, esta mujer que trabaja en un laboratorio centrado en el desarrollo de una cura para el cáncer, ella, que se supone hija de la razón, de la ciencia, termina, tras la llamada sutil de su hermano desde las profundidades del laboratorio, atrapada en las redes de la tragedia. Todo se desenvuelve en escenarios eminentemente concretos: en el apartamento ruidoso de Sylvie, en las oficinas del empresario Walser, en el laboratorio o en un caserón que parece representar el lugar nuclear de la tragedia. En *Secret défense,* a diferencia de la presencia constante del coro en la obra de Esquilo y contrariamente a la responsabilidad final de los dioses en las acciones venga-

[35] En tránsito.

tivas de los humanos, lo que define la tragedia es el transcurso del tiempo, la preeminencia del trayecto [35], del movimiento de cámara que sigue, por ejemplo, a Sylvie mientras ella camina por la estación de trenes para encontrarse con su madre.

2001. Vete a saber
(Va savoir)

> Cualquier certidumbre puede vacilar en cuanto surge la más mínima duda y no nos deja creer como antes (Luigi Pirandello).

En *Vete a saber,* hay pocas escenas que transcurran en exteriores. O, más bien, hay pocas escenas luminosas. Una de ellas es el paseo por el parque de Camille, una actriz francesa que acaba de regresar a París tras haber pasado tres años en Italia. En el jardín, entre los árboles, se reencuentra con Pierre, el que fue su amante, y al que parece no haber olvidado. Es el primero de muchos encuentros, en una película que gira en torno a las relaciones, pero también en torno a uno de los temas predilectos de Rivette, el del tránsito entre el teatro y la vida.

También a la luz del día se da la fuga de Camille del apartamento de Pierre. En el último tercio de la película, la actriz está encerrada en una de las habitaciones del piso y encuentra una salida en un tragaluz. Interpretada por Jeanne Balibar, Camille emerge a la superficie, al exterior, a los tejados de París, un escenario profundamente rivettiano. Los clásicos tejados grises de los edificios haussmanianos, hechos de cinc, son una seña de identidad del paisaje urbano del cine francés. En su primer largo, *Paris nous appartient,* Rivette firmaba una de sus imágenes más icónicas en lo alto de un teatro, por donde uno de los personajes paseaba. Como he comentado anteriormente, a comienzos de siglo, Feuillade había convertido los tejados parisinos en un escenario emblemático de series como *Les vampires,* la historia de una banda clandestina cuyas acciones criminales arremeten eminentemente contra el estamento aristocrático y burgués. Hay toda una genealogía ahí: desde el pionero Feuillade hasta Franju (quien fuera, junto a Henri Langlois, fundador de la cinemateca), el mismo Rivette y, en clave más contemporánea, Assayas.

Gonzalo de Lucas escribía de Feuillade que, con él, emergía lo subterráneo en el cine. Lo subterráneo tiene que ver precisamente con el misterio, con el secreto y con el complot, ese enigma que atraviesa la filmografía de Rivette. En el cine de Feuillade, los personajes aparecen de los lugares más imprevisibles, de un baúl, de una trampilla, de la chimenea. En *Vete a saber,* Camille logra escapar, no por la puerta, sino por una trampilla en el techo. Cuando emerge a la superficie, Camille toma aire tanto literal como figuradamente. A lo largo de la película, ella se muestra atribulada por su reencuentro no solo con París sino con su ex, Pierre. Cuando la penumbra da paso a la luz blanca del cielo parisino es cuando Camille logra al fin librarse de las ataduras del pasado.

¿Es París lo que provoca este efecto? De nuevo, Rivette rueda una película sobre París. Lo hace de la mano de esta mujer que regresa tras una ausencia de tres años. El tiempo transcurrido se refleja en la ansiedad que invade a Camille desde el comienzo, pero también en la tensión idiomática que atraviesa la película: entre el francés, lengua materna, y el italiano, idioma adoptivo, el de la *troupe* teatral dirigida por el personaje de Sergio Castellito. Una vez más, el cine de Rivette se sitúa en un intersticio, entre la geografía parisina y la tonada italiana.

Al comienzo de la película, la misma Camille se reprende por hablar italiano. Lo hace con una afirmación contundente, «estoy en mi casa». Rivette y los coguionistas Christine Laurent y Pascal Bonitzer le brindan a Balibar una serie de monólogos a través de los cuales su Camille expresa sus dudas. En una entrevista, Balibar decía que Rivette le había pedido interpretar estos pasajes de una manera distinta a como ella lo hubiese hecho de entrada: «Si hablo sola, tiendo a hacerlo de manera tímida, hacia adentro, pero él quería que lo dijera hacia afuera y esto me hacía sentir muy incómoda»[123]. El tono de esas declaraciones es propio del mundo del teatro: la proclama se traslada así del escenario a los bastidores, de lo público a lo eminentemente íntimo, pues Camille revela así sus pulsiones más calladas.

El misterio en torno al manuscrito provoca que la película deje de girar en torno a Camille para revelarse como un film eminentemente coral. *Vete a saber* es una película de seis personajes en busca de muchas cosas: de un manuscrito, de un viejo amor, de un anillo... Las relaciones de unos y otros están diseñadas con tiralíneas, para que poco a poco se vayan encontrando unos con otros, hasta topar con el más inverosímil de los encuentros. Veamos, como si este fuera el libreto de una pieza teatral, cómo son estas correspondencias:

— Camille es una actriz francesa que vive con Ugo, un director de teatro italiano.
— En París, Camille se reencuentra con Pierre, su antiguo amante.
— Pierre, a su vez, vive ahora con Sonia.
— Ugo, en su búsqueda de un manuscrito inédito de Carlo Goldoni, conoce a Dominique.
— Dominique tiene un hermanastro: Arthur.
— Arthur está secretamente obsesionado con Sonia.

Es decir, hay una serie de relaciones «oficiales» (Camille-Ugo, Pierre-Sonia y, de manera más ambigua, la de los her-

[123] Entrevista realizada a Jeanne Balibar para el DVD editado por Arte.

manastros Dominique y Arthur) y otras «extraoficiales» (Camille-Pierre, Ugo-Dominique y Sonia-Arthur). Lo interesante es cómo, hacia la mitad de la película, se va proponiendo toda una serie de alianzas y encuentros que van más allá de los vínculos obvios, oficiales y oficiosos. Camille se asocia con Sonia para descubrir quién robó el anillo de esta última, Arthur se interesa por Camille, Ugo confronta a Arthur y le acusa de ladrón. Los seis personajes se van encontrando entre sí, trazando una geometría perfecta. Pascal Bonitzer decía que fue Rivette quien ordenó este «sistema de parejas», un sistema a tres tiempos: las parejas legítimas, las parejas ilegítimas y, finalmente, las parejas... inesperadas. Son las relaciones las que determinan el montaje de la película, que se construye a partir de acciones simultáneas y del montaje en paralelo que va entrelazándolas.

«Ya no soy aquella a la que conociste hace tiempo. Ya no hay vuelta atrás», le dice Camille a Pierre justo antes de que este la encierre. Ella, que se fue tres años atrás, afirma ser otra. La vida se encuentra así con el teatro, pues la obra que Camille y Ugo ponen en escena es *Como tú me deseas,* de Luigi Pirandello. Camille interpreta a «la desconocida», una mujer que afirma, no se sabe si por convicción o empujada por otros personajes, ser Luchi, desaparecida durante la guerra. La obra se desarrolla en torno a este misterio, el de la identidad de «la desconocida», que solo al final desvela que se ha hecho pasar por Luchi, que todo ha sido un engaño. Delante de la familia de Luchi, de su antiguo amante y de una demente que algunos creen que es, ella sí, la desaparecida Luchi, «la desconocida» termina por confesar. Antes, sin embargo, siembra la duda, y sobre esta duda, sobre el misterio, se construye en verdad toda la obra. La cuestión de la identidad, pero también la de la memoria, se ponen en juego, a través de un personaje con tintes de *femme fatale.*

Pirandello no es explícito en el retrato de todas las relaciones: queda claro que Salter, el amante de «la desconocida», ha dejado a su esposa por ella; pero la relación entre la mujer y la hija de Salter queda apenas sugerida. De la misma manera, en *Vete a saber* no llegan a explicitarse los afectos entre Dominique y Arthur, hermanastros y, quizá, algo más que esto. He aquí uno de los misterios de *Vete a saber,* que en la versión comercializada en cines tenía ciertos agujeros, sobre todo en la definición de las relaciones entre los distintos personajes, pero también en la importancia que tiene el texto de Pirandello.

Como en tantas películas de Rivette, existen dos versiones de *Vete a saber*. La primera tiene una duración de más de tres horas. La segunda, de dos horas y media. En su estreno en Francia, la versión corta de *Vete a saber* hizo 200.000 entradas[124]. Era uno de los mejores registros en taquilla de la filmografía del director. En *Les Inrockuptibles,* Serge Kaganski se refería a la película como la más «accesible» de Rivette[125]. La faceta juguetona de la película es apenas una quimera. *Vete a saber* parece una comedia, pero su verdadera naturaleza es más oscura, y así lo demuestra la versión «extendida», que es en realidad el montaje original de Rivette.

El tono de la versión original de *Vete a saber* entronca con la fotografía de William Lubtchansky, que ilumina las estancias evidenciando las zonas de penumbra. El gusto del director de fotografía por el contraste impregna el cine de Rivette. De hecho, es uno de los rasgos distintivos del segundo periodo de la obra del director. *Vete a saber* comienza en un escenario en penumbra, iluminado apenas por un haz de luz, dentro del cual se mueve Jeanne Balibar. La actriz determina, en el fondo, el tono de la película: si por

---

[124] Rivette lo comenta en una entrevista publicada en *Libération,* el 3 de mayo de 2002, https://www.liberation.fr/cinema/2002/05/03/jacques-rivette-la-version-longue-magie-noire_402214/.

[125] Serge Kaganski, *Les Inrockuptibles,* 30 de noviembre de 2000.

momentos *Vete a saber* tiene un cierto halo de ligereza es porque en el centro de la puesta en escena se encuentra una actriz de presencia grácil y de tono juguetón. Jonathan Rosenbaum decía que, llegados a un punto,

> las películas de Rivette se definirían principalmente por sus actores y, en particular, por sus actrices. Podría decirse que *La bella mentirosa* se convierte en una película sobre Emmanuelle Béart antes que en una adaptación de Balzac o en una película sobre pintura. *L'amour par terre* es básicamente una meditación sobre Jane Birkin y Geraldine Chaplin. *La bande des quatre* es sobre todo una película sobre Bulle Ogier, Laurence Côte y Nathalie Richard, entre otras, y *Vete a saber*, al final, tiene más que ver con Jeanne Balibar que con Luigi Pirandello[126].

Balibar es la protagonista de una película coral, y sus maneras determinan el tono: Rivette le regala el foco al comienzo de la película y, más adelante, el monólogo. Cuando Camille comienza a hablar para sí misma, lo hace en un lugar recogido, en la penumbra de las escaleras del teatro. Es un lugar extrañamente rivettiano, un espacio intermedio, que también era escenario de una película con la que *Vete a saber* tiene una fuerte correspondencia: *La bande des quatre*.

Vete a saber recoge algunos de los temas recurrentes del cine de Rivette: el juego, el secreto, el teatro y la complicidad femenina. *Vete a saber* sirve casi de compendio rivettiano. Incluso Sonia, que junto al de Arthur es el personaje más desligado del resto, tiene una cierta correspondencia con una de las protagonistas de *Le Pont du Nord*. En aquella película, el personaje de Bulle Ogier padecía claustrofobia tras salir de la cárcel. Sonia tiene pesadillas después de ha-

---

126 Jonathan Rosenbaum, «Toronto's Cinematheque Ontario program guide», febrero de 2007.

ber estado en prisión. Este es su misterio. Hay muchos más: Arthur robó el anillo de Sonia, que Camille recupera. Y está el manuscrito inédito de Goldoni, que Ugo busca en el apartamento de madame Desprez, la madre de Dominique.

Para su primera película estrenada en el siglo XXI, Rivette no solo convocaba algunos de los fantasmas y temas centrales de su filmografía, sino también a uno de sus autores predilectos. Ahí está Renoir, en la presencia de Catherine Rouvel. La actriz de *Déjuner sur l'herbe* (1959) encarna a la señora Desprez, en cuya cocina se esconde un manuscrito inédito que Ugo está buscando desesperadamente. La última escena de *Vete a saber* tiene lugar sobre el escenario, donde en tono festivo se juntan todos los personajes del film. Se materializa así aquello que soñaba el director teatral de *Paris nous appartient,* que quería montar *Pericles* porque es una pieza deslavazada en la que en el quinto acto se encuentran todos los personajes. El final de *Vete a saber* propone precisamente esa reunión. Todos los personajes se encuentran en la escena, en una imagen que aúna lo cotidiano con lo teatral en un mismo espacio. La vida se sube al escenario: ya no hay teatro sin vida, ni vida sin teatro. No hay final más alegre.

2003. Histoire de Marie et Julien

> Hay que buscar una razón: las leyes del mundo de los fantasmas se nos escapan (Jacques Rivette).

Encuadrada en lo que tenía que ser aquel ciclo de cuatro películas cuya filmación se vio interrumpida en los años setenta, *Histoire de Marie et Julien* vio la luz al fin a comienzos del siglo XXI. La película encuentra el cierre con una escena que supone la quintaesencia de un final con el que se inicia un nuevo relato: tras vivir un convulso romance con Marie, una *revenante,* Julien pierde la memoria. Convertida en fantasma, Marie llora sobre una herida en su muñeca, mientras Julien, que ya no puede verla, duerme frente a ella. La cámara se acerca al rostro de Marie, a los ojos empañados, y luego pasa al detalle de la cicatriz que se abre y sangra, en una señal inequívoca de la vuelta a la vida, a un cuerpo humano [**36**]. La cámara se aleja y la imagen se funde a negro. Empieza entonces otra película, otra historia: Julien despierta, ve a Marie y le pregunta quién es. Filmada en plano contraplano, la secuencia plantea el inicio de un nuevo romance, en el que Julien ve, por «primera vez», a Marie. Esta doble secuencia, dividida por un fundido a negro que tiene todo el carácter de una puntuación, de un punto y aparte que cierra un relato y abre otro, marca el carácter de una película que se sitúa en un terreno fronterizo: entre el mundo de los fantasmas y el de los personajes de carne y hueso, que sangran y lloran; entre lo fantástico y lo real.

El final de la película se plantea, pues, como un inicio, y su puesta en escena, marcada por el fluido movimiento del *travelling,* encarna la idea de evolución, de obra en conti-

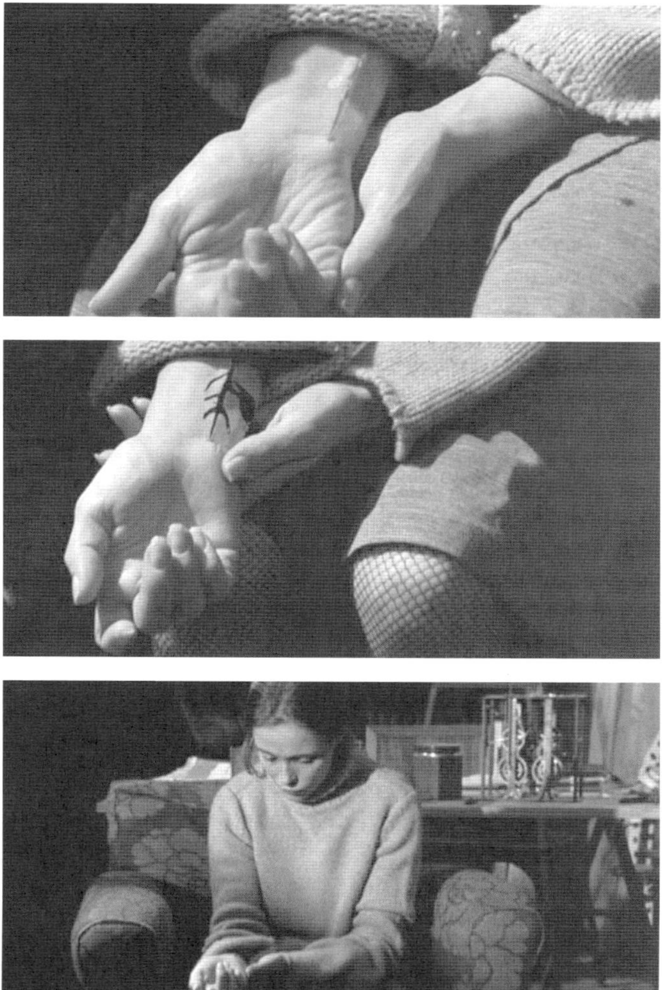

[36] La herida abierta.

nuo movimiento. Fran Benavente apuntó algunas de estas ideas cuando decía que

> no existe más que la posibilidad de observar los signos que ofrece una construcción imaginaria para encontrar la posibilidad de un existir. Su cine es puro trayecto, un *work in progress* como se ha dicho en ocasiones, un misterio que revela nada más que posibles modos de existencia, posibles actitudes en medio del mismo[127].

Histoire de Marie et Julien tenía que ser la primera parte de aquella tetralogía titulada «Las hijas del fuego». Rivette rodó dos de aquellas películas, *Duelle* y *Noroît,* a mediados de 1975. *Marie et Julien* debía ser la primera del ciclo, y comenzó a rodarse en agosto, con los actores estadounidenses Leslie Caron y Albert Finney. En aquel verano del 75, Rivette está agotado. Ha rodado dos películas en un año, y tras el tercer día de rodaje, desaparece. El material filmado, también. El proyecto se interrumpe irremediablemente. *Duelle* y *Noroît* pasan a ser un díptico, dos películas en cierta manera extrañas. De la cuarta película del ciclo (un musical) nunca más se supo, más allá de las reminiscencias que se puedan encontrar en *Alto bajo frágil.* De *Marie et Julien,* sí. Aquel proyecto reaparecería, como un *revenant.*

Casi tres décadas después, cuando Rivette publica con la ayuda de Hélène Frappat aquel libro que reúne los guiones de los proyectos que no llegó a realizar, despierta al fantasma de *Marie et Julien.* Un año después, aquel proyecto interrumpido se materializa, ahora, con Emmanuelle Béart y Jerzy Radziwiłowicz. Como decía Philippe Azoury en su crítica para *Libération,* la película, una historia de amor y

---

[127] Fran Benavente, «De entre los muertos», en *Histoire de Marie et Julien* (DVD), Barcelona, Intermedio, 2005.

de fantasmas, está atravesada por otro espectro, el de aquel rodaje interrumpido de mediados de 1975.

La herida en la mano de Marie, que habiendo abandonado su condición fantasmal al fin sangra, es una apertura. La carne se resquebraja y de ahí aflora el fluido bermellón. Al final de *Cumbres borrascosas,* la adaptación de la novela de Emily Brontë que Rivette realizó a mediados de los ochenta, el viento rompe el vidrio de una ventana. Por el hueco, se cuela una mano, la del espectro de Catherine, que *regresa de entre los muertos* y llama a su amante. En ambos casos, se trata de sendos relatos de amor y muerte, y también se produce una apertura, que reúne a los dos amantes, que sirve de pasaje entre el mundo de los vivos y el de los *revenants. Histoire de Marie et Julien* es una película de fantasmas, pero también un film de amor.

Lo fantástico no emerge solo de lo espectral, sino sobre todo del sueño, con el que se abre una película que se instala ya desde el comienzo en un lugar intermedio entre la vigilia y la realidad, sin que logremos discernir verdaderamente entre ambos. Como en *La mujer del cuadro,* en la que un hombre se encandilaba de la figura de un retrato que veía en un escaparate y luego soñaba que ella se materializaba frente a él, el sueño lo desencadena todo. Y será el sueño también el que dé por terminada la película, cuando Julien se reclina en el sillón y, frente a él, Marie sangra.

En *Histoire de Marie et Julien,* todo empieza con lo que parece un encuentro azaroso, entre Julien y Marie, que termina amenazándole. Cuando ella saca un cuchillo (objeto premonitorio de las tragedias que sobrevuelan la película), la escena termina y da paso a la figura de Julien, que despierta. Todo ha sido un sueño, podemos pensar. Pero al salir, Julien se cruza por casualidad con Marie. El encuentro, ahora, parece real, mientras que lo anterior fue un sueño, pero, como dice Francisco Algarín, la película no termina de discernir entre una esfera y la otra. En Rivette, el tránsito es una constante: entre la crítica y la dirección, entre el teatro y el cine, entre el cine y la vida, entre la feminidad y la masculinidad, entre la realidad y lo fantasmagórico; acerca inevitablemente la obra del cineasta francés a la de David Lynch, otro director amante de situarse en un lugar intermedio, y del que ya hablamos en el análisis de *Céline et Julie vont en bateau*. Marie *regresa* de los muertos, pero también del sueño de Julien. En el caserón donde vive Julien, y donde transcurre buena parte de la película, ella rebusca entre los armarios de un lugar en el que sigue habiendo rastros de la exmujer de Julien. Como en el cine de Lynch, aquí la presencia de Hitchcock se deja entrever, y sobre todo la de una película de aires góticos como es *Rebeca (Rebecca,* 1940).

Francisco Algarín escribía que

> las *revenantes* de *Duelle* y *Noroît,* como Marie, viven en el ciclo saturniano de los días que preceden al comienzo de la primavera, durante el cual los muertos circulan sobre la tierra, o bien en el eterno círculo de la venganza. Rivette ha asociado así los motivos del sol, la luna o la piedra al discurso sobre la melancolía por medio del tiempo[128].

Marie se refugia en la penumbra de los interiores y eso hace que la película transcurra eminentemente en los espacios cerrados de la casa, que sirve también de taller para el relojero Julien. Su profesión parece de otra época. Lo suyo es el tiempo, algo que siempre ha preocupado a un cineasta como Rivette. Todo tiene un aire a cuento de Edgar Allan Poe, incluso hay un gato llamado Nevermore, como la palabra que se repite en el poema *El cuervo.* Además de relo-

---

[128] Francisco Algarín, *Escenas de la vida paralela,* Sevilla, Athenaica, 2015.

jero, Julien está chantajeando a una mujer en una trama que, como viene siendo habitual, resulta sumamente misteriosa: hay unos certificados falsos, una fotografía y una muñeca. En qué consiste el chantaje de Julien a Madame X se desvelará sobre todo en la última parte de la película, que transcurre como un film de detectives, en el que los personajes van una pista tras otra. El chantaje (sobre unas telas falsificadas) no es más que una excusa: Madame X, que vive a su vez junto a una *revenante,* será fundamental para que Julien comprenda la naturaleza de Marie.

En aquella película que debía rodarse en el verano de 1975, Claire Denis firmaba el guion junto a Suzanne Shiffman y Eduardo de Gregorio, dos compañeros de viaje habituales en la obra de Rivette. Denis sería, también, la asistente de dirección. Años después, cuando Rivette retoma aquel proyecto truncado, Denis ya se ha convertido en una de las cineastas más importantes del cine francés. Quizá, algo de la directora de *Beau travail* ha quedado en *Histoire de Marie et Julien;* sobre todo, una carnalidad a la hora de filmar la sexualidad que resulta novedosa en el cine de Rivette. *Histoire de Marie et Julien* es un film de fantasmas, pero transpira una profunda carnalidad. Rivette llevaba casi una veintena de largos cuando en 2003 hizo *Histoire de Marie et Julien,* y nunca antes había filmado el encuentro sexual como lo hace aquí. La pasión de la pareja se deja ver en distintas y breves escenas de amor, que van puntuando el metraje. Rivette les filma de cerca, en la penumbra de la intimidad, y el fulgor va en crescendo, hasta que el cabello de los dos se enreda, los cuerpos sudan y ella le susurra a él que es una guerrera. La pasión amorosa pocas veces había sido tan explícita en el cine de Rivette: el cuerpo, motivo de buena parte de su cine, podía ser también deseante.

2007. La duquesa de Langeais
(Ne touchez pas la hache)

> Las discusiones teológicas y políticas le servían de duchas para calmar a Montriveau, que ya no podía volver al amor cuando ella excitaba su cólera (Honoré de Balzac).

En *Madame de... (Madame de...,* 1953), Max Ophüls filmó una de las escenas musicales más bellas de la historia del cine: al ritmo de un vals, los protagonistas dan vueltas y vueltas, y mientras la cámara se mueve con ellos, se producen breves cortes, encadenados, que no hacen más que revelar que los distintos planos corresponden a momentos distintos, que el tiempo ha ido pasando. Entre bailes, se encuentra la elipsis, que denota ese paso del tiempo y que revela una cuestión para nada menor: a ritmo de vals, la pareja se ha enamorado.

En 1949, Ophüls tenía un proyecto junto a Greta Garbo y James Mason que tuvo que abandonar: una adaptación de *La duquesa de Langeais,* de Honoré de Balzac. La novela, breve, forma parte de la trilogía *Historia de los trece,* y cuenta la enfermiza historia de amor entre la duquesa Antoinette de Langeais, una mujer casada, y el marqués y general Armand de Montriveau, dos personajes que aparecen también en otras obras de *La comedia humana* de Balzac.

La *Historia de los trece* era de sobra conocida para Rivette, que había basado una de sus películas más importantes, *Out 1,* en el prefacio que inauguraba la trilogía. Si aquel fue un ejercicio de inspiración más que de adaptación, *La duquesa de Langeais,* la película que Rivette realizó en 2007, se regía por un sentido de fidelidad.

En *La duquesa de Langeais,* el romance se gesta entre bailes. El tiempo transcurre mediante elipsis, entre un encuentro y otro, entre una fiesta y otra, entre un cortejo y un rechazo. La pareja, enamorada, arrebatada por el anhelo de la pasión prohibida, se cita a veces en la intimidad de las respectivas casas y, en ocasiones, a la vista de todos, en los salones de danza, el mismo lugar donde Max Ophüls situó el nacimiento y el desarrollo del amor entre la Madame de... y su amante. En ambos casos, en *La duquesa de Langeais* y en *Madame de...,* se trata de una relación extramatrimonial, que se cuece en los salones donde las parejas se encuentran, a la vista de una sociedad que observa con recelo y curiosidad.

La duquesa de Langeais comienza en la isla de Mallorca, donde se encuentra el coronel. En un convento de las carmelitas, escucha una voz e, intrigado, comienza a hacer preguntas. Hay algo que le ha removido, hasta el punto de que parece enfermo. Todavía no lo sabemos, pero sí, está enfermo de amor. Poco a poco, el misterio se irá desvelando: en el convento hay una monja francesa, su nombre es Thérèse, y Montriveau la visita. Al comienzo, solo escuchamos de ella la voz. Y luego, por fin, su presencia se revela. Es un comienzo magnífico, con un dominio preciso del misterio. Al fin, Thérèse se deja ver: como Suzanne Simonin en *La religiosa* (otra adaptación pegada al texto), aparece al otro lado de una cortina, separada de Montriveau por una verja, inaccesible. Así es la historia de amor entre ambos, regida por la imposibilidad del encuentro.

La costa mediterránea está filmada con hermosa luminosidad por William Lubtchansky. El sol baña el comienzo y el final de una película que, por lo demás, se encierra casi completamente en los interiores de los caserones de la ciudad. No es extraño, en este sentido, que la película comience y termine en un espacio insular, aquel escenario que Alain Bergala suele definir como abierto a la vez que cerrado. O, como decía Philippe Azoury en su crítica para *Libération,* se trata de un paisaje que remite al de *Noroît:*

> Tanto en su prólogo como en su epílogo, brilla con este resplandor solar y este gesto bucanero. Estos dos momentos totalmente Moonfleet envuelven en su luz inquietante la historia del pasado, oscura, iluminada por la luz parpadeante de una vela[129].

A partir de la reunión entre ambos en el convento de las carmelitas, se inicia un *flashback* que ocupa el grueso de la novela y de la película, y que narra el primer encuentro entre los dos protagonistas y el desarrollo de una tormentosa historia de amor que culmina primero con Antoinette desaparecida, oculta en la remota iglesia mallorquina, y finalmente con la muerte de ella. Como dice Anne-Marie Baron, el *flashback* sitúa la película más del lado de lo trágico que del melodrama. El final, con un grupúsculo de hombres que forman parte de los inefables trece raptando el cuerpo sin vida de Antoinette, así lo sugiere.

El grueso de la película transcurre eminentemente en los interiores de las casas parisinas. En estos lugares, la pareja se conoce, ella duda, él la rapta, ella le escribe cartas sin respuesta y, finalmente, ella se va. Se describe aquí una suerte de microcosmos que, como era habitual en Balzac, sirve para retratar con espíritu crítico la sociedad de su época. Cuando, en un momento, la duquesa decide dejar su coche frente a la casa de Montriveau, se produce una afrenta a la sociedad. Reunidos en la calle, un grupo de personas chismean. «Es una mujer heroica», dice alguien. «¿Qué será de la sociedad si se honra el vicio y no la virtud?», se pregunta una mujer. «Renuncia a su fortuna y a su rango», comenta otro.

---

129 Philippe Azoury, «"La Hache", à l'amour comme à la guerre», *Libération,* 28 de marzo de 2007.

«Es un golpe de estado femenino», sentencia una joven. El carruaje de la marquesa instalado frente a la morada de su amante está vacío. Es solo un señuelo, para hacer creer *a todo París* que ella está en la casa de Montriveau. «¿Puedo ir a su casa disfrazada?», pregunta luego Antoinette. «Claro, eso siempre se podrá negar», le responderá la princesa Blamont-Chauvry, interpretada por Bulle Ogier. He aquí el resumen de una sociedad que se rige por las apariencias.

En Balzac, siempre hay una dimensión crítica y política. Su obra representa una aguda observación de una sociedad, la de su época, ya moderna. Los dramas privados, amorosos e íntimos se corresponden con el momento histórico, e incluso los fenómenos sentimentales son tratados desde un punto de vista realista y crítico. Quizá por esto, por esta insistencia en escudriñar un mundo en el que la diferencia de clase resulta determinante, desde ciertos postulados marxistas se vio en Balzac un análisis intuitivo de la sociedad capitalista. En la *nouvelle,* Balzac cede espacio a largas conversaciones (discusiones) sobre la Restauración, Napoleón, etc. La película no se detiene tanto en estas cuestiones, pero se genera un poso que se desprende sobre todo de los personajes, de esos dos amantes de clases y filosofías diferentes.

Imma Merino[130] escribía que en la película de Rivette hay una dimensión política y hablaba de cómo el cineasta volvía a la idea de teatralidad a la hora de describir una sociedad que se construye a partir de una representación. En *La duquesa de Langeais* hay, pues, mucho de Balzac, pero también de Renoir.

Al final de la película, se materializa aquel grupúsculo secreto conocido como «los trece», sobre los que Balzac escribe en el prefacio que precede al primer volumen de la

---

[130] Imma Merino, «*La duquesa de Langeais*», *Diari El Punt,* 5 de mayo de 2008.

trilogía y que inspiraría la gestación de *Out 1*. Ellos son los que planean *el secuestro de la religiosa* del convento mallorquín de las carmelitas. Con uno de ellos vestido de monja, se presentan en el lugar donde se encuentra Antoinette; solo que al llegar hallan su cuerpo ya sin vida. Baron explicaba que si Rivette decidió volver a Balzac fue, entre otras cosas, por fidelidad y para reivindicar un texto traicionado por aquellos que habían intentado adaptarlo anteriormente, pues habían

> renunciado a la escena, de novela negra, donde Montriveau secuestra a la duquesa y amenaza con marcarla a fuego, y tuvieron que obedecer a la censura de Vichy eliminando todas las escenas del convento y el melodramático secuestro del cuerpo de Antonieta por los Trece[131].

El comienzo de *La duquesa de Langeais,* la penúltima película de Rivette, remite al segundo largo del cineasta: *La religiosa,* aquel film *secuestrado* por la censura.

En *Ferragus,* la primera entrega de la trilogía de «los trece», hay de nuevo un misterio, que gira esta vez alrededor de Madame Jules, a quien un oficial de caballería secretamente enamorado de ella descubre visitando un barrio de mala muerte. Allí, ella se encuentra con un hombre perturbador, el inefable Ferragus. ¿Quién es él? ¿Qué tiene que ver con una mujer casada como Madame Jules? ¿Qué hace ella en aquel lugar sórdido y alejado de la clase alta a la que pertenece? Una de las decisiones más audaces de Balzac es el cambio de punto de vista, que comienza siendo el del oficial y que luego pasa al del marido, el bien estante Jules Desmarets. De nuevo, la sociedad se dibuja a partir de las diferencias de clase. En *Ferragus,* el marido desempeña un papel decisivo. En la película de Rivette,

[131] Anne-Marie Baron, «Balzac au cinéma: *La duchesse de Langeais,* de Balzac à Rivette», pág. 523.

nunca llegaremos a ver al marido de Antoinette. Forma parte, quizá, del misterio.

Los que sí que aparecen son Michel Piccoli, Barbet Schroeder y Bulle Ogier, cuyos personajes configuran ese microcosmos alrededor de Antoinette que sirve para componer el retrato social. Ellos son, a la vez, miembros de la *troupe* rivettiana, a la que se suma Jeanne Balibar, cuyo tono juguetón resulta fundamental para definir a la cambiante Antoinette. Junto a ella, Guillaume Depardieu, cuyo gesto afila el signo trágico de la película.

El amor transforma a la protagonista. Antoinette se convierte en Thérèse, la monja recluida en el convento, entregada al comienzo a la pasión amorosa por Montriveau y finalmente a otra devoción, a dios. Cuando el personaje interpretado por Ogier le dice a Antoinette que todavía puede arreglar el lío en el que se encuentra, esta contesta que no quiere reparar nada. El tiempo, finalmente, ha pasado por ella. Rivette dibuja este tránsito a partir sobre todo de una serie de intertítulos que realzan el paso del tiempo. «Durante veintidós días la duquesa escribió al marqués, sin obtener respuesta», podemos leer. O «si la oposición en nombre del matrimonio en la escena anterior es la fase civil del conflicto, la escena siguiente constituye la fase religiosa». El amor es, pues, un periodo de negociación, y las discusiones versan primero sobre el matrimonio de Antoinette y luego sobre su fe; primero, sobre el rechazo de ella, y luego sobre el silencio de él. Es la sublimación del gusto de Rivette por las estructuras episódicas, por otro lado, también tan balzaquianas. Fiel a la palabra, Rivette titularía la película *Ne touchez pas la hache,* apelando a una de las frases que se dicen en la película. Cuando, en uno de los bailes, la pareja se encuentra, y Balzac escribe[132]:

---

132 Honoré de Balzac, *La duquesa de Langeais,* Barcelona, Losada, 2009, pág. 130.

Concluido el vals, la señora de Langeais fue a sentarse junto a la condesa, y el marqués no dejó de mirarla, conversando al mismo tiempo con un desconocido.

—Señor —le decía—, una de las cosas que más me han impresionado en ese viaje...

La duquesa era toda oídos.

—... es la frase que pronuncia el guardián de Westminster al mostrar el hacha con la cual un enmascarado cortó, según dicen, la cabeza de Carlos I.

—¿Qué frase? —preguntó la señora de Serizy.

—No toquéis el hacha —respondió Montriveau con un tono de voz amenazante.

—En verdad, señor marqués —dijo la duquesa de Langeais—, al repetir esa vieja historia, de todos conocida, miráis mi cuello con un aire tan melodramático que me parece ver un hacha en vuestras manos.

Pronunció riendo estas últimas palabras, aunque sentía ya un sudor frío.

—Pero, señora —respondió él—, circunstancialmente, aquella historia es muy nueva.

—¿Cómo es eso? ¿En qué? Decidlo, por favor.

—En que, señora, vos también habéis tocado el hacha —le dijo Montriveau por lo bajo.

—¡Qué encantadora profecía! —repuso ella sonriendo con afectada gracia—. ¿Y cuándo caerá mi cabeza?

El poso político se deja entrever. Y el signo trágico llama a la puerta.

2009. El último verano
(36 vues du Pic Saint-Loup)

> Desde el origen, ávidas de representar un papel, las escenas se colocan en la posición del recuerdo (Roland Barthes).

Acostumbrado a realizar películas de larga duración, en 2008, Rivette presenta una pieza de apenas hora y media, una obra breve, podríamos decir, si nos atenemos al metraje habitual de sus películas, que rondan las cuatro horas o que llegan a extenderse durante más de medio día en el caso de *Out 1*.

El último verano es una película de tono melancólico, que tiene la forma de un cuento circular, que se abre y se cierra con la imagen de la rocosa montaña del Pic Saint-Loup, en la región de Languedoc-Roussillon. Ahí, Kate, la mujer que trabaja en un pequeño circo, interpretada por Jane Birkin, está detenida en medio de una carretera rural porque su coche se ha averiado. De repente, aparece Vittorio (Sergio Castellito), un hombre vestido de blanco que repara el automóvil, sin pronunciar la más mínima palabra. Una vez más, el cine de Rivette entra por la puerta del cine silente. «Uno deviene mudo cuando viaja solo», le dirá Vittorio a Kate cuando se reencuentren más tarde.

Da la impresión de que en la obra cinematográfica de Rivette el juego no solo determina las estructuras narrativas, sino también las interpretaciones, que participan de una cierta ligereza, de un tono lúdico, de una cálida alegría que no está exenta de pequeñas ranuras por donde se cuela la melancolía. Birkin y Balibar son el paradigma perfecto, por encima, por ejemplo, de Emmanuelle Béart, que siempre ha cargado una aflicción profunda pese a la suavidad de sus formas interpretativas. Por todo esto, no es extraño que por dos veces en el siglo XXI Rivette trabajara con un actor como Sergio Castellito, capaz de mantener ese cariz cálido a la vez que juguetón, la misma modulación que la lengua italiana.

La película tiene precisamente un tono ligero, aéreo: es breve como un suspiro, sus colores son luminosos como el verano cuando baña de sol los árboles verdes y cuenta con la comicidad del arte del *clown.* Se establecen a su vez juegos amorosos, propios casi de una comedia shakespeariana. Suenan el canto grácil de los pájaros, el discurrir suave del río y el rumor sencillo de los árboles. Y, sin embargo, junto a la luminosidad se encuentra la penumbra del interior de la carpa del circo, cuya tela es de un penetrante azul eléctrico. Y bajo ese agradable manto sonoro se oculta la melancolía.

Vittorio asiste al espectáculo circense de la *troupe* de Kate, del que disfruta como un niño. A partir de esta visita, se va relacionando con cada uno de los miembros de la minúscula compañía. Como si fuera un mago y Kate una princesa, Vittorio hace lo posible para salvarla del luto por la muerte de un ser querido y del miedo al riesgo de uno de los números del espectáculo. Se personan aquí dos viejos conocidos: los *revenants* y el teatro.

Primero, el mundo de los fantasmas: como sucede a menudo en la tragedia clásica (pensamos, cómo no, en *La Orestíada,* la obra de Eurípides sobre la que Rivette había realizado *Secret défense),* los muertos determinan la existencia de los vivos. En concreto, el antiguo amante de Kate, que falleció en plena representación circense, cuando llevaba a cabo un número junto al padre de ella. Aquello, que sucedió tiempo atrás, todavía planea sobre el día a día de la compañía y de Kate, que en una de las escenas más bellas e hirientes de la película le dice a aquel amante que ya no está que siempre «se le aparecerá en sus sueños». El recuerdo del ser querido ha quedado petrificado, embalsamado en ese lugar.

La forma de cuento está puntuada por un tono eminentemente nostálgico. *El último verano* se adentra en el terreno del luto, y Rivette se acurruca a la sombra del cine de John Ford. La escena en la que Kate visita el cementerio y, de pie frente a la tumba de su examante, habla con los muertos, evoca el cine de Ford, que hizo de la iconografía del hombre junto a la tumba, a campo abierto, uno de sus motivos visuales predilectos. La escena que mejor define el gusto fordiano por la imagen del hombre frente a la tumba es cuando, en *La legión invencible (She Wore a Yellow Ribbon,* 1949), el capitán interpretado por John Wayne visita el sepulcro de su esposa, bajo el crepúsculo. Sus gestos son de una ternura inmensa y, mientras riega las flores que la acompañan, habla con la muerta. Decía Patrice Rollet que la melancolía fordiana nunca es muda, sino que está regida por una fuerza simbólica[133]. El capitán habla, y se produce entonces una epifanía: sobre la tumba se inscribe la sombra de una mujer. Ford cambia de plano y vemos entonces el rostro de una chica, que aparece altivo, como petrificado. ¿Es acaso el fantasma de la mujer, que ha regresado de entre los muertos? Pronto comprendemos que no, que es sencillamente una joven que ha ido a visitar la tumba. Sin embargo, la posibilidad de lo espectral ya se ha sugerido. Este momento de *La legión invencible* pone en escena aquello de lo que hablaba antes en relación con *El último verano:* el poder que los muertos tienen en la vida.

En *El último verano,* el antiguo amado no se le aparece a Kate, pero su monólogo ante la tumba [37] evidencia una melancolía propia del cine de Ford. Kate expresa su duelo en voz alta, en la intimidad que le propicia el paisaje abierto, recogido entre los sepulcros de piedra. El paisaje, actor principal en la obra de Ford, se expresa en todo su esplen-

[133] Patrice Rollet, *Passages à vide,* París, P.O.L., 2002, págs. 77-84.

[37] Kate hablando frente a la tumba.

dor en la película de Rivette, que volvía a una zona que conocía bien: al pie del Pic Saint-Loup rodó la emblemática *La bella mentirosa*. En aquella ocasión se preguntaba por el cine a través de la pintura; en *El último verano* lo hace a través del circo. El Pic Saint-Loup sin duda es más puntiagudo que alguna de las formaciones cuadradas de Monument Valley, las cimas míticas del universo fordiano. Y, sin embargo, su presencia, tan callada como el personaje de Castellito al comienzo de la película, resulta igualmente fundamental. El paisaje contempla a los personajes, y estos se ven reflejados en él [**38**].

En la última película de Philippe Garrel, *Le grand chariot* (2023), se pone en escena la vida y el trabajo de una familia que se dedica al teatro de marionetas. La película trata sobre la vida y la muerte, no solo de los seres queridos, sino de una forma de hacer arte, la de un espectáculo de títeres artesanal y un negocio familiar. Cuando en *El último verano* uno de los payasos dice que son los últimos clásicos, hay una mirada atrás. Igual que cuando *Le grand chariot* plantea cómo el espectáculo de títeres, un arte en desuso, se confronta a un presente cambiante, en el fondo el director

[38] Tres vistas del Pic Saint-Loup.

está pensando en cómo habita el presente él mismo, que comenzó a hacer un cine experimental en torno al mayo del 68. Aquí se trata también de ver el teatro como un universo familiar: y precisamente familiar es el cine de Rivette, con sus actores habituales (Birkin, Castellito, André Marcon), con Bonitzer y Christine Laurent en el guion y con una familia, la Lubtchansky: Nicole, en el montaje, e Irina, la hija que sustituía al padre, William, en la dirección de fotografía.

En su encuentro con el teatro, el cine, históricamente, ha hallado un modo de reflexionar sobre su propia naturaleza, y el nuevo film de Garrel no supone una excepción. Es más, su incursión en el teatro a través de las marionetas y el tono crepuscular de la película acerca la última obra de Garrel a la última de Rivette, en la que el circo (arte tan popular como el de los títeres) ocupa el lugar del teatro. Es más, el espacio azulado de la carpa circense recuerda a otro tono intenso, el de las butacas rojizas de *La bande des quatre*.

La colisión entre la realidad y la representación que otrora estaba en lo teatral se evidencia aquí sobre todo en el gesto del personaje de Castellito de entrar en la carpa del teatro maquillado como un payaso. Él mismo deviene protagonista de uno de los números que ha estado observando como espectador. De nuevo, como Céline y Julie, ha pasado al otro lado del espejo. Ahí, en el escenario, confunde el nombre de su compañero y mezcla precisamente el del personaje con el de la persona. Ha dejado de ser la audiencia curiosa para intervenir en la representación [**39**].

El último verano se adentra en el corazón del espectáculo: cada número se pone en escena mediante tomas largas y otorga algo de suspense a la exhibición, pistola en mano, de los payasos. Rivette siempre ha jugado con el tránsito entre el arte y la vida: *El último verano* no es la excepción. Vittorio llega sin hacer ruido, se instala en las vidas de los miembros de la *troupe* y finalmente cruza la línea que separa al

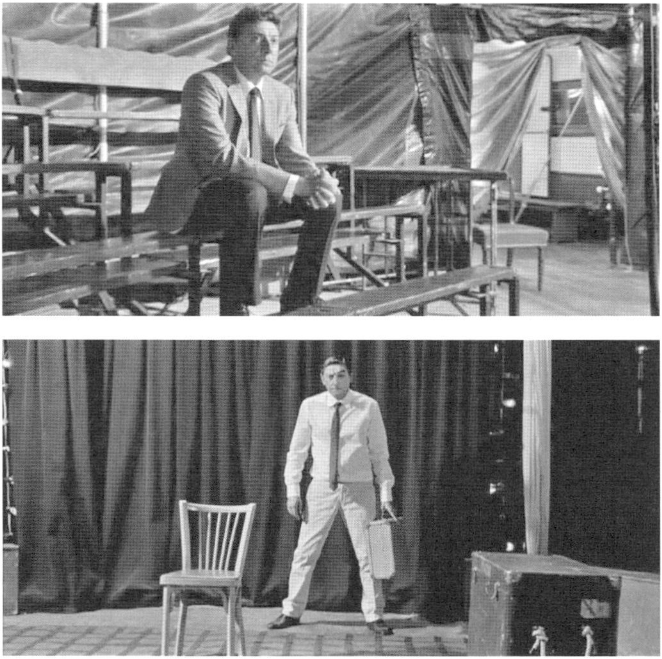

[39] Vittorio: de espectador a protagonista.

espectador del artista interviniendo en el número de payasos. La película desprende una profunda admiración por la creación artística.

El último verano muestra el discurrir de los distintos números en plano secuencia, con una cámara que a menudo se mueve hacia los artistas. Rivette aprovecha el arte que retrata para el discurrir de una historia: la columna vertebral de este cuento está en el número que interpretan los dos payasos del circo. Uno quiere que el otro aguante un plato con las manos mientras el primero dispara. En teoría, el segundo debe cazar la bala con los dientes. Esta pirueta de riesgo se va arrastrando a lo largo del metraje sin que sepamos su final, hasta que Vittorio deja de ser espectador para convertirse en actor.

Vittorio, el hombre misterioso que aparece al principio del film sin decir ni mu, interviene no solo en el número circense, sino en la vida de los distintos personajes. Y tal como llega, se va, mientras el Pic Saint-Loup permanece impasible, bañado por la luz nocturna de la luna, la misma que regía el tono poético de *Duelle*.

Vi por primera vez *El último verano* en Viena. Aquella noche, la actriz Jane Birkin presentaba la película. Dijo que después de esa no habría más películas de Rivette. Algo de eso se podía intuir en su tono crepuscular. A la hora y media, la película termina: es el fulgor de la despedida.

CORTOMETRAJES Y DOCUMENTALES

De todos nosotros, Rivette era el más ferozmente determinado a pasar al acto (François Truffaut).

Las películas de aprendizaje

1949. Aux quatre coins
1950. Le quadrille
1952. Le divertissement

En marzo de 2016, Véronique Rivette, la que fuera esposa del director, llama a un amigo. Ha encontrado dos bobinas, intactas. Unos días después, aparece una tercera. Fallecido en enero, Jacques Rivette había dejado así un último juego de pistas: tres películas, mudas, rodadas en 16 mm, a 16 imágenes por segundo. Tres piezas poco breves pese a su formato corto (entre veinte y cuarenta minutos), que él mismo definía como películas de aprendizaje.

En *Aux quatre coins* (1949), una película breve que realiza cuando vive todavía en Rouen, plasma de nuevo el regocijo de los primeros amores como si se tratase de una intriga. Más allá de mirar hacia lo que estaba por venir, hacia lo que terminó siendo la obra de Rivette, vale la pena echar la vista atrás cuando vemos estas películas de aprendizaje. En *Aux quatre coins,* el plano cerrado, pegado a los personajes, de una pareja que se besa parece tan azaroso como poético, y se sumerge en la luminosidad del cine francés primigenio de, por ejemplo, Jean Epstein. De tonos grisáceos, con el celuloide emblanquecido por momentos por la luz natural, *Aux quatre coins* parece evocar, también, los rostros amorosos y gozosos de *Los hombres el domingo (Menschen am Sonntag,* 1930), una de las películas más bellas, radicales y extrañas del periodo mudo, en la que los cineastas —una cuadrilla encabezada por Ulmer y Siodmak, y seguida por Wilder y Zinnemann— sacan la cámara a la calle para plasmar la vida en un domingo berlinés, en una película que puede contemplarse como anticipo de la modernidad de, por ejemplo, la *nouvelle vague*. *Aux quatre coins* se articula a partir de un principio eminentemente rivettiano, el del juego y el de una geometría, la del cuadrado que dibujan las dos parejas que lo protagonizan.

Filmadas entre finales de los cuarenta y principios de los cincuenta, estas tres piezas toman la forma y la textura del cine primigenio y revelan cómo, en sus primeros pasos como cineasta, Rivette optó por adentrarse en las esencias del cine, en su versión más pura. En este sentido, son interesantes las palabras del cineasta al distribuidor americano Brandon Films, cuando en una carta le escribía:

> Me resulta bastante difícil definir en pocas palabras lo que he querido hacer; mi primer deseo era realizar una película sin guion, que probase que, en el cine, la historia no tiene ningún valor esencial y que los actores puros, sin referencia a cualquier anécdota, son tan interesantes en sí mismos como si respondiesen a una intriga que les obliga a no ser más que etapas de su desarrollo: el simple hecho de fumar adquiere así una importancia tan grande como, en una película de detectives, matar a un hombre[134].

El cigarrillo, en este caso, es el de *Le quadrille* (1950), una pieza escrita con Jean-Luc Godard, que también finan-

---

134 Hervé Pichard, Comentario a la proyección *Practice Films by Rivette,* https://festival.ilcinemaritrovato.it/en/proiezione/i-film-dapprendistato-di-rivette/.

cia y aparece en la película, imberbe, sonrisa minúscula, aún más bebé que la de aquel chico que entrevistó al dinosaurio Fritz Lang. Decía que el cigarrillo es un elemento relevante, pues Rivette plantea un juego de miradas y de relaciones entre dos chicos y dos chicas, los cuatro sentados en una habitación, mirándose, comunicándose con gestos, fumando. De nuevo, hay un juego geométrico.

En el fondo, no es casual que fuese Rivette quien reivindicara el concepto de puesta en escena para el cine: *Le quadrille* es, en esencia, un ejercicio de montaje y de puesta en escena, de disposición de figuras en el espacio y en el cuadro, una pieza musical en la que los personajes se van desplazando por ese cuarto, como si estuviesen trazando una coreografía. La habitación se convierte en un tablero de juego, cada plano revela un movimiento y cada personaje es una pieza en este experimento, en este divertimento.

Resulta quizá demasiado atrevido perseguir las señas de identidad del Rivette adulto en estas piezas de aprendizaje, como quien busca al Hawks del verbo y del sonoro en *Hojas de parra (Fig Leaves,* 1926), una película muda en la que el director de *La fiera de mi niña (Bringing Up Baby,* 1938) ya exploraba la comedia como divertimento, como forma de subvertir los roles del hombre y de la mujer. En *Le quadrille* encontramos el juego. En *Le divertissement* (1952), rodado en un parque parisino y en una terraza con vistas, al fondo, de la torre Eiffel, está lo laberíntico y la concepción de las relaciones y del amor como si fuesen un complot en silencio, pues todas las películas que Rivette realiza en aquella época, rodadas en 16 mm, son mudas, en principio por cuestiones técnicas, pero seguramente también porque se genera así una cercanía con aquel periodo inocente de los orígenes. Después de aquellas experiencias, Rivette filmará un corto en 35 mm, *Le coup du berger*.

1956. Le coup du berger

A mediados de los cincuenta, Rivette está en plena efervescencia creativa. Se embarca en distintos proyectos, pero no todos ellos llegarán a materializarse. Una película de episodios, en la que iba a participar Resnais, y el guion de un largo titulado *Les quatre jeudis,* que escribe con Truffaut, Bitsch y Chabrol, que él mismo tenía que dirigir y que definiría como una mezcla entre «cine policial, relato psicológico y película atmosférica»[135]. Aquel guion se quedará en un cajón, y de él emergerá otro cuerpo, el de *Le coup du berger,* un corto firmado por el mismo equipo que aquel texto abandonado, con Jean-Marie Straub como ayudante de dirección.

«El mejor jugador de ajedrez es el que se anticipa al movimiento de su oponente», dice un intertítulo al comienzo de la película. Y, a partir de aquí, todo se desarrolla como si fuera una partida de ajedrez, y la pantalla, en vez de un lienzo en blanco, fuera el tablero. En él se van disponiendo las fichas, la de una mujer casada, a quien su amante le regala un lujoso abrigo de piel. Y la del marido, que *a priori* no sabe nada. El abrigo, una suerte de MacGuffin hitchcockiano, abre la puerta del complot: el de la mujer y el amante, que deciden dejar tal preciado saco dentro de una consigna, para que ella haga creer al esposo que ha encontrado la llave de la taquilla por azar. Los dos traman esto en una escena espléndida, en la que no se escucha qué están diciendo.

Sin embargo, en un gesto muy rivettiano, el complot no está donde podríamos pensar, sino que se halla en el gesto del marido de regresar de la consigna sin el alijo. ¿Dónde está, pues, el dichoso abrigo? La respuesta se da al

[135] François Thomas, «Les courts métrages des *Cahiers du Cinéma:* seize variations sur l'amateurisme», https://books.openedition.org/pur/2134.

final de la película, cuando la hermana de la protagonista aparece ataviada con las pieles y queda claro, entonces, que el marido sabía más de lo que pensábamos. Jaque mate, podríamos decir.

El ajedrez es ese juego de estrategia que se traza, como con tiralíneas, a lo largo del corto. Pero el juego es también el de los intérpretes, sus movimientos, sus gestos, su disposición en el tablero. Es, por ejemplo, el de la esposa, que entra en la habitación del amante, y de los dos, que llegan a la cama de manera coreográfica. Rivette se perfilaba ya como un cineasta para el cual el cuerpo del actor estaba en el centro de la puesta en escena. De ahí que se fije en los gestos, que suenan como si fueran una rima, la de las manos que acarician el abrigo, la de las manos que lo ponen y lo quitan, que establecen precisamente el juego y el entramado de secretos, mentiras y amores.

Para Rivette, el juego se establece a partir de los dobles (el amante y el marido, una mujer y la otra), y quizá por eso aparezca aquí el más querido de los objetos rivettianos: el espejo, en el que la esposa se observa por primera vez con las pieles, mientras la voz en *off* ya apunta que la partida no ha hecho más que comenzar.

1981. Paris s'en va

Napoleón se entregó al juego de la oca con pasión, como un niño que se enfada cuando su ficha cae en la casilla del pozo o hace trampas para evitar la de la prisión. El breve relato sobre el gusto por los pasatiempos de Napoleón es uno de los fragmentos de la voz en *off* que acompaña *Paris s'en va,* el cortometraje, de alrededor de media hora, creado a partir del rodaje de *Le Pont du Nord.* La pieza contiene planos del largometraje; ejemplo de ello son el del rostro de Pascale Ogier con las grúas de fondo, el de las dos mujeres durmiendo en un banco, el de Bulle Ogier comiendo un *croissant* en la estación de Denfert-Rochereau o el de Pascale observando a través de un telescopio.

Los personajes podrían ser los mismos; sin embargo, no lo son: la escasa trama de *Le Pont du Nord* desaparece en *Paris s'en va* (1981). La alusión al pasado en prisión del personaje interpretado por Bulle apenas se insinúa a través del montaje: tras un plano de la cárcel, viene otro en que la actriz hace un gesto de sofoco (remitiéndonos a aquella claustrofobia que la define en *Le Pont du Nord).*

La prisión es una de las casillas de ese gran tablero que es París. La cuestión del juego y del mapa que dibuja la oca llega a ser el eje central de *Paris s'en va,* con las voces en *off* de Pierre Clémenti y de Pascale y Bulle Ogier debatiendo sobre las reglas del juego y pronunciando el fragmento sobre Napoleón. Se trata de un extracto de la revista *Musée des Familles* (donde, entre otros, escribió Balzac) dedicado al juego, que sirve de epígrafe a este capítulo.

Las normas son harto conocidas: quien cae en prisión debe esperar a que alguien le saque; quien cae en la posada pasa allí la noche y pierde un turno; y de oca en oca, tira quien le toca hasta llegar a la casilla 63. Las voces de los actores apuntan estas reglas, basadas en los principios expuestos en una versión antigua del «Grand Jeu de l'Oie renouvelé des Grecs». Hablan sobre uno de los motivos rivettianos por excelencia: el del juego de azar. Entretanto, el tablero se pone en escena en la pantalla: un movimiento de cámara sigue, por ejemplo, los muros de la Prison de la Santé.

Aunque al final del cortometraje aparezcan las ruinas, los escombros de aquella ciudad en plena transformación que de manera tan fascinante se mostraba en *Le Pont du Nord,* el paisaje urbano de *Paris s'en va* es otro. Y la manera de filmar la ciudad es también distinta. De entrada, es una película fuertemente acuática. El paisaje se dibuja mediante suaves panorámicas: del canal St. Martin, con el Hotel du Nord de fondo, o de la pared de ladrillos de la prisión.

Paris s'en va transcurre sobre todo entre puentes y canales, siguiendo el curso del Sena. Por ejemplo, en un bello plano en que un barco cruza un canal, con la luminosidad del cielo reflejándose sobre el agua. De repente, se invoca la poética de *L'Atalante* (Jean Vigo, 1934).

En su cortometraje *La première nuit* (1958), Georges Franju convirtió los pasillos y túneles del metro parisino en un laberinto, en el que el niño protagonista se perdía. El propósito era destapar el mundo subterráneo de París, alejarse de la postal y de la realidad urbana para revelar un submundo fantástico. Franju, como Rivette, es discípulo de Louis Feuillade, cuyos seriales se movían entre los escenarios reales del París de la época y la sugerencia de los misterios que estos escondían.

Al final de *Paris s'en va* se repite la última escena de *Le Pont du Nord,* cuando los personajes de Jean-François Stévenin y Pascale Ogier se baten en un duelo que termina siendo un entrenamiento. En el corto, a diferencia de lo que ocurre en el largometraje, la cámara realiza un giro de 360 grados. Cuando vuelve al punto de inicio, donde estaban Stévenin y Ogier, los dos karatecas ya no están, han desaparecido. Se trata de una variación respecto al plano final de *Le Pont du Nord* (la hermosa panorámica que muestra las ruinas de La Villette); se trata, en Rivette, de una nueva manifestación de lo fantasmagórico.

En *La première nuit,* el mapa del metro de París cobraba vida a medida que en él se iban encendiendo las luces de cada una de las paradas. En *Paris s'en va,* como en *Le Pont du Nord,* la ciudad se convierte en un tablero.

Rivette dirigió *Paris s'en va* gracias a una partida del presupuesto del Año del Patrimonio de 1980. La película no llegó a difundirse. En aquel 1980, Raoul Ruiz también realizó una pieza de media hora de duración, en la que un personaje que respondía al nombre de H. atravesaba París siguiendo los principios... del juego de la oca. Ruiz planteaba una película sobre las cartografías que partía de las calles de París y terminaba en el cosmos. Se titulaba *Zig-Zag: le jeu de l'oie,* y uno de sus últimos planos era de un surrealismo apoteósico: una mano gigante agarraba a H. y lo agitaba como si fuese un dado. Tras la misteriosa sigla de H. había un rostro: el de Pascal Bonitzer, que poco tiempo después firmaría la siguiente película de Jacques Rivette, *L'amour par terre,* y se convertiría en su indisociable coguionista.

1995. Une aventure de Ninon

Suele decirse que el 28 de diciembre de 1895, en el salón indiano del Gran Café, junto a la Ópera de París, nació el cine. Tal afirmación ha sido motivo de más de una discusión, pues siempre habrá quien crea que la cámara cinematográfica había sido inventada con anterioridad. Lo que no admite réplica es que aquel día, en aquel lugar, se dio la primera proyección pública del cinematógrafo de los hermanos Lumière.

En 1995, un siglo después de aquella cinéfila fecha, Rivette estrenaba *Alto bajo frágil,* a la vez que se conmemoraban los cien años del cinematógrafo. Para celebrar esto último, el Museo Lumière de Lyon invitó a una cuarentena de cineastas a que realizasen un cortometraje al estilo de las «vistas Lumière». Es decir: una pieza de unos cincuenta segundos, rodada con una cámara a manivela, sin sonido directo, con luz natural, etc. Rivette participó en aquella película colectiva con la que seguramente es su pieza más breve: *Une aventure de Ninon,* un corto de menos de un minuto en el que se observa un parque donde juega una niña, un hombre lee un periódico y una mujer en patines que lleva en la mano una lámpara. La escena, que discurre en el escenario eminentemente rivettiano de un parque, tiene un tono lúdico y cómico. Es una escena de vida, pero atravesada por la comicidad del encuentro casual: la mujer choca con el hombre y momentáneamente intercambian objetos, ella tiene el diario en sus manos y él la lámpara.

La banda sonora, añadida *a posteriori,* incluye una canción infantil, titulada «Sur le Pont du Nord», que incide en el tono juguetón del corto, aunque la letra tiene un discurso aleccionador, pues cuenta la historia de dos hermanos que, obstinados, deciden ir a un baile en un puente, en contra de la recomendación de la madre. El puente se hunde y los hermanitos se ahogan. Es una canción con moraleja, en la línea de los cuentos infantiles clásicos. Lo más perturbador, sin embargo, no es tanto la letra como la distancia entre el sonido y las imágenes, pues el efecto es similar al de *Saute ma ville,* aquel primer corto de Chantal Akerman en el que mientras observamos a la directora boicotear el espacio doméstico de la cocina escuchamos su voz en *off* tararear una cancioncilla. La distancia entre sonido e imagen crea una extrañeza.

No hace falta señalar la correspondencia del título de la canción infantil con la película que Rivette realizó junto a Bulle y Pascale Ogier, *Le Pont du Nord.* Hay mucho del cine de Rivette en esta pieza breve. Sobre todo, hay un tono lúdico, juguetón. De entrada, hay rastros, cómo no, de *Alto bajo frágil,* la película que Rivette realizaba en esos momentos. Ahí está Nathalie Richard, que en el largometraje se mueve por todo París en su moto y que en *Une aventure de Ninon* se desplaza por el parque en patines. De hecho, Ninon, el personaje de Richard en *Alto bajo frágil,* da nombre al corto de *Lumière et compagnie.* La musicalidad del largo está también en el corto: los personajes no bailan, pero hay una fascinación por el movimiento, tanto de la niña que salta y juega como, sobre todo, de Ninon con sus patines.

Hay, también, mucho de las vistas de los Lumière. La profundidad de campo se expresa a partir de la llegada de Ninon desde el fondo del cuadro. La clausura se evidencia cuando Ninon recupera su lámpara, dice adiós a la niña y se va. Y sobre todo permanece ese «efecto analógico» del que hablaba Noël Burch con motivo de la relación de las vistas Lumière con la realidad.

Dos documentales: el patrón y el sereno

1967. Jean Renoir, le patron

En 1967, Jacques Rivette realizó un documental de tres episodios sobre Jean Renoir para la serie televisiva *Cineastas de nuestro tiempo,* producida por Janine Bazin y André S. Labarthe, y que en aquella época atraviesa una suerte de periodo de esplendor. Sin ir más lejos, aquel mismo año se hacen, entre otros, los documentales de Godard y Labarthe sobre Fritz Lang y el del mismo Labarthe sobre Fuller. Los capítulos de la serie duraban entre una hora y hora y media. Ahora bien, llegados a este punto no nos debería sorprender saber que la pieza que Rivette le dedicó a Renoir era de más de tres horas, en cuyo transcurso el director de *La regla del juego* conversaba sobre una idea del cine que resultaría muy cercana a la que Rivette iba a desarrollar a lo largo de su filmografía.

El primer capítulo se titula *La recherche du relatif;* el segundo, *La direction d'acteur,* y el tercero, *La règle et l'exception.* En cualquier caso, a lo largo de los tres episodios planeaba sobre todo una idea: la de la complicidad estrecha con los actores y cómo estos determinan una puesta en escena que se entiende, eminentemente, a partir de la apertura, de la invitación a la colaboración y, por tanto, a la intervención.

Los tres episodios de *Jean Renoir, le patron* abarcan en cierta manera el grueso de la obra de Renoir hasta aquel momento, y las distintas conversaciones que se van dando, con el propio Rivette, con el productor Pierre Braunberger, con los actores Catherine Rouvel, Marcel Dalio y, sobre todo, Michel Simon, se van puntuando con fragmentos de las películas, desde el periodo mudo hasta el momento de la realización del documental.

Rivette había trabajado con Renoir en el rodaje de *French Cancan* (1954). Por aquel entonces, el joven cineasta apenas había hecho unos cortometrajes de aprendizaje y se encontraba inmerso en la preparación de diversos proyectos, entre ellos, una película de *sketches* que no llegaría a ver la luz. En aquellos momentos, se encuentra temporalmente de vuelta en Rouen y sufre una serie de achaques de salud que le impiden, por ejemplo, participar en los preparativos de la película de Renoir, pero tiene claro que, sea como sea, estará disponible para el rodaje, y así se lo comunica por carta a Truffaut[136]. «*French Cancan* continúa en un ambiente bastante tormentoso», escribirá Rivette más adelante sobre aquel rodaje:

> Renoir ya no se atreve a arriesgar el más mínimo gesto aventurero y ahora intenta limitar los daños causados por la lucha. Definitivamente este rodaje habrá sido, desde todos los puntos de vista, bastante dramático, esperemos que la película en sí no soporte las consecuencias con demasiada dureza[137].

Aquel fue, entonces, un aprendizaje. Poco más de una década después, cuando Rivette realizaba el documental sobre Renoir, se producía otra enseñanza. Rivette hizo *Jean Renoir, le patron* justo antes de *L'amour fou,* la película que definiría el encuentro (o acaso, la búsqueda) de un estilo sobre la base de un trabajo con los actores a partir del principio de la improvisación. Se trataba de comprender la puesta en escena como una apertura. De todo esto hablaba precisamente Renoir a lo largo de aquellos tres episodios.

---

[136] Así lo hace en una carta a Charles Bitsch el 27 de agosto de 1954, recogida en el archivo Bitsch de la Cinémathèque Française.

[137] De la misma correspondencia, con fecha del 2 de noviembre de 1954.

Se produce así un curioso efecto, como si las palabras de Renoir versaran tanto sobre su cine como sobre el del propio Rivette.

Este le pregunta a Renoir por la predilección por tomas largas. Lo mismo que le preguntaría Serge Daney a Rivette más de dos décadas después en la misma serie, *Cineastas de nuestro tiempo,* aunque esta vez en el episodio consagrado a Rivette. Ante la pregunta, Renoir habla de los actores, de que se trata de no cortar la interpretación.

Precisamente los actores son el hilo conductor del documental. No es extraño, en este sentido, que el episodio central esté enteramente dedicado a la relación entre Renoir y Michel Simon. El capítulo, subtitulado «Retrato de Michel Simon por Jean Renoir, o retrato de Jean Renoir por Michel Simon», se articula a partir de una larga conversación de sobremesa entre director y actor. Entre copas, con el postre todavía en la mesa, los dos compañeros hablan de cine y de trabajo, pero más allá de lo que dicen, está lo que muestran: el afecto. Sus gestos, sus abrazos, un beso cariñoso no describen una relación de trabajo, sino una amistad. Así, para explicar la colaboración entre cineasta y actor, Renoir habla precisamente de otros vínculos afectivos, que no son los amorosos, que no son los evidentes. La película no solo establece un rico diálogo en clave cinematográfica, sino una suerte de temporalidad afectiva, una noción del tiempo conversacional. El montaje, de hecho, estuvo a cargo de Jean Eustache, que con *La maman et la putain* se confirmaría como uno de los grandes cineastas de la palabra.

Renoir incide en las aportaciones de Simon a la hora de entender su cine (la importancia, por ejemplo, de la voz), pero sobre todo apela a algo que atraviesa el documental, el cine de Renoir y el de Rivette: el impulso de la improvisación, que describe como algo que se corresponde con lo que él sentía, con lo que él quería. Conversando con Marcel Dalio, protagonista de *La regla del juego,* Renoir insiste en que construyeron el personaje sobre la marcha.

A partir de aquí, el cine de Rivette iniciaría una revolución, la de un cine hecho mano a mano con los actores, la de un cine de la apertura. Y precisamente de la revolución habla Renoir cuando dice que está a favor de la revolución, hasta el punto de entender que a veces esta se produce bajo el impulso de la violencia. «Lo revolucionario a veces está más cerca de la tradición», decía Renoir en referencia al impresionismo al que había pertenecido su padre Auguste. Quizá esta es una cuestión que va más allá de lo político y que tiene que ver con la modernidad que tanto defendió Rivette, y que llevó al extremo en su cine a partir de finales de los sesenta, después de haber aprendido, una vez más, al lado de Renoir.

1990. Jacques Rivette. Le veilleur

De día

El primer concepto que permanece en la memoria de este brillante capítulo sobre Rivette de la serie *Cineastas de nuestro tiempo* es «el pudor de lo impúdico». He aquí una de las obsesiones que el director muestra sin tapujos en esta conversación con Daney, filmada por Claire Denis.

Rivette había conversado con Renoir en la misma serie *Cineastas de nuestro tiempo,* y ahora hacía lo propio con Daney. Si en el documental de los sesenta las charlas discurrían en la sobremesa, en el de los noventa tienen lugar en movimiento, a lo largo de largos paseos.

Tras llevar al cineasta a una exposición de Jean Fautrier, pintor informalista tan oculto en la historia de la pintura como Rivette en la de la *nouvelle vague,* Daney y Denis le hacen abordar el tema del cuerpo. Las palabras del director de *L'amour fou* resultan diáfanas, anticipando lo que ese mismo año lo llevaría a dirigir *La bella mentirosa*. La película basada en la novela breve de Balzac *La obra maestra desconocida* daba vueltas y vueltas en el universo y en la cabeza del cineasta en esos momentos. En el documental conducido por Daney y registrado por Denis, Rivette habla de la necesidad de acercarse algún día al cuerpo desnudo, a la mirada del artista, al pintor, a la modelo. Pone en palabras, como si se tratara de una tesis, el trabajo que luego realizaría con la película protagonizada por Emmanuelle Béart. Él nunca abandonó la crítica, tampoco cuando dejó el papel y la máquina de escribir y tomó la cámara. Godard, tampoco. Y más adelante, Olivier Assayas haría lo propio, un cine conmovedor, pero también reflexivo, sobre las imágenes, sobre las actrices, sobre el propio medio cinematográfico.

Rivette se deja filmar ahora por Denis, que a mediados de los setenta iba a ser su asistenta en una de aquellas películas fantasma que no se llegaron a materializar. El cómplice del complot no es otro que Daney, quien establece un diálogo exhaustivo con el cineasta en torno a los temas más relevantes de su trayectoria. Rivette inicia la conversación con esmeradas pinceladas dedicadas a la mirada del pintor o del cineasta sobre el cuerpo desnudo, sobre la carne (la *chair)*, y pronto se adentra cuidadosamente en otros terrenos.

Cuando Rivette se refiere al «pudor de lo impúdico» mediante un discurso que lo lleva a afirmar que es «absolutamente necesario ser justo», el cineasta, colega de generación de Godard, se sitúa en un lugar más cercano al dinosaurio Fritz Lang, al compartir con él no solo un gusto por el misterio, sino también por la moral.

En su idea de aproximación al cuerpo, Rivette habla de la necesidad de mostrarlo en su totalidad, siendo un cineasta poco proclive a los primeros planos. En este aspecto, explica sus diferencias como director con Godard, amante de los rostros. Ya en el principio de *Le veilleur*, el Rivette cineasta se encuentra con el Rivette teórico. Cuenta cómo Godard, de la misma manera que Bresson, logra una aproximación a la figura humana a través del montaje, de cuerpos *morcelés* (troceados), y cómo uno puede imaginarse ya la totalidad del cuerpo al ver las manos o la cara de un personaje en las películas del director de *Al final de la escapada*. En cambio, Rivette sigue otro camino: en donde los cuerpos se muestran enteros y los planos resultan largos (he aquí una de las claves para entender el tempo y la duración de sus películas). Denis no duda en hacer un guiño a esta idea mediante su realización y, mientras el director se explaya, la cámara de Denis se acerca a su rostro en un hermoso primer plano.

Bajo la mirada de Denis y las palabras de Daney, Rivette hace un exhaustivo seguimiento de los entresijos de la *nouvelle vague*. Habla de su llegada a París desde Rouen, de su encuentro con Rohmer y Godard, rememora a un Truffaut acicalado con una corbata para celebrar la proyección de una película de Renoir, explica cómo las preocupaciones políticas dieron paso a la famosa política de los autores y quita hierro a la eterna disputa entre *Cahiers du Cinéma* y *Positif*. Cuenta los primeros pasos de la *bande des quatre* formada por Godard, Truffaut, Rohmer y él tras la cámara, y recuerda una comparación entre la *nouvelle vague* y el impresionismo en la pintura, bajo el signo de Renoir hijo y padre, respectivamente.

La complicidad con Daney resulta evidente. El crítico de *Libération* y fundador de la revista *Trafic* fue quien mejor supo ver y escribir sobre el cine de Rivette. De hecho, Daney comenzó a prodigarse en las revistas de *Cahiers du Cinéma* más o menos cuando Rivette asumió el rol de editor. Y el cineasta se lo devuelve hablando sin rodeos y con sinceridad, y sus palabras cobran un cariz que va de lo histórico a lo íntimo, convirtiendo *Le veilleur* en un maravilloso ejemplo de lo que debe ser el objetivo principal de la serie *Cineastas de nuestro tiempo:* un retrato del artista que no deja ningún detalle para el fuera de campo.

La mirada rivettiana queda así perfectamente retratada, su concepción moral del cine, su gusto por el tiempo, sus espacios favoritos (a través de la filmación de Denis, pero también mediante algunos extractos de sus películas) y afirmaciones tales como que el cine no es un lenguaje (un pensamiento clave del Rivette crítico) o que una película, como cualquier obra de arte, no pertenece a su autor. Como director, aboga, como nadie, por películas en equipo. Cree en un cine de autor, pero su nombre en los créditos se sitúa siempre entre los de sus compañeros de rodaje. De la misma manera, algunos de sus guiones están firmados también por actores, sobre todo en la época de *L'amour fou.* Sin embargo, afirma que como director pocas veces vuelve a ver una película suya una vez terminada. Esta ya no le pertenece y pasa a formar parte de nuestra retina, y su obra, a ocupar un lugar privilegiado en nuestra memoria cinematográfica. Y mientras las películas del misterioso Rivette se van anclando en nuestros recuerdos, él permanece oculto, como un secreto, como los muchos espectros que habitan su cine o como «los fantasmas que regresan cuando vuelves a ver una película que has hecho».

Leer a Rivette, auténtico *homme sécret* de la *nouvelle vague,* resulta ciertamente complicado, pues sigue manteniendo un halo de misterio. He aquí uno de los factores que convierte este episodio de *Cineastas de nuestro tiempo* en algo absolutamente revelador: pues pone sobre la mesa (la de un bar cerca de donde se rodó *Céline et Julie vont en bateau,* la de una terraza parecida a los tejados de *Paris nous appartient...)* cada uno de los temas candentes de su trayectoria. Rivette, el que fuera uno de los mejores (incluso el más destacado) críticos de *Cahiers du Cinéma* y, de hecho, de la historia del cine, vuelve a tener aquí la palabra. Así, *Le veilleur* resulta tanto el retrato de un cineasta como la invitación a volver a leerlo.

De noche

La sonrisa de Rivette se convierte en algo mágico y su rostro resulta uno de los motivos más hermosos de este documental. De noche, Rivette ríe. Se burla, muestra por qué sigue siendo uno de los directores con mayor sentido del humor de la *nouvelle vague*. «Como diría Gilles Deleuze, el tiempo en el cine ya no es el mismo... aunque, claro, él lo explicaría mucho mejor que yo...», dice entre risas, consciente de la imagen grandilocuente que a veces desprende el autor de *La imagen-tiempo*. Rivette no duda en entrar en terreno de lo cómico, cual film de Hawks, a la hora de hablar de la duración de sus películas y cita a Capra y *Sucedió una noche (It Happened One Night,* 1934) para ejemplificar cómo el cine clásico de Hollywood lograba contar mucho en muy poco tiempo: «Antes, uno podía ir de Miami a Nueva York en una hora y media o una hora y cuarenta minutos, ahora tardaríamos más; hoy los medios de transporte son más lentos», dice riendo.

Daney y Denis hacen honor a la duración como signo de identidad del cine de Rivette con un capítulo de *Cineastas de nuestro tiempo* de largo recorrido, dividido en dos partes, el día y la noche. Se revela así otro elemento habitual: el de lo dual.

Rivette se instala en la noche parisina, susurrando junto a Serge Daney; con la oscuridad, lo íntimo sale a la luz. El «pudor de lo impúdico» que se analizó durante el día da paso a un sentimiento, a «un pudor íntimo, a veces excesivo», a la timidez. Bulle Ogier, su musa por antonomasia, interviene para dejar claro que todo forma parte del mismo misterio: si Rivette es así, no será ella quien desvele sus secretos. Y Rivette sigue susurrando, recordando su trabajo con la protagonista de *L'amour fou* y un vínculo inquebrantable entre los dos: su hija Pascale Ogier, con la que ambos compartieron *Le Pont du Nord*.

Al principio del documental, Daney y Rivette pasean por los Campos Elíseos, la transitada avenida que Ogier cruzó bajo la mirada del director: un paseo emblemático retratado por un cineasta absolutamente parisino. Por la noche, los tejados, otro clásico del imaginario rivettiano, se convierten en el principal escenario. La mirada sobre los techos de París mientras amanece tiene tanto de guiño a los planos de *Paris nous appartient* como de retrato poético del artista frente al paisaje urbano que lo alumbró.

Último acto: podría continuar

A menudo, las cosas terminan así. Cuando todo parece que acaba pero podría volver a comenzar, con dos mujeres que se encuentran en un parque tal y como lo hicieron al inicio de la película *(Céline et Julie)* [**40**] o con una pareja que se encuentra sin saber que ya se conoce *(Histoire de Marie et Julien)*. Terminan de repente, con un gesto de artes marciales todavía flotando en el aire *(Le Pont du Nord)* o simplemente con el complot planeando aún en el ambiente, sin clausurar *(Out 1)*.

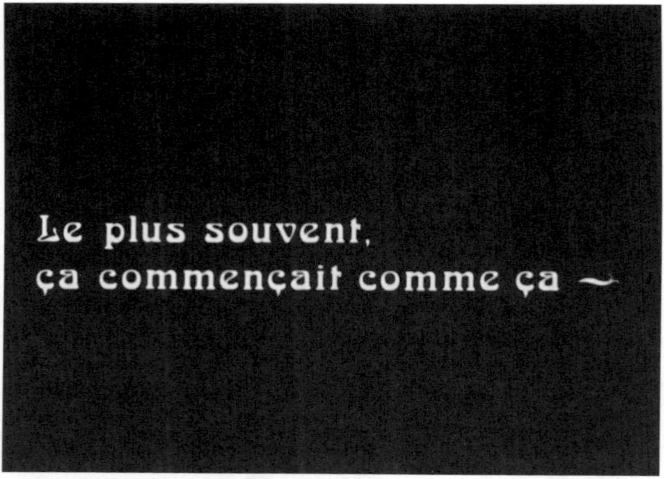

[40] Comienzo y final de *Céline et Julie vont en bateau.*

En la escena final de *Le Pont du Nord,* cuando el jefe de la organización criminal y Baptiste se enfrascan en una pelea de artes marciales, la disputa se transforma en una coreografía y la confrontación da paso a la complicidad. Parece como si hubiésemos cruzado al otro lado del espejo, como si lo que estuviésemos viendo entonces ya no fueran los personajes, sino los actores: Jean-François Stévenin y Pascale Ogier. Rivette corta en ese punto, dejando el relato hermosamente abierto.

«Termina la película, aunque podría continuar, eso es exactamente lo que siento, que termina como termina la vida, con un infarto»[138], le decía Marguerite Duras a Rivette cuando se estrenó *Le Pont du Nord.* Y la frase resonó en boca de Rivette: «podría continuar, esa es una frase que me gustaría poner al final de todas las películas». Y así fue. El cine de Rivette se desarrolla a partir del principio de la apertura.

La misma idea de *work in progress,* de fragmento, de lo inacabado apunta hacia un terreno en movimiento, sin fin, sin límites. Y ahí se instalan las compañías de teatro de las películas de Rivette, en el ensayo, en el trabajo creativo que no necesariamente llega a materializarse *(Out 1, L'amour fou).* En su propio e interesante ensayo titulado *El ensayo como forma,* Theodor Adorno formuló este método de trabajo y su ascendencia romántica: «La concepción romántica del fragmento en cuanto estructura incompleta que progresa mediante la autorreflexión hacia el infinito defiende este motivo antiidealista en medio del idealismo»[139]. Como

---

[138] «Dialogue avec Marguerite Duras», *Le Monde,* París, 25 de marzo de 1982, https://www.lemonde.fr/archives/article/1982/03/25/dialogue-avec-marguerite-duras_2888301_1819218.html.

[139] Hans Mayer, «Theodor W. Adorno», en *Der Repräsentant und der Märtyrer: Konstellationen der Literatur,* Frankfurt am Main, Suhrkamp, 1971, pág. 152.

Adorno, Rivette reivindicó el fragmento cuando escribió y publicó el boceto de *Histoire de Marie et Julien*. «Únicamente lo incompleto puede ser comprendido», dicen los románticos, según Benjamin, «únicamente lo incompleto puede conducirnos más lejos. Lo completo solo es consumido. Si queremos comprender la naturaleza tenemos que suponerla incompleta»[140].

Es sobre lo fragmentario donde se construye *Trois films fantômes,* el hermoso libro que Rivette publicó, con la colaboración de Hélène Frappat, con tres guiones inacabados. El primero, «Phénix», no tiene la consistencia ingrávida de lo espectral en tanto que nunca llegó a materializarse en una película, sino que sus huellas se pueden rastrear en otros títulos de Rivette. El proyecto se inició después de *Out 1* y, según explica el propio cineasta en el prefacio del libro, nació bajo el influjo de los últimos episodios de aquella torrencial película, cuando lo fantástico entraba en escena. Y así se desarrolla «Phénix», a partir de la figura de una actriz de leyenda enclaustrada en su teatro, quizá a la manera de la Gloria Swanson de *El crepúsculo de los dioses*. El papel iba a ser para Jeanne Moreau, que estuvo en diversas ocasiones en proyectos de Rivette y que no llegaría a actuar en ninguna de sus películas. Qué cosas: ¿será ella también un fantasma? ¿Acaso no es esto una seña de lo inacabado, del movimiento incesante del *work in progress?* Aquel personaje y aquel espacio fantástico del teatro que parece el castillo de la princesa enclaustrada de «Phénix» se pueden rastrear en *La bande des quatre,* en la figura de Constance, que iba a ser Moreau pero fue finalmente Bulle Ogier.

Aquel proyecto, inacabado, apuntado a vuelapluma, va desarrollando los grandes temas rivettianos: el espejo y su rever-

---

140 Walter Benjamin, *Le concepte de critique esthétique dans le romantisme allemand,* París, Flammarion, 2001, págs. 112-113.

so; lo fantasmal, encarnado en una dama blanca que se aparece; el complot de un supuesto grupo de anarquistas; la preponderancia de lo femenino; la vampirización y la desaparición; y el teatro y su doble, que podría ser la vida, pero también el cine. «Phénix» tenía que situarse en 1895, justo el año del nacimiento del cine. Y así, en «Phénix» se volvía a aquella infancia del arte cinematográfico, mediante la proyección de una serie de imágenes en una linterna mágica. Quizá la película que condense como ninguna otra el mundo rivettiano sea un espectro, una pieza abierta de par en par. De la misma manera que pocos textos explican mejor lo que fue la modernidad cinematográfica que los apuntes que el Rivette crítico escribió en 1955, y que no llegaron a ser publicados. Es más: seguramente no haya nada más moderno que lo abierto.

Hacia el final de *El último verano,* los actores van apareciendo uno a uno frente a la carpa del circo, miran a cámara y hacen una reverencia. Los intérpretes se despiden. Podríamos decir que aquí se baja el telón. Y, sin embargo, aunque la última película de Rivette tiene precisamente el tono de una despedida, escenificado en ese gesto final y en la brisa crepuscular que planea sobre todas sus imágenes, en el cine de Rivette, el final implica una apertura. Es por esa misma ranura por donde penetran los fantasmas, por la rendija de la ventana abierta de *Cumbres borrascosas* o por la carne abierta de la herida sangrante de *Histoire de Marie et Julien*.

> Porque hay películas que comienzan y que terminan, que tienen un comienzo y un fin, que llevan un relato desde su primer término hasta que todo vuelva al orden, haya muertos, una boda o una verdad —escribía Rivette—, y están las películas que no tienen nada de esto, y que vuelven al tiempo como los ríos al mar[141].

---

[141] Jacques Rivette, *Textes critiques,* pág. 98.

Filmografía

1949. Aux quatre coins

Intérpretes: Dos muchachas y dos muchachos, entre ellos, Monique Guévallo y Francis Bouchet. *Encuadre:* Francis Bouchet y Jacques Rivette.

1950. Le quadrille

Guion: Jean-Luc Godard y Jacques Rivette. *Intérpretes:* Anne-Marie Cazalis, Liliane Litvin, François Nitrat, Jean-Luc Godard, Louis Prugniaud.

1952. Le divertissement

Intérpretes: Una decena de personajes, entre ellos, Olga Waren, Sacha Briquet, Alain Mac Moy y Jean Douchet.

1956. Le coup du berger

Guion: Claude Chabrol, Jacques Rivette, Charles Bitsch. *Fotografía:* Charles Bitsch. *Montaje:* Denise de Casabianca.

Intérpretes: Virginie Vitry (Claire), Étienne Loinod / Jacques Doniol-Valcroze (Jean, le mari), Jean-Claude Brialy (Claude), Anne Doat (Solange). *Productor delegado:* Claude Chabrol.

1961. PARIS NOUS APPARTIENT

Guion: Jacques Rivette, Jean Gruault. *Fotografía:* Charles Bitsch. *Montaje:* Denise de Casabianca *Intérpretes:* Betty Schneider (Anne Goupil), Giani Esposito (Gérard Lenz), Françoise Prévost (Terry Yordan), Daniel Croheim (Philip Kauffman), Françoise Maistre (Pierre).

1967. LA RELIGIOSA
(Suzanne Simonin. La religieuse de Denis Diderot)

Guion: Jacques Rivette, Jean Gruault. *Fotografía:* Alain Levent. *Montaje:* Denise de Casabianca. *Intérpretes:* Anna Karina (Suzanne Simonin), Liselotte Pulver (Madame de Chelles), Micheline Presle (Madame de Moni), Francine Bergé (hermana santa Christine), Francisco Rabal (Dom Morel). *Producción:* Georges de Beauregard.

1967. JEAN RENOIR: LE PATRON

La recherche du relatif, La direction d'acteurs, La règle et l'exception. Fotografía: Pierre Mareschal. *Montaje:* Jean Eustache. *Con:* Jean Renoir, Michel Simon, Marcel Dalio, Pierre Braunberger, Catherine Rouvel, Charles Blavette.

1968. L'amour fou
(L'amour fou)

Guion: Marilù Parolini, Jacques Rivette. *Fotografía:* Alain Levent (35 mm), Étienne Becker (16 mm). *Montaje:* Nicole Lubtchansky. *Intérpretes:* Bulle Ogier (Claire), Jean-Pierre Kalfon (Sébastien), Josée Destoop (Marta), Michèle Moretti (Michèle). *Producción:* Georges de Beauregard.

1971. Out 1: Noli me tangere

Guion: Suzanne Schiffman, Jacques Rivette. *Fotografía:* Pierre-William Glenn. *Intérpretes:* Michèle Morett (Lili), Michael Lonsdale (Thomas), Bulle Ogier (Pauline/Émilie), Juliet Berto (Frédérique), Jean-Pierre Léaud (Colin). *Producción:* Stéphane Tchalgadjieff.

1971. Out 1: Spectre

Versión alternativa de *Out 1: Noli me tangere.*

1974. Céline et Julie vont en bateau
[Los locos viajes de Céline y Julie][142]

Guion: Juliet Berto, Dominique Labourier, Bulle Ogier, Marie-France Pisier, Jacques Rivette, Eduardo de Gregorio.

---

[142] Como comenté anteriormente, este es el único título de una película de Rivette estrenado en salas comerciales españolas en su momento que he decidido mantener a lo largo del libro con su título original.

Fotografía: Jacques Renard. *Montaje:* Nicole Lubtchansky. *Intérpretes:* Juliet Berto (Céline), Dominique Labourier (Julie), Bulle Ogier (Camille), Marie-France Pisier (Sophie), Barbet Schroeder (Olivier). *Productor ejecutivo:* Barbet Schroeder.

1976. Duelle (une quarantaine)

Guion: Eduardo de Gregorio, Marilù Parolini. *Fotografía:* William Lubtchansky. *Montaje:* Nicole Lubtchansky. *Intérpretes:* Juliet Berto (Leni), Bulle Ogier (Viva), Jean Babilée (Pierrot), Hermine Karagheuz (Lucie), Nicole Garcia (Jeanne/Elsa). *Producción:* Stéphane Tchalgadjieff.

1976. Noroît (une vengeance)

Guion: Jacques Rivette, Eduardo de Gregorio, Marilù Parolini. *Fotografía:* William Lubtchansky. *Montaje:* Nicole Lubtchansky. *Intérpretes:* Géraldine Chaplin (Morag), Bernadette Lafont (Giulia), Kika Markha (Erika), Humbert Balsan (Jacob), Larrio Ekson (Ludovico). *Producción:* Stéphane Tchalgadjieff.

1980. Merry-Go-Round

Guion: Jacques Rivette, Suzanne Schiffman, Eduardo de Gregorio. *Diálogo:* Eduardo de Gregorio. *Fotografía:* William Lubtchansky. *Intérpretes:* Maria Schneider (Léo), Joe Dallessandro (Ben), Danièle Gégauff (Élisabeth), Françoise Prévost (Renée Novick), Maurice Garrel (Julius Danvers). *Producción:* Stéphane Tchalgadjieff.

1981. Le Pont du Nord
(Le Pont du Nord)

Guion: Jacques Rivette, Bulle Ogier, Pascale Ogier, Suzanne Schiffman. *Fotografía:* William Lubtchansky. *Montaje:* Nicole Lubtchansky. *Intérpretes:* Bulle Ogier (Marie Lafée), Pascale Ogier (Baptiste), Pierre Clémenti (Julien), Jean-François Stévenin (Max). *Producción ejecutiva:* Martine Marignac.

1981. Paris s'en va

Comentario: Jacques Rivette. *Fotografía:* William Lubtchansky. *Montaje:* Nicole Lubtchansky. *Con:* Bulle Ogier, Pascale Ogier.

1984. L'amour par terre

Guion: Jacques Rivette, Pascal Bonitzer, Marilù Parolini, Suzanne Schiffman. *Fotografía:* William Lubtchansky. *Montaje:* Nicole Lubtchansky. *Intérpretes:* Jane Birkin (Emily), Géraldine Chaplin (Charlotte), André Dussollier (Paul), Jean-Pierre Kalfon (Clément Roquemaure). *Producción:* Martine Marignac.

1985. Cumbres borrascosas
(Hurlevent)

Guion: Jacques Rivette, Pascal Bonitzer, Suzanne Schiffman. *Fotografía:* Renato Berta. *Montaje:* Nicole Lubtchansky. *Intérpretes:* Fabienne Babe (Catherine), Lucas Belvaux (Roch), Olivier Cruveiller (Guillaume), Olivier Torres (Olivier), Alice de Poncheville (Isabelle), y otros. *Producción:* Martine Marignac.

1989. La bande des quatre

Guion: Jacques Rivette, Pascal Bonitzer, Christine Laurent. *Fotografía:* Caroline Champetier. *Montaje:* Catherine Quesemand. *Intérpretes:* Bulle Ogier (Constance Dumas), Benoît Régent (Thomas), Laurence Côte (Claude), Fejria Deliba (Anna), Bernadette Giraud (Joyce). *Producción:* Martine Marignac.

1991. La bella mentirosa
(La belle noiseuse)

Guion: Jacques Rivette, Pascal Bonitzer, Christine Laurent. *Fotografía:* William Lubtchansky. *Montaje:* Nicole Lubtchansky. *Intérpretes:* Emmanuelle Béart (Marianne), Michel Piccoli (Frenhofer), Jane Birkin (Liz), Marianne Denicourt (Julienne), David Bursztein (Nicolas), Gilles Arbona (Porbus), Bernard Dufour. *Producción:* Martine Marignac.

1991. La belle noiseuse: Divertimento

Otro montaje de *La bella mentirosa*.

1994. Jeanne la Pucelle: 1. Les batailles. 2. Les prisons

Guion: Pascal Bonitzer, Christine Laurent. *Fotografía:* William Lubtchansky. *Montaje:* Nicole Lubtchansky. *Intérpretes:* Sandrine Bonnaire (Jeanne), Jean-Marie Richier (Durand Laxart), Baptiste Roussillon (Baudricourt), Olivier Cruveiller (Jean de Metz), Jean-Luc Petit (Henri Le Royer), Jacques Rivette (el sacerdote). *Producción:* Martine Marignac.

1995. Alto bajo frágil *(Haut bas fragile)*

Guion: Jacques Rivette, Pascal Bonitzer, Christine Laurent, Nathalie Richard, Marianne Denicourt, Laurence Côte. *Fotografía:* Christophe Pollock. *Montaje:* Nicole Lubtchansky. *Intérpretes:* Nathalie Richard (Ninon), Marianne Denicourt (Louise), Laurence Côte (Ida), André Marcon (Roland), Bruno Todeschini (Lucien), Anna Karina (Sarah). *Producción:* Martine Marignac.

1995. Une aventure de Ninon

Cortometraje para *Lumière et compagnie. Con:* Nathalie Richard.

1998. Secret défense

Guion: Jacques Rivette, Pascal Bonitzer, Emmanuelle Cuau. *Fotografía:* William Lubtchansky. *Montaje:* Nicole Lubtchansky. *Intérpretes:* Sandrine Bonnaire (Sylvie), Jerzy

Radziwilowicz (Walser), Grégoire Colin (Paul), Laure Marsac (Véronique/Ludivine), Françoise Fabian (Geneviève), y otros. *Producción:* Martine Marignac.

2001. VETE A SABER
(Va savoir)

Guion: Jacques Rivette, Pascal Bonitzer, Christine Laurent. *Fotografía:* William Lubtchansky. *Montaje:* Nicole Lubtchansky. *Intérpretes:* Jeanne Balibar (Camille), Sergio Castellitto (Ugo), Jacques Bonnaffé (Pierre), Marianne Basler (Sonia). *Producción:* Martine Marignac.

2003. HISTOIRE DE MARIE ET JULIEN

Guion: Jacques Rivette, Pascal Bonitzer, Christine Laurent. *Fotografía:* William Lubtchansky. Nicole Lubtchansky. *Intérpretes:* Emmanuelle Béart (Marie), Jerzy Radziwilowicz (Julien), Anne Brochet (Madame X). *Producción:* Martine Marignac, Maurice Tinchant.

2007. LA DUQUESA DE LANGEAIS
(Ne touchez pas la hache)

Guion: Jacques Rivette, Pascal Bonitzer, Christine Laurent. *Fotografía:* William Lubtchansky. *Montaje:* Nicole Lubtchansky. *Intérpretes:* Jeanne Balibar (la duquesa de Langeais), Guillaume Depardieu (Arnaud de Montriveau), Bulle Ogier (princesa de Blamont-Chauvry), Michel Piccoli (Vidame de Pamiers). *Producción:* Martine Marignac, Maurice Tinchant.

2009. El último verano
(36 vues du Pic Saint-Loup)

Guion: Jacques Rivette, Pascal Bonitzer, Christine Laurent, Sergio Castellitto, Shirel Amitay. *Fotografía:* Irina Lubtchansky. *Montaje:* Nicole Lubtchansky. *Intérpretes:* Jane Birkin (Kate), Sergio Castellitto (Vittorio), André Marcon (Alexandre). *Producción:* Martine Marignac, Maurice Tinchant.

Bibliografía

Algarín, Francisco, *Escenas de la vida paralela,* Sevilla, Athenaica, 2015.

Aumont, Jacques, *El rostro cinematográfico,* Barcelona, Paidós, 1992.

Azoury, Philippe, «"La Hache", à l'amour comme à la guerre», *Libération,* 28 de marzo de 2007.

Baecque, Antoine de, *Les Cahiers du Cinéma: histoire d'une revue,* vol. 1: *À l'assault du cinéma,* París, Cahiers du Cinéma, 1991.

— *Les Cahiers du Cinéma: histoire d'une revue,* vol. 2: *Cinéma, tours détours,* París, Cahiers du Cinéma, 1991.

— «Entrevista a Emmanuelle Béart», *Cahiers du Cinéma,* núm. 447, septiembre de 1991. Publicado en español en *Intermedio,* https://intermediodvd.wordpress.com/2012/09/03/entrevistaa-emmanuelle-beart-sobre-la-belle-noiseuse-1/.

— *La cinéphilie: invention d'un regard, histoire d'une culture,* París, Fayard, 2003.

— *Una cinefilia a contracorriente: la nouvelle vague y el gusto por el cine americano,* Barcelona, Paidós, 2004.

Baecque, Antoine de, y Jousse, Thierry, *Le retour du cinéma,* París, Hachette, 1996.

Balzac, Honoré de, *Ferragus, jefe de los devorantes,* Barcelona, Minúscula, 2002.

— *La obra maestra desconocida,* Buenos Aires, Libros del Zorzal, 2006.

— *La duquesa de Langeais,* Barcelona, Losada, 2009.

Baron, Anne-Marie, «Balzac au cinéma: *La duchesse de Langeais,* de Balzac à Rivette», *L'Année balzacienne,* núm. 8, 2007, págs. 523-527.

BARTHES, Roland, *El grano en la voz,* México D.F., Siglo XXI, 1983.
— *Sobre Racine,* Madrid, Siglo XXI, 1992.
— *S/Z,* Madrid, Siglo XXI, 2009.
BAZIN, André, «Comment peut-on être Hitchcocko-Hawksien?», *Cahiers du Cinéma,* núm. 44, febrero de 1955, págs. 17-18.
— «De la politique des auteurs», *Cahiers du Cinéma,* núm. 70, abril de 1957, págs. 2-11.
— *Qu'est-ce que le cinéma?,* París, Éditions du Cerf, 1990.
BENAVENTE, Fran, «De entre los muertos», en *Histoire de Marie et Julien* (DVD), Barcelona, Intermedio, 2005.
BENJAMIN, Walter, *Le concepte de critique esthétique dans le romantisme allemand,* París, Flammarion, 2001.
CARROLL, Lewis, *Alicia en el país de las maravillas. A través del espejo,* Madrid, Cátedra, 2008.
CASAS, Quim, «El cine era y (también) será en blanco y negro», *Dirigido por...,* 2 de enero de 2019.
DANEY, Serge, «Revoir *L'amour fou*», *Libération,* 11 de agosto de 1981.
— *«Le Pont du Nord», Libération,* 23 de marzo de 1982. Publicado en español en *Lumière,* http://www.elumiere.net/especiales/rivette/pontdunordaney.php.
— «Le *travelling* de *Kapo*», *Trafic,* núm. 4, otoño de 1992.
DANEY, Serge, y NARBONI, Jean, «Entretien avec Jacques Rivette», *Cahiers du Cinéma,* núm. 327, septiembre de 1981.
DELEUZE, Gilles, *La imagen-tiempo,* Barcelona, Paidós, 2001.
ESQUILO, *La Orestea,* Madrid, Akal, 1998.
FEINBERG, Leslie, *Transgender Warriors: Making History from Joan of Arc to Dennis Rodman,* Boston, Beacon Press, 1996.
FILLOL, Santiago, «La imagen buscada», en *La bella mentirosa* (DVD), Barcelona, Intermedio, 2005.
FRAPPAT, Hélène, *Jacques Rivette, secret compris,* París, Cahiers du Cinéma, 2001.
FRODON, Jean-Michel, «Entretien avec les demoiselles de Rivette», *Le Monde,* 13 de abril de 1995.
GUARNER, José Luis, «Las gafas de Parménides», en *Autorretrato del cronista,* Barcelona, Anagrama, 1994.
GUÉRIN, Marie-Anne, «La sphère Bulle Ogier», *Cahiers du Cinéma,* núm. 491, mayo de 1995.

James, Henry, *L'autre maison,* París, Union générale d'éditions, 1990.

Jousse, Thierry, «Théâtre de la cruauté», *Cahiers du Cinéma,* núm. 413, noviembre de 1988, págs. 24-25.

— *John Cassavetes,* Madrid, Cátedra, 1992.

Kaganski, Serge, *Les Inrockuptibles,* 30 de noviembre de 2000.

Lacoue-Labarthe, Philippe, y Nancy, Jean-Luc, *The Literary Absolute: The Theory of Literature in German Romanticism,* Albany, State University of New York, 1988.

Lefort, Gérard, y Rothe, Marcus, «Jacques Rivette: "J'aime les films inégaux"», *Libération,* 12 de abril de 1995.

Lim, Dennis, «A Winding Trip Reverberates in Cinema», *The New York Times,* 27 de abril de 2012. Disponible en https://www.nytimes.com/2012/04/29/movies/revisiting-jacques-rivettes-celine-and-julie-go-boating.html.

Macé, Arnaud, «Que l'esprit est un corps», *Cahiers du Cinéma,* núm. 621, marzo de 2007.

Mayer, Hans, «Theodor W. Adorno», en *Der Repräsentant und der Märtyrer: Konstellationen der Literatur,* Frankfurt am Main, Suhrkamp, 1971.

Moullet, Luc, *«Paris nous appartient»*, *Cahiers du Cinéma,* núm. 161-162, enero de 1965.

Nerval, Gérard de, *Las hijas del fuego,* Madrid, Biblioteca Nueva, 1919.

— *Aurelia y otros relatos,* Madrid, Alianza Editorial, 2007.

Ogier, Bulle, y Diatkine, Anne, *J'ai oublié,* París, Éditions du Seuil, 2019.

Pichard, Hervé, Comentario a la proyección *Practice Films by Rivette,* Cineteca Bologna, 2 de julio de 2016. Disponible en https://festival.ilcinemaritrovato.it/en/proiezione/i-film-dapprendistato-di-rivette/.

Quintana, Ángel, Comentario para *La bella mentirosa* (DVD), Barcelona, Intermedio, 2005.

— «La esencia del cine moderno», *Caimán. Cuadernos de Cine,* abril de 2023, págs. 6-7.

Ragnard, Isabelle, «Le thème de *L'Homme armé* dans le film *Jeanne la Pucelle* de Jacques Rivette», *Le Paon d'Héra,* núm. 8, 2012.

Rivette, Jacques, *Trois films fantômes,* París, Cahiers du Cinéma, 2002.

— *Textes critiques,* París, Post-Éditions, 2018.

Rollet, Patrice, *Passages à vide: ellipses, éclipses, exils du cinéma,* París, P.O.L., 2002.

Rosenbaum, Jonathan, *Rivette: Texts and Interviews,* Londres, British Film Institute, 1977.

— «Ragged but Right», *Chicago Reader,* 26 de julio de 1996. Disponible en https://jonathanrosenbaum.net/2023/05/up-down-fragile-directed-by-jacques-rivette/.

— «Jacques Rivette: Babel and the Void», *Toronto's Cinematheque Ontario Program Guide,* Toronto, febrero de 2007.

Schnitzler, Arthur, *La profecía y otros relatos,* Barcelona, Noguer, 1978.

Sullivan, Dan, «Interview: Joe Dallesandro», *Film Comment,* 24 de mayo de 2016. Disponible en https://www.filmcomment.com/blog/interview-joe-dallesandro/.

Sweeney, Gerard M., «The Curious Disappearance of Mrs. Beever: The Ending of *The Other House*», *The Journal of Narrative Technique,* vol. 11, núm. 3, otoño de 1981, págs. 216-228.

Tesson, Charles, «Rotterdam 81», *Cahiers du Cinéma,* núm. 322, mayo de 1981.

— *Théâtre et cinéma,* París, Cahiers du Cinéma, serie Les Petits Cahiers, 2007.

Thomas, François, «Les courts métrages des *Cahiers du Cinéma:* seize variations sur l'amateurisme», en Dominique Bluher y François Thomas (dirs.), *Le court métrage français de 1945 à 1968: de l'âge d'or aux contrebandiers,* Rennes, Presses universitaires de Rennes, 2005. Disponible en https://books.openedition.org/pur/2134.

Wilde, Oscar, *El crítico como artista,* San Lorenzo del Escorial, Langre, 2001.

Wood, Robin, «Two Films of Jacques Rivette», *Film Quarterly,* vol. 35, núm. 1, otoño de 1981, págs. 2-12.

Woolf, Virginia, *Escritoras: retratos de mujeres,* Palma de Mallorca, El Barquero, 2017.

Índice

Colección Signo e Imagen

Signo e Imagen / Cineastas

Títulos publicados

1. *Ingmar Bergman,* Juan Miguel Company (4.ª ed.).
3. *Stanley Kubrick,* Esteve Riambau (5.ª ed.).
4. *Luis Buñuel,* Agustín Sánchez Vidal (5.ª ed.).
5. *John Ford,* Patxi Urkijo (4.ª ed.).
6. *Eric Rohmer,* Carlos F. Heredero y Antonio Santamarina (2.ª ed.).
7. *Fritz Lang,* Quim Casas (4.ª ed.).
8. *Billy Wilder,* Claudius Seidl (3.ª ed.).
9. *George Cukor,* Augusto Martínez Torres.
10. *S. M. Eisenstein,* Jesús González Requena (2.ª ed.).
11. *John Cassavetes,* Thierry Jousse.
12. *Akira Kurosawa,* Manuel Vidal Estévez (3.ª ed.).
13. *David Lean,* Ramón Moreno Cantero.
14. *Alain Tanner,* Christian Dimitriu.
15. *Federico Fellini,* Pilar Pedraza y Juan L. Gandía (2.ª ed.).
16. *Steven Spielberg,* Marcial Cantero (2.ª ed.).
17. *Kenji Mizoguchi,* Antonio Santos.
18. *Joseph L. Mankiewicz,* N. T. Binh.
19. *Nicholas Ray,* Jean Wagner.
20. *Pedro Almodóvar,* Antonio Holguín (3.ª ed.).
21. *Jean-Luc Godard,* Suzanne Liandrat-Guigues y Jean-Louis Leutrat.
22. *Vincente Minnelli,* Augusto Martínez Torres.
23. *Roberto Rossellini,* Ángel Quintana.
24. *Peter Greenaway,* Jorge Gorostiza.
25. *Sam Peckinpah,* Francisco Javier Urkijo.
26. *Víctor Erice,* Carmen Arocena.
27. *Vicente Aranda,* Enrique Colmena.

28. *Tomás Gutiérrez Alea,* José Antonio Évora.
29. *Fernando Birri (El alquimista poético-político),* Fernando Birri.
30. *Michael Curtiz,* Pablo Mérida.
32. *Luchino Visconti,* S. Liandrat-Guigues.
33. *Nelson Pereira dos Santos,* Helena Salem.
34. *Carl Theodor Dreyer,* Manuel Vidal Estévez.
35. *Luis García Berlanga,* Francisco Perales (2.ª ed.).
36. *Francis Ford Coppola,* Esteve Riambau (2.ª ed.).
37. *David Wark Griffith,* José María Marzal.
38. *Arturo Ripstein (La espiral de la identidad),* Paulo Antonio Paranaguá.
39. *Jean Renoir,* Ángel Quintana.
40. *Mario Camus,* José Luis Sánchez Noriega.
41. *Satyajit Ray,* Alberto Elena.
42. *Woody Allen,* Jorge Fonte (6.ª ed.).
43. *Wim Wenders,* Íñigo Marzábal.
44. *Pier Paolo Pasolini,* Silvestra Mariniello.
45. *Claude Chabrol,* Aldo Viganò.
46. *Martin Scorsese,* José Enrique Monterde.
47. *Jacques Tati,* Carlos Cuéllar.
48. *Elia Kazan,* Efrén Cuevas.
49. *Alfred Hitchcock,* José Luis Castro (2.ª ed.).
50. *Charles Chaplin,* Esteve Riambau.
51. *Brian De Palma,* Marcial Cantero.
52. *Robert Bresson,* Santos Zunzunegui.
53. *Patricio Guzmán,* Jorge Ruffinelli.
54. *Samuel Fuller,* Quim Casas.
55. *Michael Powell y Emeric Pressburger,* Llorenç Esteve.
56. *Rainer Werner Fassbinder,* Yann Lardeau.
57. *Glauber Rocha,* José Carlos Avellar.
58. *Abbas Kiarostami,* Alberto Elena.
59. *Michelangelo Antonioni,* Domènec Font.
60. *Manuel Gutiérrez Aragón,* Vicente Molina Foix.
61. *John Huston,* Marcial Cantero.
62. *David Cronenberg,* Jorge Gorostiza y Ana Pérez.
63. *Tim Burton,* Marcos Marcos Arza (4.ª ed.).

64. *Howard Hawks,* Francisco Perales.
65. *Yasujiro Ozu,* Antonio Santos (2.ª ed.).
66. *Orson Welles,* Santos Zunzunegui (2.ª ed.).
67. *John Frankenheimer,* Francisco Javier Urkijo.
68. *Takeshi Kitano,* Luis Miranda.
69. *Milos Forman,* César Ballester.
70. *Douglas Sirk,* Jesús González Requena.
71. *David Lynch,* Quim Casas (2.ª ed.).
72. *Buster Keaton,* Joan M. Minguet.
73. *Oliver Stone,* Jorge Fonte.
74. *Frank Capra,* Ramon Girona.
75. *Clint Eastwood,* Carlos Aguilar (2.ª ed.).
76. *Robert Aldrich,* Jaime Iglesias Gamboa.
77. *Otto Preminger,* Antonio García-Berrio Hernández.
78. *François Truffaut,* Luis García Gil.
79. *Sergio Leone,* Carlos Aguilar.
80. *Fernando Fernán-Gómez,* José Luis Castro de Paz.
81. *Julio Medem,* Zigor Etxebeste.
82. *Andrei Tarkovski,* Carlos Tejeda.
83. *Joseph Losey,* Joaquín Vallet.
84. *Jerry Lewis,* Pablo Pérez Rubio.
85. *Jesús Franco,* Carlos Aguilar.
86. *Alexander Mackendrick,* Asier Aranzubia Cob.
87. *Tod Browning,* José Manuel Serrano Cueto.
88. *Aki Kaurismäki,* Pilar Carrera.
89. *Robert Zemeckis,* Jorge Fonte.
91. *Joel y Ethan Coen,* Antonio Santamarina.
92. *Alejandro Jodorowsky,* Diego Moldes.
93. *John Lasseter,* Jorge Fonte.
94. *Mario Bava,* Carlos Aguilar.
95. *Peter Weir,* Nekane E. Zubiaur.
96. *Terence Fisher,* Joaquín Vallet.
97. *Tex Avery,* Cruz Delgado Sánchez.
98. *Andy Warhol,* Alberte Pagán.
99. *Jim Jarmusch,* Hilario J. Rodríguez y Carlos Tejeda.
100. *Theo Angelopoulos,* Manuel Vidal Estévez.
101. *Robert Rossen,* José Antonio Jiménez de las Heras.

102. *Sydney Pollack,* RUBÉN ORDIERES.
103. *Anthony Mann,* FRANCISCO JAVIER URKIJO.
104. *Vittorio De Sica,* AGUILAR Y CABRERIZO.
105. *Jean-Pierre Melville,* CARLOS AGUILAR.
106. *Jacques Tourneur,* RUBÉN HIGUERAS FLORES.
107. *Paul Verhoeven,* JORDI REVERT.
108. *Ridley Scott,* JORGE FONTE.
109. *Neil Jordan,* JORDI ARDID Y MARTA GIRÁLDEZ.
110. *Leni Riefenstahl,* MANUEL GARCÍA ROIG.
111. *Clarence Brown,* CARMEN GUIRALT GOMAR.
112. *Bernardo Bertolucci,* ENRIC ALBERICH.
113. *Roman Polanski,* JOAQUÍN VALLET.
116. *Wong Kar-wai,* CARLOS F. HEREDERO.
117. *Nanni Moretti,* AARÓN RODRÍGUEZ SERRANO.
118. *Michael Cimino,* PILAR CARRERA.
119. *Rob Reiner,* JORGE FONTE.
120. *Fred Zinnemann,* CHRISTIAN AGUILERA.
121. *Raoul Walsh,* CARLOS LOSILLA.
122. *Louis Malle,* ENRIC ALBERICH.
123. *Icíar Bollaín,* JOSÉ LUIS SÁNCHEZ NORIEGA.
124. *George Lucas,* JOSÉ ABAD.
125. *Emir Kusturica,* DANIEL SEGUER.
126. *J. J. Abrams,* JUANMA RUIZ.
127. *Friedrich Wilhelm Murnau,* MANUEL LAMARCA ROSALES.
128. *Hirokazu Koreeda,* MIGUEL MUÑOZ GARNICA.
129. *Paolo Sorrentino,* ELIOS MENDIETA.
130. *Claude Lanzmann,* ALBERTO SUCASAS.
131. *Basilio Martín Patino,* JAVIER TOLENTINO.
132. *Richard Fleischer,* JOSÉ ABAD.
133. *Don Siegel,* JOAQUÍN VALLET.
134. *Carol Reed,* LUIS GARCÍA GIL.
135. *Christopher Nolan,* JOSÉ ABAD.
136. *Álex de la Iglesia,* ANTONIO SANTAMARINA Y JESÚS ANGULO.
137. *Jacques Rivette,* VIOLETA KOVACSICS.